溶液燃烧合成铁基纳米材料及其应用

王炫力　李　玮　著

东北大学出版社

·沈　阳·

图书在版编目（CIP）数据

溶液燃烧合成铁基纳米材料及其应用 / 王炫力，李玮著. — 沈阳 : 东北大学出版社，2022.9
ISBN 978-7-5517-3144-7

Ⅰ. ①溶… Ⅱ. ①王… ②李… Ⅲ. ①沸腾燃烧—氧化铁—纳米材料 Ⅳ. ①O614.81②TB383

中国版本图书馆 CIP 数据核字（2022）第175154号

内容简介

纳米结构的铁及其氧化物由于具有纳米效应，展现出许多奇异的特性，拥有较大的发展潜力和广阔的应用空间。同时，溶液燃烧合成法是近年来快速发展起来的一种制备纳米材料的新方法，具有简单快捷、节能省时、成本低廉等优点。本书详细介绍了溶液燃烧合成法制备纳米铁及其氧化物材料，并对其在锂离子电池负极材料、燃料电池阴极催化剂等领域的应用进行了较为详尽的分析和探索。本书可供纳米粉体材料及电池领域的研究人员阅读，也可供大专院校化学、材料等相关专业的教师及高年级本科生、研究生参考。

出 版 者：东北大学出版社
地址：沈阳市和平区文化路三号巷 11 号
邮编：110819
电话：024-83680176（编辑部） 83680267（社务部）
传真：024-83680180（市场部） 83687332（社务部）
网址：http://www.neupress.com
E-mail:neuph@neupress.com
印 刷 者：辽宁一诺广告印务有限公司
发 行 者：东北大学出版社
幅面尺寸：170 mm × 240 mm
印 张：11
字 数：203 千字
出版时间：2022 年 9 月第 1 版
印刷时间：2022 年 9 月第 1 次印刷
策划编辑：向 阳 刘桉彤
责任编辑：廖平平 责任校对：刘桉彤
封面设计：潘正一 责任出版：唐敏志

ISBN 978-7-5517-3144-7 定 价：55.00 元

前　言

铁是地壳中含量最丰富的金属元素之一，分布十分广泛，在自然界中常以氧化物的形式存在，如赤铁矿（主要成分是Fe_2O_3）、磁铁矿（主要成分是Fe_3O_4）、褐铁矿（主要成分是$Fe_2O_3 \cdot 3H_2O$）、菱铁矿（主要成分是$FeCO_3$）、钛铁矿（主要成分是$FeTiO_3$）等，是人们日常生活和工业生产中不可或缺的重要材料。其中，纳米结构的铁及其氧化物由于具有纳米效应（如小尺寸效应、表面效应、量子尺寸效应、宏观量子隧道效应等），展现出独特的物理化学性质，在光学、热学、电学、磁学、力学及化学方面显示出许多奇异的特性，拥有较大的发展潜力和广阔的应用前景，引起了国内外科研工作者的广泛关注。

具体来说，纳米结构的金属铁具有高饱和磁化强度、高磁导率、高居里温度及很强的还原性和表面活性，常被用于磁记录材料、电磁波吸收、红外传感器、费托合成催化和污水处理等方面。但由于其化学反应活性很高，在空气中极易氧化，而且颗粒之间存在较强的静磁作用，容易团聚，所以，常常需要制备纳米铁与碳的复合材料来增强其空气稳定性和颗粒分散性。同时，碳的加入可以进一步提高纳米铁的催化活性，从而拓展了其在燃料电池阴极催化剂、光电化学反应催化剂等领域的应用。除此之外，纳米结构的铁氧化物由于具有良好的稳定性和丰富的原料储量，愈发成为材料科学领域的研究热点。例如，纳米三氧化二铁材料具有高的化学稳定性、窄的能带间隙、良好的光敏/气敏性质及优异的环境相容性，在光解水、光催化、颜料着色剂、气敏传感器等方面应用十分广泛。同时，由于纳米三氧化二铁材料的电化学理论容量很高（约1007 $mA \cdot h \cdot g^{-1}$），并且资源丰富，无毒性，作为锂离子电池负极材料的潜力远远超过其他过渡金属氧化物材料。另外，纳米四氧化三铁材料作为一种包含混合价态铁的氧化物，具有优良的导电性、强亚铁磁性、高热力学稳定性及良好的生物相容性，在肿瘤治疗、微波吸收、催化剂载体、细胞分离、磁记录材料、磁流体等领域均已有了广泛应用。同时，由于纳米四氧化三铁材料的电导率（$\sigma = 2 \times 10^4 \ S \cdot m^{-1}$）远高于其他过渡金属氧化物，其在锂离子电池负极材料方面的应用也具有很好的前景。由此可见，研究纳米铁及其氧化物材料的制备、性能与应用具有十分重要的现实意义。

目前，制备纳米材料的方法有很多，如水热法、溶剂热法、溶胶凝胶法、液相沉淀法及模板法等，这些方法都可以用于制备纳米铁及其氧化物材料。但是，由于受到条件复杂和工艺苛刻等因素的限制，只能停留在高消耗、低产率的制备水平上，而且生产周期较长，原材料多为昂贵有害的有机物，严重地制约了其工业化生产和实际应用。溶液燃烧合成是近年来迅速发展起来的一种制备纳米材料的新工艺，它是高温自蔓延合成技术与湿化学方法相结合的产物，具有很多优点：① 原料简单易得，价格低廉，设备工艺简便易操作；② 液相混合能够使原料达到原子或分子级别的均匀混合，从而精确控制产物各组分的质量和分布；③ 反应过程中会释放大量的热，一旦点燃，反应能够自维持，使能耗大大降低；④ 反应速度很快，可以在几分钟内完成，生产成本低，适宜大规模生产；⑤ 反应过程中会释放大量的气体，如N_2，H_2O，CO_2等，使合成的粉末多孔疏松，能够形成高比表面积的超细粉末。由于具备上述优点，至今，溶液燃烧合成已被广泛地用于多种单一或多组分的金属及氧化物制备。

本书以制备高纯度、细粒度的纳米铁氧化物材料和均匀分散且接触紧密的纳米铁及其氧化物与碳的复合物材料为主要内容，拓宽了溶液燃烧合成在锂离子电池负极材料、燃料电池阴极催化剂方面的应用，丰富了燃烧合成领域的理论基础与实践应用，并为利用溶液燃烧合成制备纳米铁及其氧化物与复合物电极材料奠定了理论和技术基础，具有十分重要的现实意义。本书共7章，主要内容包括纳米铁及其氧化物材料的结构与性质介绍、溶液燃烧合成技术、铁基纳米材料的制备工艺及其在电池方面的应用等。

本书由王炫力负责统稿和审稿，以及前4章的撰写与改稿；李玮参与第5章至第7章的撰写与改稿，并负责本书的定稿。东北大学出版社和内蒙古科技大学在本书出版过程中给予了大力支持，在此谨表谢意。在撰写过程中，著者参阅了一些文献资料，特向原作者表示感谢。由于著者水平有限，本书中难免存在诸多不足之处，恳请读者不吝指正。

著　者

2022年6月

目　录

1 纳米铁材料概述

1.1 引 言

铁是地壳中含量最丰富的金属元素之一，是世界上发现早、利用广、用量最多的一种金属。早在春秋时期，齐国的冶铁业已经成为国家政权赖以巩固的基础，迄今为止，全世界铁的消耗量约占金属总消耗量的95%，铁是人们日常生活和工业生产中不可或缺的重要材料。铁是一种典型的多价态过渡族金属元素，自然界中常以氧化物的形式存在，如赤铁矿（主要成分是Fe_2O_3）、磁铁矿（主要成分是Fe_3O_4）、褐铁矿（主要成分是$Fe_2O_3 \cdot 3H_2O$）、菱铁矿（主要成分是$FeCO_3$）、钛铁矿（主要成分是$FeTiO_3$）等，这些铁氧化物均具有独特的物理化学性质，在光学、电学、磁学、力学、化学及生物医用方面都拥有一定的发展潜力和广阔的应用前景。尤其是近年来，随着纳米科技的迅猛发展，纳米结构的铁及其氧化物材料应运而生，它们兼具铁基材料的本征性质和纳米材料的基本效应，备受科研工作者和工业生产者的青睐。同时，随着纳米铁及其氧化物材料在磁记录、水处理、光电催化、微波吸收、核磁共振、电子工业等方面的应用不断被拓宽，人们对其制备方法和性能优化的要求越来越高。因此，研究纳米铁及其氧化物材料的制备、性能与应用具有十分重要的现实意义。

1.2 纳米铁

纳米铁是指粒径为1～100 nm的超细铁粉，是一种典型的纳米金属材料，因其介于宏观的常规细粉和微观的原子团簇之间的过渡区域，所以，呈现出一些独特的性质。

1.2.1 纳米材料的基本效应

纳米材料晶粒极小，表面积特大，在晶粒表面无序排列的原子百分数远远大于晶态材料表面原子，晶界原子达15%～50%，导致纳米材料具有传统固体所不具备的许多特殊基本性质，如表面效应、小尺寸效应、量子尺寸效应和宏观量子隧道效应等。

（1）表面效应

纳米颗粒由于尺寸小、表面积大、表面能高、位于表面的原子比例很高，而且表面原子数与总原子数之比随着纳米颗粒的减小而大幅度增加，颗粒的表面能和表面张力也随之增加，因此其活性极高，容易引起纳米颗粒物理化学性质的变化，这就是纳米材料的表面效应。例如，纳米金属颗粒在空气中会迅速氧化而燃烧，无机的纳米颗粒暴露在空气中会大量地吸附气体，并与气体进行反应。对纳米颗粒的高表面活性可以有意识地加以利用，如表面吸附储氢、制备高效催化剂、实现低熔点材料等；纳米金属颗粒在空气中易燃，比起同质块体材料，其熔点呈数量级降低。

（2）小尺寸效应

当纳米材料尺寸与光波波长、电子的德布罗意波长及超导态的相干长度或穿透深度等物理特征尺寸相当时，由其构成的结晶态固体中晶体周期性的边界条件将被破坏，非晶态的微粒表面层附近的原子密度减小、比表面积显著增加，导致材料的力、热、声、光、电、磁性及化学催化等特性与普通粒子相比发生很大变化，这就是纳米材料的小尺寸效应（也称体积效应）。例如，当颗粒的尺寸小于光波波长时，金属颗粒将失去原有的光泽而呈现黑色，尺寸越小，颜色越黑，可见其反射率很低，通常会低于1%。利用这个特性可以将纳米粒子作为高效率的光热、光电等转换材料，将太阳能转变为热能、电能。

（3）量子尺寸效应

当粒子尺寸下降到最低值时，费米能级附近的电子能级会由准连续态变为分立能级，吸收光谱阈值朝短波方向移动，这就好像一个圆锥体的麦堆，从远处看，其边缘是光滑连续的，从近处看，并不是连续的，而是一个一个的麦粒。能级间距决定了纳米材料是否表现出不同于块体材料的物理性质。当离散的能级间距大于热能、静电能、静磁能、光子能量或超导态的凝聚能时，将导致纳米材料的热、电、磁、光及超导电性与宏观物体不同，呈现出一系列的反常特性，这就是纳米材料的量子尺寸效应。例如，当导电的金属处于超微颗粒状态时，可以变成绝缘体，磁矩的大小和颗粒中电子的奇偶数有关，比热容也会出现反常变化，固有的特定光谱线会朝短波长方向移动。

（4）宏观量子隧道效应

隧道效应是指微观粒子的总能量在小于势垒高度时，该粒子仍能穿越这一势垒，后来人们发现一些宏观量，如磁化强度、量子相干器件中的磁通量等也具有隧道效应，被称为宏观量子隧道效应。宏观量子隧道效应和量子尺寸效应共同确定了微电子器件进一步微型化的极限和利用磁带磁盘进行信息存储的最短时间。例如，在制造半导体集成电路时，当电路的尺寸接近电子波长时，电子就会通过隧道效应而溢出器件，使器件无法正常工作。

1.2.2 纳米铁的性质与应用

纳米铁由于处于纳米尺度级别，粒子具有表面效应、小尺寸效应、量子尺寸效应和宏观量子隧道效应等纳米材料的基本效应，从而使纳米铁表现出一些全新的物理化学性质，具有广阔的应用前景。

（1）力学性质

纳米晶体材料具有与粗晶材料完全不同的力学性质，当晶粒尺寸减小至纳米尺度时，硬度、强度、延展度均发生很大变化。常规多晶试样的屈服应力 H（或硬度）与晶粒尺寸 d 符合 Hall-Petch 关系，即 $H = H_{vo} + Kd^{-\frac{1}{2}}$，纳米晶体材料的超细及多晶界面特征使它具有高的强度与硬度，表现为正常的 Hall-Petch 关系、反常的 Hall-Petch 关系和偏离的 Hall-Petch 关系，即硬度和强度与粒子尺寸不成线性关系。通常情况下，金属铁原子之间存在移动位错，但是，当金属铁的尺寸缩小到纳米级时，晶粒尺寸太小，以至于不能产生位错，而受挤压时产生的应力就更大，这样，金属铁就变得相当坚硬。纳米铁不仅具有高的强度和硬度，而且具有良好的塑性和韧性，这是由于纳米铁具有大的界面，且界面的原子排列相当混乱，原子在外力变形的条件下很容易迁移，使得纳米铁材料展现出这些新奇的力学性质。

（2）热学性质

纳米铁与块状物质的热学性质的区别源于其表面效应或量子效应，通常纳

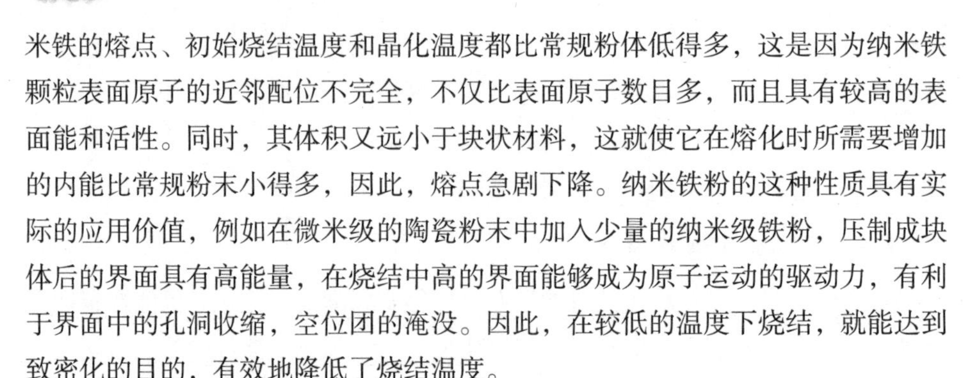

米铁的熔点、初始烧结温度和晶化温度都比常规粉体低得多，这是因为纳米铁颗粒表面原子的近邻配位不完全，不仅比表面原子数目多，而且具有较高的表面能和活性。同时，其体积又远小于块状材料，这就使它在熔化时所需要增加的内能比常规粉末小得多，因此，熔点急剧下降。纳米铁粉的这种性质具有实际的应用价值，例如在微米级的陶瓷粉末中加入少量的纳米级铁粉，压制成块体后的界面具有高能量，在烧结中高的界面能够成为原子运动的驱动力，有利于界面中的孔洞收缩，空位团的淹没。因此，在较低的温度下烧结，就能达到致密化的目的，有效地降低了烧结温度。

（3）光学性质

纳米金属颗粒的表面效应和量子尺寸效应对纳米颗粒的光学特性有很大影响，甚至使纳米颗粒具有同质的块体材料所不具备的新的光学特性。宽频带强吸收是纳米金属颗粒的重要光学性能。块体金属具有不同颜色的光泽，这表明它们对可见光范围各种颜色波长的反射和吸收能力不同，但是，各种金属纳米粒子几乎都呈黑色，这是由于它们对光的反射率极低而吸收率极高，大约几微米的沉积厚度就能完全消光。纳米铁颗粒一般是黑色的，吸收红外线的能力强，吸收率与热容量的比值大，而且表面积很大，表面活性高，对周围环境敏感，可利用其制成超小型、多功能、低能耗的传感器，如纳米铁颗粒沉积在碳基片膜上，可吸收大量的红外线，而后转变成热量，通过测量膜与冷接点之间的温差电动势，便可测量辐射热。

（4）电学性质

由于纳米材料的晶粒尺寸小，所以偏离理想周期场的情况严重，电子的平均自由程短，体系中的电子运输行为出现一些新的特征：纳米金属微粒在低温时会呈现电绝缘性；改变用金属和非金属复合而成的纳米颗粒膜材料的组成比例，可使膜的导电性质从金属导电型变为绝缘；而纳米铁颗粒的电导特性强烈依赖晶粒的尺寸，这就为控制材料的电学性能提供了一个自由度。纳米铁的这种特性使其在微波吸收、电磁波屏蔽方面具有广泛应用。此外，纳米铁与碳的复合物也被越来越多地用在电池电极的催化材料上。

（5）磁学性质

纳米铁的表面效应、量子效应、小尺寸效应等使得它具有常规块体材料所不具备的磁特性。当纳米铁颗粒尺寸小到一定临界值（5 nm）时，进入超顺磁性状态。超顺磁性状态出现的原因为：在小尺寸下，各向异性能减小，当其减小到可与热运动能相比拟时，磁化方向就不再固定在一个易磁化方向上，易磁化方向进行无规律变化，结果导致超顺磁性的出现。当纳米铁颗粒尺寸高于超顺磁临界尺寸，处于单畴状态时，通常呈现出高的矫顽力，但若进一步减小纳米铁颗粒的尺寸，矫顽力反而会降低，直至为零，呈现出超顺磁性。利用这种高矫顽力的特性，可以制备具有高存储密度的磁记录磁粉，被大量地应用在磁带、磁盘、磁卡及磁性钥匙上。

（6）化学性质

纳米铁颗粒由于尺寸小，表面所占的体积百分数大，表面的键态和电子态与颗粒内部不同，表面原子配位不饱和性、键态严重失配等导致表面的活性位置增加，使得纳米铁粒子具有很高的化学活性。而且，粒径越小，表面原子数所占比例越大，比表面积越大，表面光滑程度越差，形成凹凸不平的原子台阶，增加了化学反应的接触面，这使纳米铁颗粒具有优良的表面吸附能力和较高的化学反应活性。由于具备这种化学活性，纳米铁颗粒被广泛地应用于Fisher-Tropsch合成催化剂、地下水的原位修复技术等方面。

1.2.3 纳米铁的制备方法

纳米铁粒径小、活性强，易聚结、易氧化，因此，有时会对它进行碳复合，防止其在空气中自燃。而粉末的制备方法是获得高质量超细铁粉的关键因素，也是人们非常关注的问题，它涉及铁粉的质量与批量生产的稳定性和可行性。目前，制备纳米铁粉的方法主要有以下几种，按照反应性质，将其分为物理制备方法和化学制备方法。

（1）物理制备方法

物理制备方法是指采用光、电技术使材料在真空或惰性气体中蒸发，使原子或分子形成纳米微粒；或用球磨、喷雾等以力学过程为主获得纳米微粒的制备方法。物理制备方法包括物理气相沉积法、高能球磨法、深度塑性变形法和冷冻干燥法等。该方法制得的纳米铁粉纯度高、粒度可控，但对生产设备要求较高。

① 物理气相沉积法。它又被称为蒸发冷凝法，是利用真空蒸发、激光加热蒸发、电子束照射、溅射等方法，使原料汽化或形成等离子体，然后，在介质中急剧冷凝。这种方法制得的纳米微粒纯度高，结晶组织好，且有利于粒度

的控制，但是，对技术设备相对要求高。依据加热源不同，目前用于制备纳米铁微粒的方法可以分为惰性气体冷凝法（在真空蒸发室内通入惰性气体，然后，加热蒸发原材料，产生微粒子雾，与惰性气体原子碰撞而失去能量，凝聚形成纳米）、热等离子体法（用等离子体将金属粉末熔融、蒸发和冷凝以制得纳米微粒，所制得的微粒纯度高、粒度均匀）、溅射法（利用溅射现象代替蒸发制得纳米微粒）。

② 高能球磨法。它是一个无外部热能供给的高能球磨过程，也是一个由大晶粒变为小晶粒的过程。其原理是将金属粉末放置于高能球磨机中进行长时间的运转，将回转机械能传递给金属粉末，并在冷态下反复挤压和破碎，使之成为弥散分布的超细粒子。其工艺简单，制备效率高，且成本低，但在制备过程中容易引入杂质，导致纯度不高，颗粒分布不均匀。该方法是目前制备纳米金属铁微粒的主要物理方法之一。

③ 深度塑性变形法。它是近几年快速发展起来的一种独特的纳米材料制备方法，是指材料在准静态压力作用下，发生严重塑性变形，从而将材料的晶粒尺寸细化到纳米级别。

④ 冷冻干燥法。它使干燥的溶液喷雾在冷冻剂中冷冻，然后，在低温低压下真空干燥，将溶剂升华除去，就可以得到相应物质的纳米粒子。如果从水溶液出发制备纳米粒子，冻结后，将冰升华除去，直接可以获得纳米粒子。如果从熔融盐出发，冻结后需要进行热分解，最后得到相应纳米粒子。冷冻干燥法的用途比较广泛，特别是以大规模成套设备来生产微细粉末时，其相应成本较低，具有实用性。

（2）化学制备方法

化学制备方法各组分的含量可精确控制，并可实现分子、原子水平上的均匀混合，通过工艺条件的控制，可获得粒度分布均匀、形状可控的纳米微粒材料。化学制备方法又可分为化学还原法、热解羰基铁法、电沉积法等。化学制备方法制得的纳米铁粉总体来说粒度分布均匀、形状可控，但生产费用较高。

① 化学还原法。它是利用一定的还原剂将金属铁盐或其氧化物等进行还原处理，制得纳米铁微粒，主要分为固相还原法和液相还原法：固相还原法通常是先将金属铁离子与网络结构体Al_2O_3，SiO_2，MgO等作为基体组成物，通过溶胶-凝胶法合成硬凝胶前驱体，再经过热处理和H_2还原，制备出纳米金属铁与网络结构体共同组成的复合微粒；液相还原法是在液相体系中采用强还原剂

(如KBH_4、N_2H_4)或有机金属还原剂等，对金属离子进行还原处理，制得纳米铁微粒。

② 热解羰基铁法。它是利用热解、激光和超声等激活手段，使羰基铁$Fe(CO)_5$分解，并成核生长，制得纳米金属铁微粒。以羰基铁为原料，通过热解制取纳米级球形铁微粒，通过改变热分解温度、$Fe(CO)_5$的蒸发温度和稀释比，可以控制所制备的纳米级铁微粒的平均粒度。

③ 电沉积法。它是一种很有应用前景的制备完全致密的纳米晶体材料的方法。用此法制得的纳米晶体材料密度高，孔隙率小，受尺寸和形状的限制少，尤其是脉冲电沉积可以减小孔隙率、内部应力，减少杂质、氢含量，增加光亮度，且能很好地控制沉积镀层的组成，因此，是一种成本低，适用于大规模生产纳米金属微粒的方法。目前，电沉积法在纳米材料的制备方面主要用于制备纳米铁微粒。

1.3 纳米铁氧化物

铁位于元素周期表第Ⅷ族，原子的价层电子构型为$3d^64s^2$，是一种还原性较强的过渡金属，因此，自然界中没有单质形态的铁，主要以氧化物的形式存在。

1.3.1 铁氧化物的分类与结构

目前已知的铁氧化物按照晶型、价态和结构的不同可分为六种：α-Fe_2O_3，β-Fe_2O_3，γ-Fe_2O_3，ε-Fe_2O_3，Fe_3O_4，FeO。其中，α-Fe_2O_3和Fe_3O_4的结构最稳定，也是被研究最多的铁氧化物材料。

α-Fe_2O_3通常称为赤铁矿，呈红色，广泛分布在矿石及土壤中，其晶体结构为密排六方（hcp）刚玉结构（$a=0.5034$ nm，$c=1.375$ nm），如图1-1所示，氧原子沿着［001］方向紧密堆垛，铁占据其中三分之二的空隙，在［001］晶面上，每隔两个铁原子就会有一个空位，Fe与O原子组成$Fe(O)_6$八面体，每个八面体与其同一个面上相邻的三个八面体共边，与其沿着c轴的相邻面上的八面体共面。沿着c轴的共面八面体导致铁原子不能按照理想方式排列，其中的铁原子沿着［001］方向受到压缩，导致铁原子移向相邻的非共面八面体，造成八面体畸变，共面的O—O键长变为0.2669 nm，而共边的键长则为0.3035 nm。α-Fe_2O_3结构稳定，通常是铁氧化物相变的最终产物。

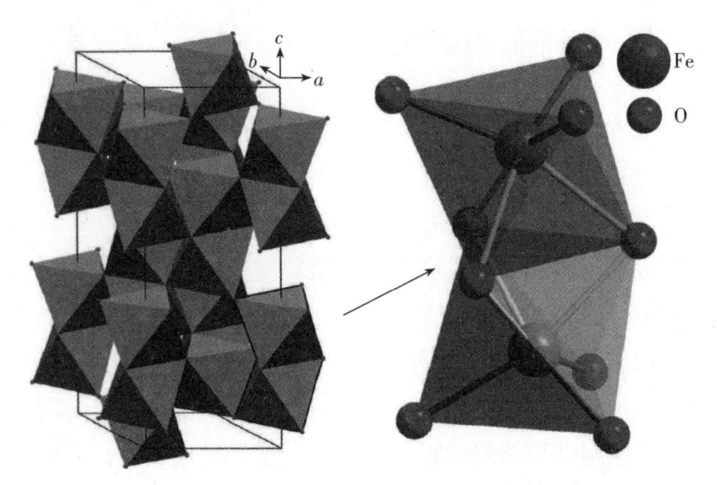

图1-1 α-Fe_2O_3的晶体结构示意图

Fe_3O_4俗称磁铁矿，呈黑色，具有亚铁磁性，属于立方晶系反尖晶石结构，如图1-2所示，其结构中含有Fe^{2+}和Fe^{3+}，一般在弱还原性气氛中产生，在空气中可以稳定存在。氧原子沿着［111］方向紧密堆垛形成骨架，铁填充在骨架的四面体及八面体间隙中，晶胞参数$a = 0.839$ nm。与其他铁氧化物不同的是，Fe_3O_4中既含有Fe^{2+}，也含有Fe^{3+}，结构中有一半的Fe^{3+}占据了密堆积氧的八面体间隙，沿着［111］方向单独成为一层，另外一半占据四面体间隙的Fe^{3+}与Fe^{2+}八面体组成混合层。正是由于其结构中含有两种堆垛层，空穴很容易在八面体位置与Fe^{2+}之间迁移，其能隙仅有0.1 eV。因此，在各类尖晶石型铁氧体中，Fe_3O_4具有最高的电导率（$\sigma = 2 \times 10^4\ S \cdot m^{-1}$），在80 ℃及以上导电性成金属性。

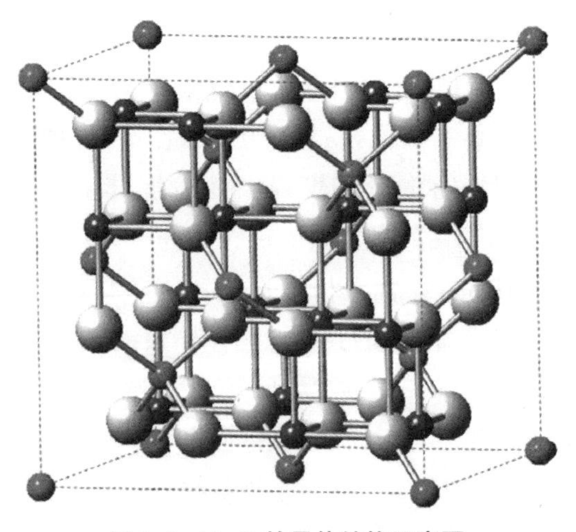

图1-2 Fe_3O_4的晶体结构示意图

1.3.2 纳米铁氧化物的性质与应用

当铁氧化物的尺寸范围在0.1 ~ 100 nm时，表面原子数占总原子数的比例急剧变大，会展现出一些纳米材料所具备的特殊性能，同时保存了铁氧化物的本征性质。因此，显示出独特的光学特性、电学特性、吸附特性、催化特性和磁化特性，既可用于涂料、无机染料、磨光粉等颜料中，又可用于气敏传感器、磁性材料、催化、生物医药等领域。下面简单介绍纳米铁氧化物材料的几种不同应用领域。

（1）在颜料领域的应用

纳米铁氧化物作为颜料，不但保持了一般无机颜料良好的耐光性、耐热性和耐候性等功效，又能很好地分散在油性载体中，用它调制的涂料和油墨具有令人满意的透明度。基于α-Fe_2O_3的颜料呈红色，基于Fe_3O_4的颜料呈黑色，同时，透明氧化铁对紫外线具有强烈的吸收特性，可以作为紫外线屏蔽涂层，用于航空、军事等领域。此外，纳米铁氧化物做成的涂料由于具有较高的导电特性，能起到静电屏蔽的作用，在高档汽车面漆、建筑涂料、防腐涂料及塑料、尼龙、橡胶、油墨等许多领域中都得到了广泛应用。

（2）在传感器材料中的应用

纳米氧化铁具有半导体特性，其电导率对湿度、温度和气体等外来因素比较敏感，是一种发展潜力很强的敏感材料。气体传感器就是利用金属氧化物随周围气氛中气体组成的改变，其电学性能发生变化的现象，从而对气体进行定性检测和定量测定。用作气体传感器的微粒粒径一般只有几微米，粒子越小，比表面积越大，表面与周围接触面发生的相互作用越大，从而敏感度也就越高。由于纳米氧化铁材料具有极大的表面积和高的表面活性，因此，能吸附较多的氧，又能在较低温度下使其离解，具有响应速度快、灵敏度高、选择性强、稳定性好等特点，可用于检测CO，H_2S，NH_3，C_2H_5OH等有毒有害气体。

（3）在磁性材料中的应用

纳米铁氧化物材料属于铁磁性材料，由于具有特殊的超顺磁性，在磁流体、巨磁电阻、磁记录、磁致冷、磁探测器等方面具有广阔的应用前景。

① 磁流体。1963年，美国国家航空与航天局的Papen首次采用油酸作为表面活性剂，将它包覆在超细的Fe_3O_4颗粒上，并高度分散于煤油中，从而形

成一种稳定的胶体体系。在磁场作用下，磁性颗粒可以带动被表面活性剂所包覆的液体一起运动，好像整个液体具有磁性，被称为磁流体。生成磁流体的必要条件就是强磁性颗粒的粒径要足够小，从而削弱偶极矩之间产生的静磁作用，能在基液中进行无规则的热运动。磁流体主要被用于润滑剂、旋转轴的动态密封、阻尼器件等。

② 磁记录材料。在磁记录材料方面，通常需要磁性颗粒具有较高的矫顽力，才能得到更高质量的图片。大量的研究结果表明，磁性颗粒的矫顽力与其磁结构、磁晶各向异性、形状各向异性有密切关系。而处于纳米尺度的磁性粒子的磁结构会由多畴向单畴转变，会有效提高粒子的矫顽力。纳米氧化铁是一种新型磁记录材料，在高磁记录密度方面具有优异的性能，记录密度约为普通氧化铁的10倍。

（4）在催化领域中的应用

纳米粒子由于尺寸小，表面所占的体积百分数大，其表面键态和电子态与颗粒内部不同，表面原子配位不全，导致表面的活性位增加，因此，纳米粒子制成的催化剂活性、选择性都高于普通催化剂，还具有寿命长、易操作等特点。纳米氧化铁存在大量晶体缺陷，而处于缺陷处的Fe（Ⅲ）容易吸附具有多电子的物质或与之形成配合物，从而达到稳定状态。$\alpha-Fe_2O_3$作为一种n型半导体，禁带宽度窄（2.1 eV），对可见光有较强的吸收能力，对到达地球表面太阳光的利用率可以达到40%，被用于催化降解污水中的有机污染物。此外，纳米$\alpha-Fe_2O_3$和Fe_3O_4材料作为催化材料，还可以被应用于众多工业反应中，包括合成氨的Haber过程、高温水煤气的转移反应和天然气的直接脱硫。其他反应还包括苯乙烷向苯乙烯转变的脱氢作用、烃的Fisher-Tropsch合成、乙醇的氧化和工业制备丁二烯等。

（5）在生物医药方面的应用

在生物医药研究中，经常需要从生物体中分离出特定的生物实体用于分析检测，超顺磁性纳米氧化铁是最理想的材料，因为它能被反复磁化，并在磁场作用下传输生物材料。这种方法比使用永久磁铁分离生物实体更有效。目前，大多数药物在进入动物体内后随机分布，导致对健康细胞有副作用或与治疗其他疾病的药物产生冲突，如果能把药物运输到特定位置，那么可以减少这种副作用，并且降低药物的用量。一种简单的方法就是把附载药物的超顺磁性氧化铁纳米颗粒注射到循环系统中，对特定区域施加磁场，使磁性载体在这个地方聚集，药物即可被直接释放到目标细胞中，从而减少药物的副作用和剂量。在纳米氧化铁材料中，Fe_3O_4材料的生物相溶性好，无毒副作用，且具有可修饰性，便于标记，在生物分离、基因载带、磁热疗、体外诊断与体内影像等诸多方面具有非常广泛的应用前景，已成为现代生物医学研究中非常重要的一种工具。

（6）在其他方面的应用

纳米$\alpha-Fe_2O_3$和Fe_3O_4材料对电磁波具有较强的吸收性，将其与有机涂料复合后，可用来制备军事隐身涂料。例如，用于飞机、导弹、潜艇和舰艇等武器装备上，能够极大地提高它们的战斗力，与其他隐身材料相比，具有吸收频带宽、质量轻和厚度薄等优点。此外，纳米铁氧化物材料具有很好的电化学性能，在锂离子电池应用方面，纳米$\alpha-Fe_2O_3$和Fe_3O_4具有较高的比容量，低嵌锂/脱锂电位，而且稳定性好、资源丰富、成本低廉、环境友好无污染，是目前研究最热的过渡金属氧化物负极材料，也是非常有望替代商用石墨电极的锂离子电池负极材料之一。

综上所述，纳米铁氧化物材料的应用领域十分广泛，随着科技的发展和社会的进步，人们对纳米铁氧化物产品的质量、制备工艺和应用性能等方面的要求也越来越高。因此，探索适合时代发展和生产规模的纳米铁氧化物材料制备的新途径，特别是无污染、低能耗、高产率的制备工艺，是今后的研究趋势。

1.3.3 纳米铁氧化物的制备方法

纳米材料的制备手段有很多，如水热法、溶剂热法、溶胶凝胶法、液相沉淀法及模板法等，这些方法都可以被用于制备纳米结构的铁氧化物，并且可以通过合理地控制工艺条件，制备出具有不同维度或复合结构的纳米铁氧化物材料。

（1）水热法

水热法是在特制的密闭高压釜中，以水为反应介质，将高压釜加热（高于100 ℃），以增强容器的内压，从而使液相中溶解度较低的产物结晶析出，得到纳米晶。通过水热法制备的纳米材料具有纯度高、分散好、颗粒均匀、无团聚且形貌可控等优点，是目前最常用的纳米材料制备方法之一。利用水热法可以制备多种形貌的纳米铁氧化物，例如，Ye等人采用水热法，将石墨烯、醋酸、氯化铁和氨水按比例依次加入高压釜中，160 ℃下保温48 h后，经过离心清洗干燥，一步制得Fe_2O_3/石墨烯纳米复合物。其中，颗粒尺寸为40~60 nm的Fe_2O_3均匀分布在石墨烯表面。Zhao等人用硝酸铁和葡萄糖为原料，通过水热法在40 mL的高压釜中190 ℃下保温9 h，得到Fe_2O_3@C纳米球前驱物，再经过500 ℃的氩气煅烧2 h，即可原位生成Fe_3O_4@C纳米球产物。

水热法在形貌控制方面很有优势，通过控制溶液中的成分，以及浓度、反应的温度及时间等参数，可以获得不同形貌的纳米结构，非常适合制备粒径分布均匀的纳米材料，但是，受其合成条件限制，该方法只适合小规模的粉体制备，产量很小、制备效率低，而且大型高温高压的反应器制造难度很大、安全性较差，因此，在大规模制备过程中很少采用。

（2）溶剂热法

溶剂热法是在水热法的基础上发展而来的，主要是将其中的反应介质改为有机溶剂或非水溶剂。溶剂热法最早被用于氮化物、磷化物等对水敏感的材料的合成，慢慢地演变成一种通用的纳米材料制备手段。与水热法一样，溶剂热法也能够制备分散性较好、颗粒分布均匀的纳米材料。通过溶剂热法制备的纳米材料，由于表面羟基较少，分散性要优于通过水热法制备的材料。此外，控制颗粒的团聚是制备纳米材料的关键，因此，近年来，溶剂热法也得到了越来越多的关注。Zhang等人采用溶剂热法，以氯化铁、乙二醇、醋酸钠和聚乙二醇为原料，通过高压釜在200 ℃下保温12 h得到Fe_3O_4/石墨烯复合物。

然而，与水热法一样，溶剂热法只适合小规模的纳米材料制备，其成本比水热法还要高，很难在产业化中得到广泛应用。

（3）溶胶凝胶法

溶胶凝胶法是将金属盐类经溶液、溶胶、凝胶、最终固化等步骤，得到的前驱体进行热处理，获得最终产物的方法。通过该方法制备的粉体具有化学均匀性好、纯度高、颗粒粒径小且分布均匀等优势，而且凝胶聚合所形成的网络骨架，经过煅烧后，能够提供大量的孔道，因此，溶胶凝胶法常被用于多孔纳米材料的制备，在制备纳米铁氧化物方面也备受关注。Lv等人采用溶胶凝胶法，以氯化铁和氧化丙烯为原料制得Fe_2O_3干凝胶前驱物，然后，将其在空气中600 ℃下煅烧3 h得到Fe_2O_3粉末，接着在氩气中800 ℃下还原30 min，最终得到碳包覆的Fe_3O_4纳米颗粒。

溶胶凝胶法在制备超细纳米颗粒与多孔纳米材料方面具有明显优势，但是，由于整个反应的周期较长，制备的纳米材料团聚较严重，因此，溶胶凝胶法的应用也大受限制。

（4）液相沉淀法

液相沉淀法是液相化学中制备纳米材料最常用的方法，制备过程简单，通过向溶液中加入沉淀剂，将溶液中的金属阳离子沉淀析出后，再将沉淀物加热分解，得到纳米粉体。由于液相沉淀法成本较低、过程简单易控，是目前纳米材料规模化生产的主要方法之一。液相沉淀法又可分为共沉淀法、均相沉淀法、直接沉淀法和络合沉淀法。液相沉淀法主要被应用于两种或两种以上金属离子的沉淀析出。均相沉淀法是指通过控制溶液中沉淀剂的量，降低沉淀析出速度，能够有效抑制颗粒的迅速长大，有利于形成尺寸均匀的纳米颗粒。直接沉淀法则是直接将大量沉淀剂（如碱类、草酸盐等）加入溶液中形成沉淀。络合沉淀法是利用络合剂与金属离子形成络合物之后，通过控制反应条件，使金属离子重新沉淀。液相沉淀法在铁氧化物的制备中得到了大量应用，特别是在制备Fe_3O_4方面。由于Fe_3O_4的结构中含有一个Fe^{2+}及两个Fe^{3+}，因此，在Fe^{2+}与Fe^{3+}物质的量比为1：2的混合溶液中加入沉淀剂，完全沉淀后，将得到的沉淀物进行煅烧，即可得到纳米Fe_3O_4粉末。Behera等人采用共沉淀法，将Fe^{3+}与Fe^{2+}以2：1的比例溶于NaOH水溶液中，用20 kHz的超声变幅杆照射，然后，离心清洗得到颗粒尺寸为~10 nm的Fe_3O_4颗粒，最后与氧化石墨烯粉末以3：1的比例在氩气中450 ℃下煅烧1 h，得到Fe_3O_4/石墨烯的纳米复合产物。

液相沉淀法操作简单，成本较低，非常适合大规模生产，但是，由于很难控制沉淀过程，因此，制备出的产物通常颗粒较大，并且尺寸分布不够均匀，对产物的性能影响较大。

（5）模板法

模板法是以具有特殊结构的预制模板材料为基础，引导纳米材料生长，从而将其结构复制到产物中的方法。模板法按照模板种类不同，可以分为硬模板法、软模板法和生物模板法。常用的硬模板有碳纳米管、多孔氧化铝薄膜、二氧化硅球及聚苯乙烯球等。软模板法是利用具有亲水基和亲油基的表面活性剂在溶液中自组装形成有序的聚集体，如胶束、微乳液等，将其作为纳米材料的生长单元。生物模板法则是利用生物有机体（如细菌、蛋白质及DNA等）作为模板，控制纳米材料在其表面的形成。Kang等人采用硬模板法，以介孔蜂窝状的二氧化硅为模板，制备出具有介孔蜂窝状结构的碳泡沫，其孔径在30 nm

左右，然后，将硝酸铁溶于乙醇中，以不同比例浸渍在碳泡沫里，最后，在氩气中400 ℃下煅烧4 h，得到Fe_3O_4/C的多孔纳米复合物。

尽管模板法可以制备多种形貌结构的纳米材料，但是，其模板的制备成本较高，工艺复杂，产量很小，大大地限制了它的工业化生产与应用。

除了上面提到的五种方法以外，纳米铁氧化物材料的制备方法还有很多，如阳极氧化法、碳热还原法、静电纺丝法、离子交换法及磁控溅射法等，但是，大多数方法由于受到条件复杂和工艺苛刻等因素的限制，只能停留在高消耗、低产率的制备水平上，而且由于它们的生产周期较长，原材料多为昂贵有害的有机物，严重地制约了工业化生产和实际应用。因此，如何通过简单高效且成本低廉的方法制备出纳米铁及其氧化物材料，成为目前亟待解决的问题。

2 溶液燃烧合成技术

2.1 引　言

溶液燃烧合成（solution combustion synthesis, SCS）是相对于自蔓延高温燃烧合成（self-propagating high-temperature synthesis, SHS）而提出的新材料制备技术，它是SHS与湿化学法相结合的产物，其最大的特点在于：①合成过程中不需要外部能量的持续供给，点燃后，可自发维持下去，即自蔓延特性；②反应组分在溶液状态下均可达到分子或原子水平的混合，即湿化学特性，因而，SCS在制备纳米材料方面具有很大优势。

2.2 溶液燃烧合成的分类与优点

传统意义上，根据所用原料和反应原理的不同，可以大致将溶液燃烧合成分为三大类。

第一类是以金属离子和络合剂形成的络合物为燃烧前驱体的方法，是Pechini于1967年发明的一种合成陶瓷粉体的方法，被称为Pechini法。该方法是将络合剂（燃料）和金属硝酸盐（氧化剂）的混合溶液在50～80 ℃的温度下缓慢蒸发，直至形成透明的胶体；然后，继续升温至90～100 ℃，蒸发得到固态凝胶；继续加热，凝胶在200～300 ℃时发生自燃，得到目标氧化物陶瓷粉末；最后，将粉末在合适的温度煅烧，得到最终产物。该方法最常用的络合剂是柠檬酸，也有研究者采用乙二胺四乙酸（EDTA）、甘氨酸、硬脂酸及醋酸等作为络合剂。

第二类是采用氧化还原化合物（金属羧酸肼盐作为前驱体）进行燃烧合成的方法，是由Patil和Narender等人提出的。它是以金属羧酸肼盐或其固溶体为原料，通过分解和燃烧反应来合成氧化物细粉，例如，以（$(NH_4)_2Cr_2O_7$为原料，燃烧合成Cr_2O_3产物。金属羧酸肼盐是富燃料的氧化还原化合物，燃烧时需要环境中的氧气参与反应。该方法的特点是点火温度低（120～300 ℃）、燃烧温度低（1000～1400 ℃），燃烧反应中能够产生大量气体（如CO_2，NH_3，N_2，H_2O），容易形成比表面积大的超细粉末，合成粉末的烧结性能较好。该方法的缺点是金属羧酸肼盐的合成时间较长（需要几天时间），合成产出率低（20%左右），且一些金属不能形成羧酸肼盐。此外，一些金属羧酸肼盐分解时，放出的热量不足以维持自燃，需要借助外界热源完成反应，不适于合成温度高的氧化物。

第三类是以氧化还原混合物（金属硝酸盐为氧化剂，有机物为燃料的混合物）为反应物的燃烧合成，被称为Patil法。该方法采用的有机物为尿素、甘氨酸及卡巴肼等含氮有机物。其中，最常用的燃料是尿素。1988年，Patil等人首次发现了溶液燃烧合成现象，他们将金属盐硝酸铝（氧化剂）和尿素或肼等有机燃料（还原剂）的水溶液在100～500 ℃持续加热时，溶液会在发生浓缩、冒烟、沸腾等一系列现象后开始燃烧。同时，伴随着大量热量的产生和大量气体的释放，整个燃烧过程在几分钟内即可完成，燃烧反应过后，得到一种极为疏松的泡沫状氧化铝超细粉体。这种方法得到了很好的发展，已被成功地应用于多种纳米复合氧化物材料的制备中。

近年来，研究者根据反应原料比例的不同，造成的燃烧现象不同，又将溶液燃烧反应分为以下三类。

第一类是发烟燃烧合成（smouldering combustion synthesis，SCS）。当原料处于贫燃料体系时，反应过程相对缓慢，产生的热量较少，因此，反应的最高温度也相对较低。该反应过程中没有明火产生，会产生大量气体，如图2-1所示。

图2-1　发烟燃烧合成反应过程

第二类是体积燃烧合成（volume combustion synthesis, VCS）。当体系处于理论计量比或稍高于该比例状态时，反应能够在瞬间发生，产生明火，如图2-2所示。原料中的氧化剂提供了足够的氧源，因此，该过程无需空气中的氧气。由于反应足够充分，所以，反应的温度要高于SCS模式下的温度。

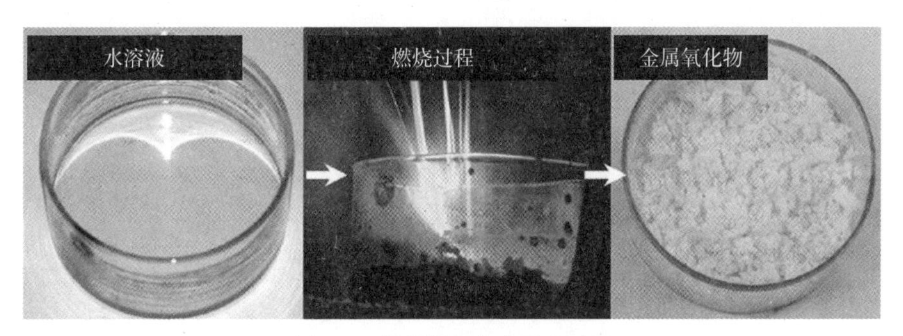

图2-2 体积燃烧合成反应过程

第三类是高温燃烧合成。当体系中燃料与氧化剂比例远大于计量比时，反应不再是瞬间爆发，而是从某点引发向周围扩散，如图2-3所示。因为燃料过量，反应需要额外的氧气参与才能维持反应的进行。因此，相对于VCS模式，该模式有着较低的升温速率、较长的反应时间。理论上，该种反应温度应大于VCS模式下的温度，但是，由于反应过程时间长，不足以瞬间爆发出高能量，形成高温，所以，实际温度甚至低于VCS模式下的温度。

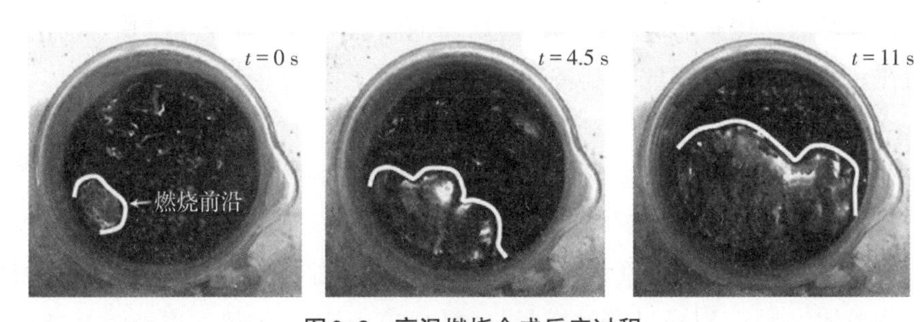

图2-3 高温燃烧合成反应过程

以硝酸锌与甘氨酸为例，其反应模式随燃料与氧化剂的比例不同而发生以上三种反应，如图2-4所示：当$\psi < 1.05$时，$T_c < 650$ ℃，为SCS模式；当$1.05 \leqslant \psi < 1.90$时，1000 ℃ $< T_c <$ 1250 ℃，为VCS模式；当$1.90 \leqslant \psi < 3.00$时，850 ℃ $< T_c <$ 1000 ℃，为SHS模式。

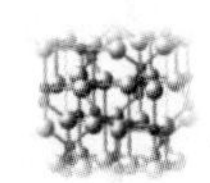

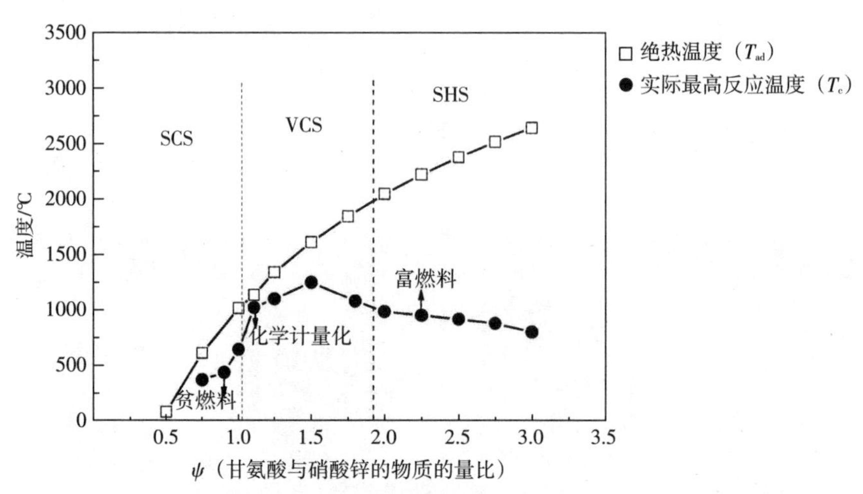

图2-4　不同甘氨酸与硝酸锌比例燃烧反应的绝热温度与实际最高反应温度

与传统的SHS的固-固原料体系或气-固原料体系不同，溶液燃烧合成采用溶液混合的方法，将一定化学计量比的还原剂（有机燃料）与氧化剂（金属盐类）在溶液状态下混合，使所有反应组分达到分子或原子级别的混合，然后，通过加热发生氧化还原反应得到产物，并利用反应瞬间释放的大量热量使产物迅速结晶。从整个反应过程可以看出，溶液燃烧合成方法具备湿化学方法的优点，在液相中可以保证各组分的混合均匀性。此外，与传统湿化学方法（如沉淀法、溶胶-凝胶法等）相比较，该方法还具有如下独特的优点：① 利用原料自身的燃烧放热即可达到反应所需的温度，燃烧合成速度快、时间短，一般在几分钟内可以完成，制备工艺简单；② 燃烧过程中释放大量气体，如H_2O，CO_2，NH_3，N_2等，使生成的粉末疏松，易于粉碎，不易团聚，能够合成比表面积高的超细粉体，这些粉末具有很高的烧结活性，相比于传统的固相反应，其烧结温度大大降低，烧结时间也明显缩短；③ 液相配料，可保证组分的均匀性，能够精确控制原料的化学计量比，十分适合制备成分复杂的多组分氧化物粉体；④ 可以通过调整燃料与氧化剂的配比、加热速率及燃烧物质的量等因素控制燃烧反应过程，进而控制合成粉体的性能。由于具有上述优点，自被发现至今，溶液燃烧合成技术已被广泛地应用于制备多种单一或多组分的纳米金属及氧化物粉体，且大多已经实现工业化生产。

2.3 溶液燃烧合成的原理

溶液燃烧合成主要是以可溶性金属盐（主要是硝酸盐）和有机燃料（如尿素、柠檬酸、氨基乙酸等）作为反应物，金属硝酸盐在反应中充当氧化剂，有机燃料在反应中充当还原剂，反应体系在一定温度下点燃引发剧烈的氧化还原反应，一旦点燃，反应即由氧化还原反应放出的热量维持自动进行，整个燃烧过程可在数分钟内结束，溢出大量气体，其产物为质地疏松、无结块、易粉碎的超细粉体。以甘氨酸为例，其反应方程式如下

$$\begin{aligned} &M^{v}(NO_3)_{v}+\left(\frac{5}{9}v\varphi\right)C_2H_5NO_2+\frac{3}{4}v(\varphi-1)O_2\longrightarrow \\ &M_vO_{v/2(s)}+\left(\frac{10}{9}v\varphi\right)CO_2+\frac{25}{18}v\varphi H_2O+v\left(\frac{5\varphi+9}{18}\right)N_2 \end{aligned} \tag{2-1}$$

M^{v} 代表 v 价金属，$\varphi=1$ 表示初始混合物不需要大气氧气即可完全燃烧氧化，而 $\varphi>1$（或 <1）表示处于富（或贫）燃烧状态。相对于工艺研究，燃烧反应的机理是相当复杂的，主要依据的仍是自蔓延高温燃烧合成的理论体系。目前，使用较为普遍的是化学推进剂理论，目的在于对反应体系的氧化剂和燃料进行定量计算。燃料和氧化剂是溶液燃烧的两种主要原料，燃料和氧化剂在空气中发生激烈自维持放热反应的过程叫作燃烧。这个化学反应在许多场合下是氧化还原反应过程，被氧化剂氧化的物质被称为燃料。一般而言，理想的燃料应该是反应温和的，产生的气体无毒，并且最好对金属离子具有络合作用。络合剂可以增加金属离子的溶解性，阻止在前驱体溶液中金属盐的结晶析出。

Jain 等人利用推进剂和爆炸场的热化学概念，用一种简单的方法计算混合体系的氧化剂与还原剂比例，即分别计算两者的总还原价和总氧化价，以此来确定它们的比例。理论计算假设硝酸盐分解为 N_2（氧化价为0），例如C为+4价，H为+1价，O为−2价，在硝酸盐中，金属Ni，Cu，Ba等为+2价，Fe，Y等为+3价，Zr为+4价，各反应物的总价可以根据上述规则计算。以甘氨酸燃烧合成NiO为例，六水合硝酸镍 $Ni(NO_3)_2\cdot 6H_2O$ 的氧化价为 $+2+(0-3\times 2)\times 2=-10$，其中，结晶水不影响硝酸盐总化合价的计算；甘氨酸 $C_2H_5NO_2$ 的氧化价为 $(+4)\times 2+(+1)\times 5+0+(-2)\times 2=9$，因此，若想得到NiO粉体，理论上硝酸镍和甘氨酸完全反应的化学计量比为10:9，故以硝酸镍为氧化剂，甘氨酸为燃料，利用溶液燃烧合成制备NiO粉末颗粒的化学反应方程式应为

$$9Ni(NO_3)_2\cdot 6H_2O + 10C_2H_5NO_2 \longrightarrow 9NiO + 14N_2 + 20CO_2 + 79H_2O \quad (2-2)$$

对于同化合价金属离子的硝酸盐，燃料与硝酸盐的物质的量比是一定的。例如，二价的金属Cu^{2+}，Ni^{2+}，Ba^{2+}，Mg^{2+}等硝酸盐与尿素的物质的量比为3∶5；三价金属Al^{3+}，Fe^{3+}，Y^{3+}等硝酸盐与尿素的物质的量比为2∶5。

然而，推进剂化学理论在实际应用过程中，也存在一定的精确性问题。因为准确的还原剂（燃料）和氧化剂的配比取决于准确的反应产物，而反应产物在一定程度上取决于C，H，O，N等元素的最终存在状态。例如，假设N元素最后产物为N_2，但实际上N元素还可能以NO，NO_2或其他形式的NO_x存在。因此，在实际的溶液燃烧合成反应过程中，对不同的燃烧体系，需要的燃料和配比也是不同的。

2.4 溶液燃烧合成的影响因素

McKittrick等人认为，采用溶液燃烧合成制备氧化物陶瓷粉末的过程中，影响燃烧过程及产物性能的主要因素如下。

（1）燃料的类型

Durán等人的研究结果表明，不同燃料得到的粉体粒径有较大的差异。例如，采用柠檬酸和聚乙二醇为燃料制备的粉体粒径细小（10～20 nm），且基本无团聚，而采用聚乙烯醇作为燃料制备的粉体则团聚较严重。而对于上述采用不同燃料得到的产物粉末的差异，McKittrick认为是由于不同类型的燃料，在燃烧过程中释放的气体量不同导致的。产生气体越多，气体对粉体的分散作用越强，则粉体的团聚越少，且产生的大量气体能够将反应热量带出体系，阻止了颗粒的团聚与长大。此外，Li等人在制备γ-$LiAlO_2$时，也考察了不同燃料对燃烧反应的影响，分别采用了丙氨酸、尿素、柠檬酸、甘氨酸和卡巴肼作为燃料。结果发现，尽管上述燃料形成的溶液体系具有相似的燃烧现象，均可以在450 ℃点燃，然而，燃烧产物的性能却存在较大差异：以卡巴肼或尿素为燃料得到的燃烧产物为结晶性较好的γ-$LiAlO_2$，且基本无杂相；以丙氨酸和甘氨酸为燃料得到的燃烧产物仅出现较弱的γ-$LiAlO_2$峰，同时伴有少量杂质相；而以柠檬酸为燃料得到的却是无定形态产物。上述结果表明，不同燃料对得到的粉体粒径有影响，同时对产物的物相也具有显著影响。

（2）氧化剂与燃料的配比

氧化剂与燃料的配比是影响产物粉末结构和燃烧反应机制的重要因素。如前文所述，根据化学推进剂理论中的热化学理论进行计算，以原料的总还原价和氧化价作为燃料和氧化剂的化学计量配比系数。当燃料含量超过这个化学计量配比系数时，称为富燃料体系；当燃料含量低于这个化学计量配比系数时，则为贫燃料体系。由于在不同配比条件下，反应点火温度、燃烧温度、燃烧速度和产生的气体量及放热量的大小均不相同，从而导致产物的成分、形貌及颗粒尺寸也各不相同。Mukasyan等人通过改变甘氨酸（燃料）-硝酸铁（氧化剂）体系中原料的配比，研究了燃烧反应机制和生成产物的物相、形貌和结构，发现原料处于化学计量比时，燃烧反应以SHS模式进行，产物为α-Fe_2O_3和γ-Fe_2O_3混合物；而处于富燃料体系时，偏向于VCS模式，产物为单相α-Fe_2O_3。上述结果表明，氧化剂与燃料的配比对反应过程的控制及最终产物的形成十分重要。

（3）燃烧火焰温度

燃烧火焰温度也是影响粉末合成的重要因素，火焰温度影响燃烧产物的化合形态和粒度等，燃烧火焰温度高，则合成的粉末粒度较粗；燃烧火焰温度低，则合成的粉末粒度较细。燃料火焰温度T_f与燃料的种类、燃料与氧化剂的配比及前驱体中的含水量有关。通常，燃烧火焰的温度按经验方程式［式（2-3）］进行估算

$$T_f = T_0 + \left(\Delta H_r - \Delta H_p\right)/c_p \tag{2-3}$$

式（2-3）中，ΔH_r为反应物的生成焓；ΔH_p为反应产物的生成焓；$T_0 =$ 298 K；c_p为反应产物的质量定压热容。

由于实际反应过程中有热量的散失，因此，实际测得的燃烧火焰温度通常比理论计算值低。

（4）溶液的pH值

前驱体溶液的pH值对粉体的性能也有着重要的影响。Pathak等人在用柠檬酸盐法合成氧化铝时发现，在低pH值条件下（pH值为2，4，6）得到的前驱体分解缓慢，生成的是片状粉体；而在pH值为10时，得到的前驱体分解迅速，粉体蓬松，分散性好。吴晶等人用Pechini法合成YBCO时发现，实验过程中需将pH值维持在6～7，如果发现白色沉淀生成，还需通入氨气，使白色

沉淀溶解，因为酸性条件会导致氧化剂硝酸钡沉淀结晶析出，难以得到均匀的凝胶。

（5）其他

此外，低温燃烧合成的影响因素还有加热速率、着火温度、容器容积及前驱体混合物的含水量等。此外，在溶液中加入添加剂（也叫作燃烧助剂）也能够改变粉体的性能，如在混合物中可直接加入硝酸铵，作为过量的氧化剂，提高燃烧放热量，产生过量的燃烧气体，从而获得更加疏松的泡沫状氧化物粉体，提高产物的比表面积。同时，在混合物内部点燃硝酸铵还可以催化整个燃烧反应过程，有助于体系克服高的反应活化能势垒，特别是在合成多组分的氧化物粉体时，这点显得更为重要。

2.5 溶液燃烧合成的研究进展

印度科学研究院教授Patil和Kingsley是溶液燃烧合成法制备纳米氧化物材料的开创者。1988年，他们首次以硝酸铝和尿素为原料，采用溶液燃烧合成法制备了Al_2O_3超细粉体。随后，溶液燃烧合成法引起了世界范围内材料领域研究者的广泛关注。

首先，印度科学研究院近三十年来对溶液燃烧合成制备纳米金属、氧化物及其复合物进行了较为系统的研究。1990年，Patil和Kingsley等人使用金属硝酸盐为氧化剂，尿素或卡巴肼为燃料合成制备了一系列的铝酸盐纳米颗粒（MAl_2O_4，M = Mg，Ca，Sr，Ba，Mn，Co，Ni，Cu，Zn等），并对合成的粉末进行了一系列表征，对比了卡巴肼和尿素为燃料时对生成的纳米颗粒的影响，使用卡巴肼时得到的粉末颗粒比表面积在45 ~ 84 $m^2 \cdot g^{-1}$之间，而使用尿素时得到的粉末颗粒比表面积在1 ~ 20 $m^2 \cdot g^{-1}$之间。1992年，Manoharan和Patil等人使用金属硝酸盐、硝酸铬和尿素为原料，根据化学推进剂理论计算得到燃料与氧化剂的配比，制备出一系列铬酸盐纳米粉末（MCr_2O_4，M = Mg，Ca，Mn，Fe，Co，Ni，Cu，Zn等），比表面积在5 ~ 25 $m^2 \cdot g^{-1}$之间。1994年，Dhas和Patil等人使用硝酸铝和硝酸锆为氧化剂，卡巴肼为燃料，通过溶液燃烧合成一步制备出$xZrO_2 - Al_2O_3$（x = 10% ~ 80%）复合氧化物粉末，并且通过1650 ℃下烧结3 h后得到相对密度在94% ~ 99%的致密块体材料，可以看出，溶液燃烧法适用于工业化生产，促进了粉末压制烧结过程，为后续的粉末冶金工艺提供了新思路。此外，Patil研究小组还将溶液燃烧合成法应用于氧化物陶瓷粉末，如钙钛矿、钛锆钍矿、锰钡矿等的制备，以及CeO_2-ZrO_2（氧气存储电容器）、t-ZrO_2-Al_2O_3（增韧陶瓷）、Y_2O_3-ZrO_2（固态电解质）等复合氧化物功能陶瓷材料的制备。

近年来，美国圣母大学的Mukasyan研究小组采用溶液燃烧合成技术制备了多种纳米复合氧化物材料、纯金属材料及合金材料，并对不同燃烧体系进行了系统的燃烧机理研究。2004年，Deshpande和Mukasyan等人通过改变氧化剂、燃料的种类和配比，以及反应气氛等合成条件，溶液燃烧合成制备了三种氧化铁物相：α-Fe_2O_3，γ-Fe_2O_3，Fe_3O_4，微观形貌逐渐由片状变为颗粒状，其比表面积较高，在$50 \sim 175\ m^2 \cdot g^{-1}$范围内。2007年，Dinka和Mukasyan等人通过溶液燃烧合成制备了高效低价的$LaFeO_3$基制氢催化剂，成功地将溶液燃烧法应用在能源材料的制备上，并且发现在钙钛矿结构的催化剂中掺杂质量分数为2%的钾或质量分数为1%的钌会明显地提高其催化稳定性。2011年，Kumar和Mukasyan等人采用溶液燃烧合成的方法，以硝酸铜和甘氨酸为原料，通过调节原料配比，分别得到了Cu，CuO和Cu_2O相，并研究了其反应机制，发现中间产物硝酸和氨水对反应产物有一定的影响。同时，向原料中加入适量的硝酸镍，可以一步得到Ni/Cu合金，这为溶液燃烧法在制备纯金属和合金粉末方面开辟了新路径。2013年，Manukyan和Mukasyan等人首次将溶液燃烧合成应用在石墨烯的制备上，开创了溶液燃烧法的新纪元；2015年，他们又提出了利用溶液燃烧法可以制备多种二维原子晶体材料，如六角氮化硼、硫化钼、氧化钨等，其在能量存储方面拥有很广阔的研究前景。

总体来看，溶液燃烧合成在纳米金属和氧化物材料制备方面具有很大的优势，简单快捷，适合大规模工业化生产；原料可以达到原子或分子水平的混合，促使产物均匀化，尤其适合复合物或多元金属及氧化物材料的制备；反应不需外部热源持续供给，几分钟内即可完成，节能省时；反应时，燃烧温度偏低，防止产物晶粒长大，颗粒变粗；尤其是反应伴随着大量气体溢出，使得产物大多为多孔状结构，具有较大的比表面积。因此，将溶液燃烧合成用于制备纳米铁及其氧化物材料具有很强的实际应用性。

3 纳米α-Fe_2O_3材料的制备及其电化学性能研究

3.1 引 言

α-Fe_2O_3具有高化学稳定性、窄禁带宽度、良好的光敏/气敏性质及优异的环境相容性，在光解水、光催化、颜料着色剂、气敏传感器等方面的应用十分广泛。同时，由于α-Fe_2O_3的电化学理论容量很高（约1007 mA·h·g^{-1}），并且资源丰富、无毒性，其作为锂离子电池负极材料的潜力远远超过其他过渡金属氧化物材料。然而，α-Fe_2O_3在嵌锂/脱锂过程中巨大的体积变化会导致电极材料的粉化和比容量迅速衰减。通常认为，扩散电阻、电导率、电荷传递电阻对负极材料的电化学性能具有重要的影响，而使用纳米尺寸的负极材料，不仅可以缩短锂离子（Li^+）在电极体相内的扩散距离，而且可以增加表面反应的活化位，因此，研究纳米结构α-Fe_2O_3材料对提高其电化学性能具有很大的促进作用。目前，制备纳米结构α-Fe_2O_3材料的方法主要有水热法、气相沉积法、溶胶-凝胶法等，但是，这些方法的反应条件一般比较苛刻，例如，高耗能，反应时间长，反应过程复杂，而且产物价态难以控制。因此，寻找一种简单快捷、节能省时的制备方法来实现纳米结构α-Fe_2O_3材料的工业化生产是十分必要的。

本章利用溶液燃烧合成法，以硝酸铁为氧化剂、甘氨酸为燃料，一步制备出纳米α-Fe_2O_3材料。同时，通过控制原料的比例，研究甘氨酸含量对燃烧反应过程和机制、产物组分和形貌的影响，分别制备出无定形态的α-Fe_2O_3纳米棒、晶态结构的α-Fe_2O_3纳米片、α-Fe_2O_3/Fe_3O_4纳米片和α-Fe_2O_3/Fe_3O_4纳米颗粒，并对其进行了系统的表征。最后，研究了这些产物作为锂离子电池负极材料时的电化学性能，选出最优条件，并解释其机理。

3.2 实验方法

实验原料包括：九水合硝酸铁［$Fe(NO_3)_3 \cdot 9H_2O$］，红褐色结晶体；甘氨酸（$C_2H_5NO_2$），白色结晶体。以上原料均由天津光复化工有限公司提供，纯度为分析纯。实验仪器包括：FL-1型可控温电炉，BS223S型精密电子天平。

溶液燃烧合成制备纳米α-Fe_2O_3材料的步骤如下：按照一定的比例称取硝酸铁和甘氨酸，将称好重量的原料置于500 mL的烧杯中，加入适量的去离子水，用玻璃棒搅拌，使各种原料充分溶解，形成均匀的暗红色溶液。将盛有溶液的烧杯置于可控温电炉上加热，加热温度约为300 ℃。加热初期，随着水分不断蒸发，溶液发生浓缩并开始冒泡。继续加热，浓缩物逐渐形成深褐色的胶状物。继续加热1 min左右，胶状物开始燃烧，并随之放出大量气体，体系温度迅速升高，整个燃烧反应在几十秒内迅速完成，反应结束后，烧杯内部有疏松的粉体生成，将其稍加研磨，即可得到相应产物。

通过差热仪（Rigaku DT-40，TG-DSC）分析溶液在加热过程中的吸热和放热特性；通过X-射线粉末衍射仪（Rigaku D/max-RB12，XRD）鉴定产物的物相和晶型，测试条件为Cu靶，Kα($\lambda = 0.1541$ nm)；通过X-射线光电子能谱仪（ESCALAB 250，XPS）进一步地确定产物的元素化合价；用场发射扫描电镜（FEI Quanta 450）和透射电子显微镜（TEM Tecnai F30 ）观察产物的微观结构；采用比表面积分析仪（QUADRASORB SI-MP）测试粉末的比表面积。

电化学性能测试：溶液燃烧合成产物作为活性物质，炭黑（Super P）作为导电剂，聚偏二氟乙烯（PVDF）作为黏结剂，按照质量比60：20：20制作锂离子电池的负极材料。将上述原料充分研磨混合后，加入少量N-甲基吡咯烷酮（NMP），继续混合均匀制成浆料，然后，用刀片均匀地将浆料涂到铜箔上，真空干燥箱内120 ℃干燥12 h后，在200 $kg \cdot m^{-2}$压力下压制成圆片（$d =$ 14 mm）。在通有氩气的真空手套箱内，将电极组装成CR2023型扣式电池，其中，含有1 $mol \cdot L^{-1}$ $LiPF_6$的EC/DMC（1：1质量比）作为电解液，金属锂片作为对电极。将封装好的CR2023扣式电池静置一段时间后，对其进行电化学性能测试。该电池的恒电流充放电测试在LAND测试系统上进行，电压范围为0.01～3.0 V（vs. Li^+/Li），测试环境温度保持在25 ℃左右。循环伏安曲线的测试在CHI618D电化学工作站上进行，扫描电势范围为0.01～3.0 V（vs. $Li^+/$

Li），扫描速率为0.5 mV·s^{-1}。

3.3 纳米α-Fe_2O_3材料的制备

在溶液燃烧合成工艺中，燃料（甘氨酸）与氧化剂（硝酸铁）的配比可以影响燃烧的反应过程、反应温度和反应机制，从而对产物的物相、形貌、结构等均有一定的影响。为了研究燃料（甘氨酸）对溶液燃烧合成反应机制及产物物相的影响，本实验根据化学推进剂理论得到的燃烧合成反应方程式（3-1），设计了四种不同甘氨酸/硝酸铁配比（φ）的反应体系，如表3-1所示，硝酸铁含量不变，均为0.025 mol，依次增加甘氨酸的含量，当$\varphi=0$时，为未加入燃料的体系；当$\varphi=0.5$时，为贫燃料体系；当$\varphi=1.0$时，燃料与氧化剂的物质的量比为5∶3；当$\varphi=1.5$时，为富燃料体系。

$$6Fe(NO_3)_3+10C_2H_5NO_2\longrightarrow 3Fe_2O_3+20CO_2+25H_2O+14N_2 \qquad (3-1)$$

表3-1 不同甘氨酸/硝酸铁配比（φ）的反应体系

φ	甘氨酸的物质的量/mol	硝酸铁的物质的量/mol	反应条件
0	0	0.025	无燃料
0.5	0.0208	0.025	贫燃料
1.0	0.0417	0.025	化学计量比
1.5	0.0625	0.025	富燃料

3.3.1 溶液燃烧合成反应机制的研究

如实验方法中所述，在持续加热过程中，均匀混合的水溶液会逐渐形成凝胶，图3-1为不同甘氨酸/硝酸铁配比的溶液加热后形成凝胶的TG-DSC曲线。从图3-1（a）可以看出，未加入甘氨酸的溶液（$\varphi=0$）从室温加热到170 ℃左右时，质量损失了近80%，并且在DSC曲线上出现了一个近似于V形的吸热峰，这是由于硝酸铁受热发生了分解反应，而吸热峰较宽，则说明该热解反应是缓慢进行的。同时，从图3-1（b）（c）可以看出，在$\varphi=0.5$和$\varphi=1.0$反应体系的DSC曲线上，也能观察到相对较弱的吸热峰，并对应着少量的质量损失，但只有$\varphi=0.5$体系的吸热峰依然在170 ℃左右，$\varphi=1.0$体系的吸热峰则出现在130 ℃左右，这是因为$\varphi=0.5$体系中虽然加入了燃料，但依然处于贫燃料状态，硝酸铁还是偏于过量，过量的硝酸铁会发生热解反应，因此，在170 ℃

附近出现弱小的吸热峰；而$\varphi=1.0$体系处于化学计量比状态，硝酸铁不再过量，不会发生热解反应，所以，130 ℃附近的弱小吸热峰应该是源于凝胶中的残余水分及化学束缚水的脱除。从图3-1（b）（c）（d）中可以看出，这三个反应体系均在150～200 ℃出现了明显的放热峰，并且伴随质量迅速下降。这是因为氧化剂硝酸铁与燃料甘氨酸之间发生了剧烈的放热燃烧反应，如式（3-1）所示，而随着燃料的添加量增多，可以看到放热峰变得越来越尖锐，放热温度点越来越低，质量损失程度也越来越严重。这是由于燃料越多，起燃温度越低，放热燃烧反应越剧烈，氧化还原反应进行得越彻底，原料损失得也越彻底。当温度超过200 ℃以后，可以看到四种燃料体系的样品质量都保持不变，说明整个反应过程已经结束。

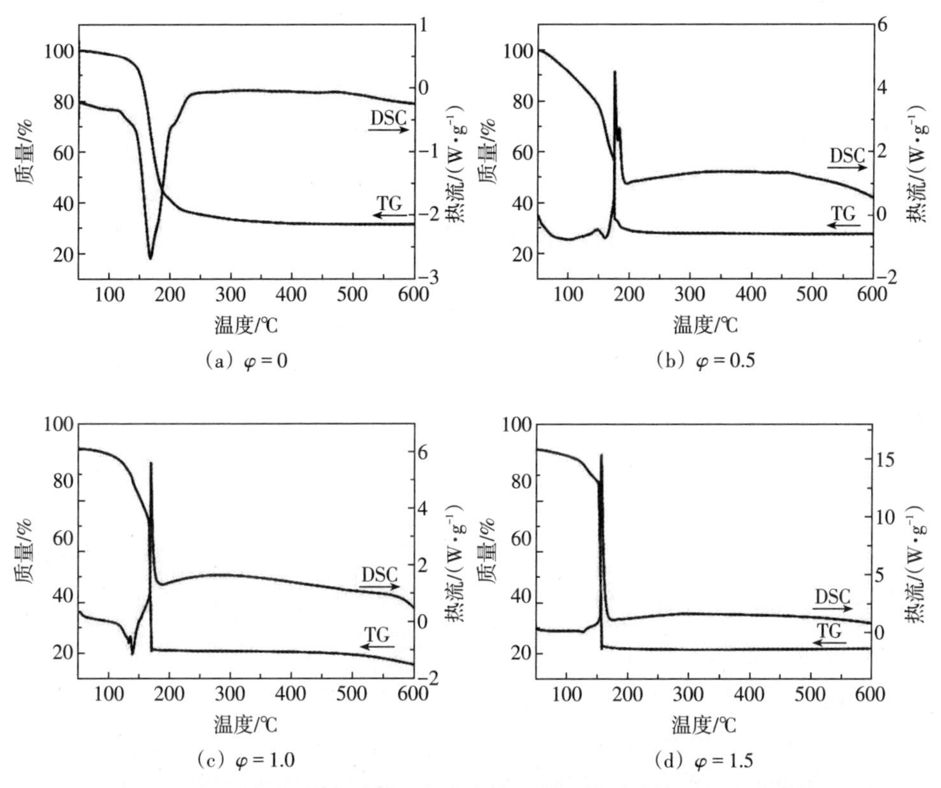

图3-1　不同甘氨酸/硝酸铁配比反应体系得到的凝胶的TG-DSC曲线

图3-2为不同甘氨酸/硝酸铁配比反应体系的溶液燃烧合成反应过程和产物宏观形貌。从图3-2（a）可以看出，未加入甘氨酸的溶液在加热过程中水分会不断蒸发，形成类似于凝胶状的物质，继续加热，凝胶状物质会发生热解

反应。同时，烧杯中不断有热液进出，直至反应结束，形成焦糊状的产物。整个过程需要不停地加热，说明该体系发生的是吸热反应，与图3-1（a）中DSC吸热峰相吻合。从图3-2（b）（c）（d）中可以看出，加入甘氨酸的溶液在加热过程中依然有大量水蒸气溢出，溶液慢慢变为凝胶，并伴有少许膨胀，继续加热，凝胶达到某一温度点后，会瞬间起燃，出现明显的火焰，并有大量气体溢出，整个燃烧反应在几十秒内迅速完成，最终烧杯内留下疏松的粉体。值得注意的是，当凝胶起燃后，不再需要进一步加热，关闭电炉，燃烧反应可以自动维持，说明体系发生的是放热反应，与图3-1（b）（c）（d）中DSC放热峰相对应。此外，燃烧反应十分迅速，大约几十秒即可结束，节能省时。对比不同燃料添加量的反应过程来看，图3-2（b）（d）较好地诠释了燃烧模式从体积燃烧（VCS）向蔓延燃烧（SHS）的转变过程，图3-2（b）中的贫燃料体系在燃烧过程中，呈现VCS模式，反应瞬间在整个凝胶体积内爆发，伴有明火和浓烟，从气体颜色来看，NO_x为主要气体产物，该反应速度很快，只需10 s左右，而后在烧杯中留下大量蓬松的海绵状红色粉体；图3-2（c）的化学计量比体系在燃烧过程中，开始向SHS模式转变，反应虽然伴有剧烈的火焰，但并不是瞬间爆发，而是趋向于蔓延吞噬，直至整个体积的凝胶变为疏松树枝状的红黑相间粉体，根据粉体的颜色可以推断出，该燃烧体系的产物可能是α-Fe_2O_3和Fe_3O_4的混合物；图3-2（d）中的富燃料体系在燃烧过程中，呈现SHS模式，反应不再是瞬间爆发，而是从某点引发向周围扩散，反应时间也相对较长，要20 s左右，这是因为燃料过量，需要额外的氧气参与反应来维持，因此，相对于VCS模式来说，有着较低的升温速率和较长的反应时间。在理论上，这种模式的反应温度应大于VCS模式下的温度，但是，由于反应过程时间长，不足以瞬间爆发出高能量并形成高温，所以，实际温度甚至低于VCS模式下的温度，这也是图3-1（b）（c）（d）中，随着燃料的添加量增多，放热温度点越来越低的原因。如图3-2（d）所示，富燃料体系的燃烧产物也是疏松树枝状的红黑相间粉体，可见，燃烧反应模式对燃烧产物的宏观形貌影响很大，VCS模式产物为海绵状，而SHS模式产物为树枝状。此外，相对于化学计量比体系的燃烧产物，富燃料体系产物中红色与黑色物质的比例减小了，说明产物中晶态α-Fe_2O_3组分的含量减少了。由此可知，燃料的添加量不仅会影响燃烧反应的温度、模式和时间，而且对燃烧产物的宏观形貌和组分相态也有着决定性的影响。

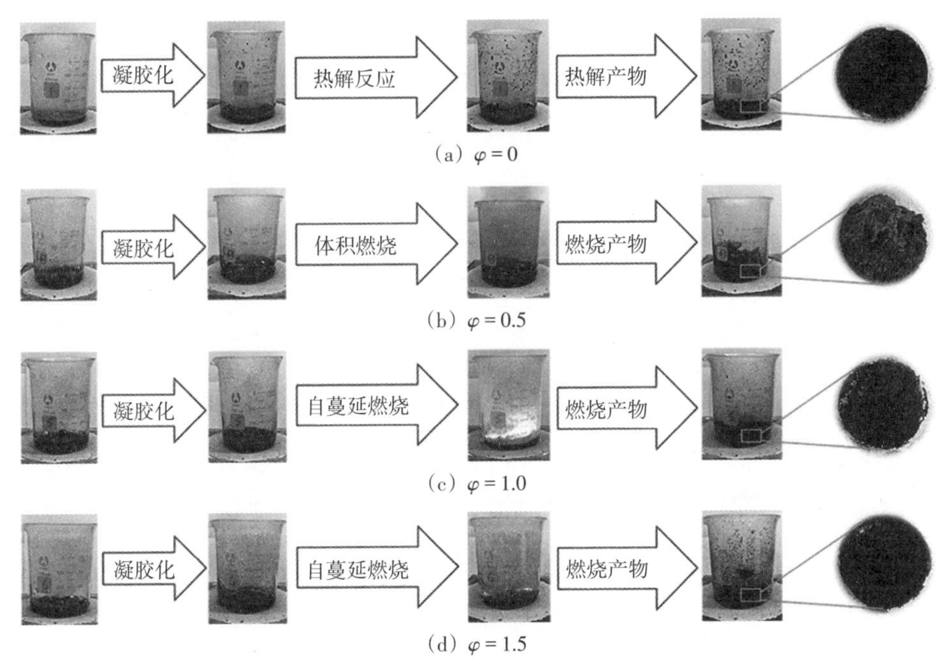

图3-2　不同甘氨酸/硝酸铁配比的反应体系的溶液燃烧合成反应过程和产物宏观形貌

3.3.2　甘氨酸含量对产物组分和形貌的影响

由上述讨论可知，燃料的添加量不仅会影响溶液燃烧反应的温度、模式和时间，对燃烧产物的组分相态也具有一定的影响，图3-3为不同甘氨酸/硝酸铁配比的反应体系溶液燃烧合成产物的XRD图谱。从图3-3中可以看出，当$\varphi=0$时，产物趋近于无定形态，没有明显的Bragg衍射峰，只能勉强在$2\theta=24.1°$，$35.6°$，$39.2°$，$62.4°$，$63.9°$附近找到微弱的衍射峰，分别对应于晶态$\alpha-Fe_2O_3$的（012），（110），（006），（214），（300）晶面（JCPDS card No.89-0599），说明未加入燃料的体系经过热解反应会生成无定形态的产物，虽然其中有少许的晶态$\alpha-Fe_2O_3$，但很容易被无定形态产物覆盖住，这与图3-2（a）中的产物呈灰红色相对应。当$\varphi=0.5$时，燃烧产物为晶形良好的$\alpha-Fe_2O_3$（六方晶系，JCPDS card No.89-0599），除$\alpha-Fe_2O_3$的衍射峰之外，XRD图谱中再没有其他衍射峰出现，说明该反应体系经过溶液燃烧合成的产物为单相的$\alpha-Fe_2O_3$，这与图3-2（b）中的产物呈纯红色相对应。然而，增加甘氨酸的含量可以看到，$\varphi=1.0$和$\varphi=1.5$燃烧产物都是由$\alpha-Fe_2O_3$（JCPDS card No.89-0599）和Fe_3O_4（JCPDS card No. 89-0691）组成的，并且随着燃料的增加，产物中Fe_3O_4的衍射峰强度增加，这是因为甘氨酸在反应过程中不仅是燃料，还可以作为还原剂，将Fe^{3+}还原成Fe^{2+}，当其过量时，在高温条件下，更容易将部分$\alpha-Fe_2O_3$还原成Fe_3O_4，对比图3-2（c）（d）中产物的颜色可以看出，$\varphi=1.5$比$\varphi=1.0$的颜色更偏黑一些，进一步地表明$\varphi=1.5$产物中Fe_3O_4更多一些。

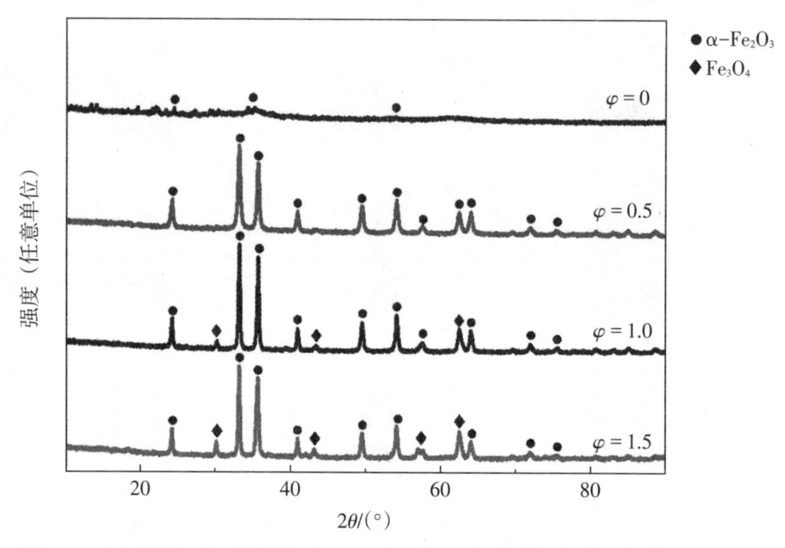

图3-3　不同甘氨酸/硝酸铁配比的反应体系溶液燃烧合成产物的XRD图谱

为了进一步地证实不同甘氨酸/硝酸铁配比的反应体系溶液燃烧合成产物的相组分，利用XPS对产物进行分析。图3-4为不同甘氨酸/硝酸铁配比的反应体系的溶液燃烧合成产物的XPS全谱扫描图谱。从图3-4可以观察到以285（C1s），530（O1s），711（Fe $2p_{3/2}$），725（Fe $2p_{1/2}$）eV为中心的C1s，O1s和Fe2p特征峰，说明四种SCS产物中均存在C，O，Fe三种元素，但与Fe2p和O1s峰相比，C1s特征峰的强度很低，说明产物中的含碳量很低，可以忽略不计。值得注意的是，随着甘氨酸含量的增多，Fe2p和O1s的强度明显增强，强度比也增加，这表示生成的铁氧化物FeO_x相中的Fe^{2+}所占比例升高，与上述XRD分析结果一致。为了更好地说明产物中Fe元素的化合价态和离子比例，对Fe2p特征峰进行窄谱扫描并分峰拟合。如图3-5（a）（b）所示，$\varphi=0$和$\varphi=0.5$产物的Fe2p特征峰在结合能为711.5，725.2，718.3，732.1 eV处有明显的突起，这分别与Fe $2p_{3/2}$，Fe $2p_{1/2}$和它们的卫星峰有关，它们对应的都是Fe^{3+}电子状态，说明这两种燃烧产物中只有$\alpha-Fe_2O_3$存在。而随着甘氨酸含量的增多，$\varphi=1.0$和$\varphi=1.5$产物的Fe2p特征峰可以分为四个峰，结合能分别为709.2，711.1，722.4，724.5 eV，这四个峰又分别对应着Fe $2p_{3/2}$的Fe^{2+}电子状态、Fe $2p_{3/2}$的Fe^{3+}电子状态、Fe $2p_{1/2}$的Fe^{2+}电子状态和Fe $2p_{1/2}$的Fe^{3+}电子状态，说明这两种燃烧产物中均存在两种价态的Fe离子。此外，与$\varphi=0$和$\varphi=0.5$产物的Fe2p特征峰相似，在结合能为718，732 eV的位置处可以明显看到两个与Fe $2p_{3/2}$和Fe $2p_{1/2}$有关的卫星峰，这是α-Fe_2O_3的典型特征，所以，$\varphi=1.0$和$\varphi=1.5$产物中，同时存在α-Fe_2O_3和Fe_3O_4这两相。另外，Fe^{2+}/Fe^{3+}的原子比例可以近似地量化为Fe $2p_{3/2}$的两个拟合分峰的相对面积比值，根据图3-5（c）（d）中结合能为709.2，711.1 eV的两个拟合分峰，计算出其相对面积比值分别为~0.2，~0.3，由此可知，$\varphi=1.5$产物中的Fe_3O_4相的比例增多，这与上述XRD和XPS全谱分析的结果相吻合。

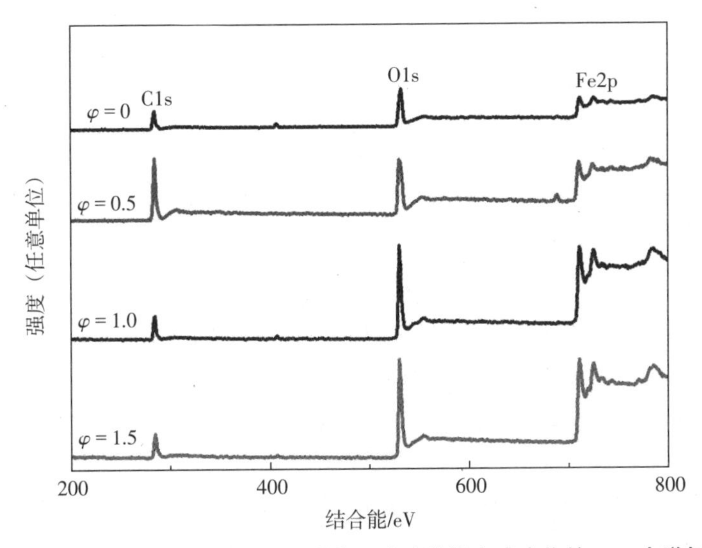

图3-4 不同甘氨酸/硝酸铁配比的反应体系溶液燃烧合成产物的XPS全谱扫描图谱

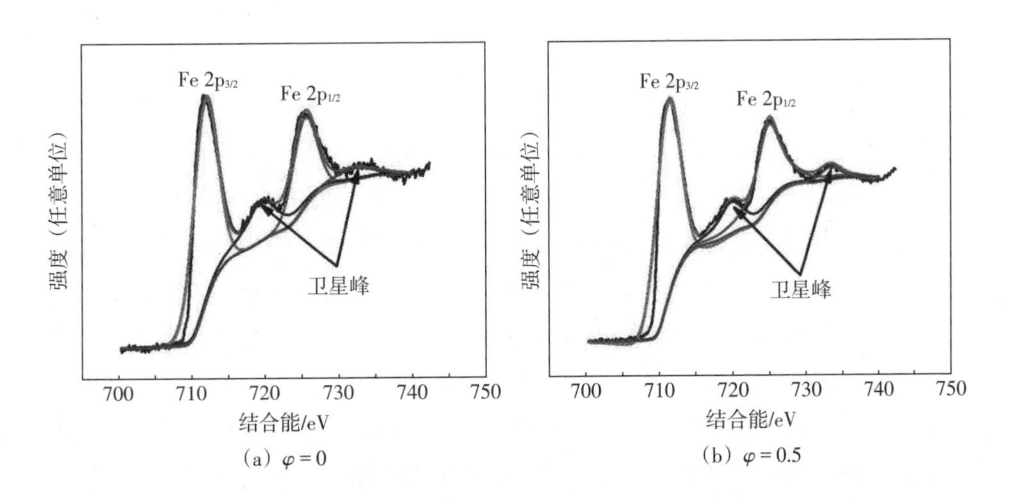

（a）$\varphi=0$　　（b）$\varphi=0.5$

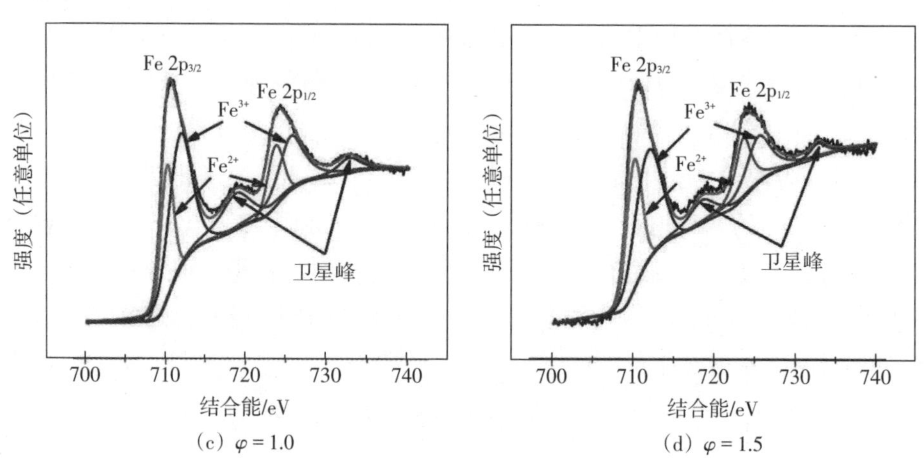

（c）$\varphi=1.0$　　（d）$\varphi=1.5$

图3-5　不同甘氨酸/硝酸铁配比的反应体系溶液燃烧合成产物的XPS窄谱扫描Fe2p图谱

通过场发射扫描电子显微镜观察燃烧产物的微观结构可以发现，反应体系中的甘氨酸含量对产物的微观形貌也具有很大的影响。图3-6为不同甘氨酸/硝酸铁配比的反应体系溶液燃烧合成产物的场发射扫描电镜照片。从图3-6（a）可以看出，$\varphi=0$产物的形貌为均匀的海胆状颗粒，尺度在微米级别，放大照片的拍摄倍数，可以看到这些颗粒是由放射状生长的纳米棒组成的，其长度约为200 nm。这种纳米棒状结构的形成可能是由于金属氢氧化物和氧化物之间的拓扑转变过程，即由OH^-持续的能量供给引起的Fe^{3+}水解，如图3-2（a）的热解反应，有助于形成密排六方结构（hcp）的α-FeOOH，这就会促使产物沿着hcp结构的c轴方向生长，而a轴和b轴方向的生长被阻碍，从而得到纳米棒状结构的$\alpha-Fe_2O_3$。而后，随着燃料的加入，SCS产物的微观形貌发生了很大变化。从图3-6（b）（c）中可以看出，$\varphi=0.5$和$\varphi=1.0$的产物形貌均为积云状的微米团簇，它们由大量的平均厚度为~100 nm的不规则纳米片组成。在高倍数下观察时，可以在这些纳米片表面观察到大量孔隙，这是由于反应体系在燃烧过程中，产生了大量气体，这些气体从产物内部不断溢出，形成气孔。这种多孔纳米片形貌的形成可以分为以下三步：首先，水溶液凝聚成流动的溶胶，具有成膜能力；其次，溶胶蒸发成黏性凝胶，形成大量孔隙；最后，凝胶随着气体的释放而燃烧，将孔隙壁变成多孔片。随着甘氨酸含量的进一步增多，从图3-6（d）中可以看出，$\varphi=1.5$产物呈珊瑚状结构，并且表面零星分布着一些块状团聚颗粒，放大照片的拍摄倍数，可以看到该珊瑚状结构实际上也是一种由尺寸均匀的纳米颗粒组成的多孔框架结构，这些纳米颗粒的平均尺寸约为50 nm，形成原因可能是面心立方结构（fcc）的Fe_3O_4在燃烧过程中，由于结晶过程为各向同性，使其在形核长大过程中，各个方向无明显应力变化。

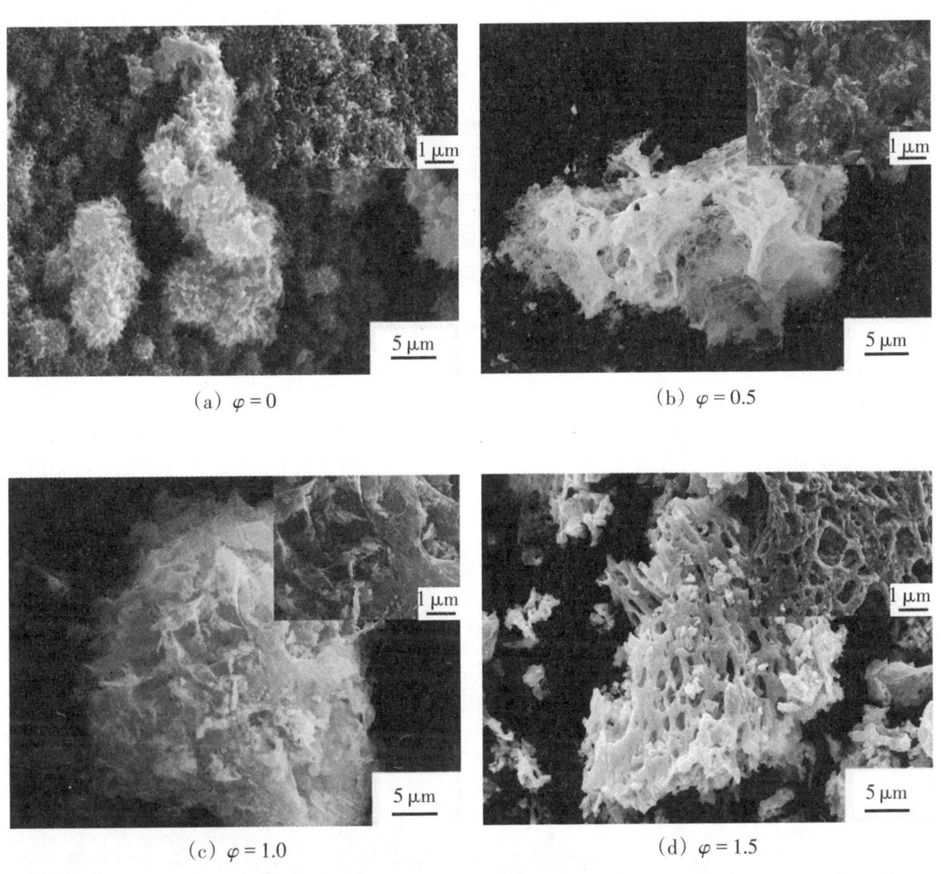

（a）$\varphi = 0$ （b）$\varphi = 0.5$

（c）$\varphi = 1.0$ （d）$\varphi = 1.5$

图3-6　不同甘氨酸/硝酸铁配比的反应体系溶液燃烧合成产物的场发射扫描电镜照片

（右上角插图为相应产物的高倍数照片）

为了获得更多的微观结构和晶体学信息，利用透射电子显微镜对不同甘氨酸/硝酸铁配比的反应体系的溶液燃烧合成产物进行分析。如图3-7（a）所示，几乎所有的纳米棒都以放射状的形式聚集在一起，形成一个大的微米团簇，看起来就像海胆一样。而且，这些纳米棒具有较大的横纵比，半径约为5 nm，长度约为200 nm，与图3-6（a）中描述的$\varphi = 0$产物的形貌一致。随着甘氨酸含量的增加，$\varphi = 0.5$和$\varphi = 1.0$的产物形貌均为多孔的纳米片状结构，其上贯穿着大量结构良好的尺寸小于10 nm的单孔和少量不规则形状的尺寸超过

50 nm的通孔，这与图3-6（b）（c）中的多孔纳米片形貌完全吻合。而放大拍摄倍数后，对比图3-7（b）（c）可以发现，$\varphi=0.5$产物的纳米片具有二维网络状结构，由较小的蠕虫状颗粒构成，这种颗粒在短轴方向上的尺寸为~20 nm，在长轴方向上的尺寸接近100 nm，纳米颗粒形成这种多孔网络状结构是因为甘氨酸中的羧基（—COOH）与氨基（$—NH_2$）在一定加热条件下，可以发生脱水聚合，形成交联的网络状结构，而纳米颗粒由于具有超细的尺寸及高表面自由能，容易团聚在一起。同时，燃烧过程中产生的大量气体对颗粒的团聚又会起到分散作用，因此，形成了这种聚合的多孔网络状纳米片结构。但是，当$\varphi=1.0$时，这些纳米颗粒又变成了不规则的多边形结构，尺寸也不均匀，在50~100 nm之间，这是由于此时产物中有Fe_3O_4相存在，如上面所说，fcc结构的Fe_3O_4在燃烧过程中，结晶过程为各向同性，使晶体生长的方向更趋近于无定向。随着甘氨酸含量的进一步增加，如图3-7（d）所示，$\varphi=1.5$产物形貌为大小均匀、平均尺寸为~50 nm、分散性良好的纳米颗粒，这与图3-6（d）的FE-SEM结果相符。在高倍数显微镜下观察时，可以看到这些纳米颗粒呈近球形的六边形几何结构，表面十分光滑，这是由于该产物中Fe_3O_4相的含量增多，比起$\alpha-Fe_2O_3$的相结构，颗粒更趋向于呈现Fe_3O_4相的面心立方结构。

从图3-6和图3-7中可以看出，几乎所有的产物都具有一定的孔隙结构，这是由于溶液燃烧反应过程中会释放大量气体，随着气体的溢出，在产物内部会留下孔隙。下面具体分析每种产物的孔隙类型和相应的比表面积大小。

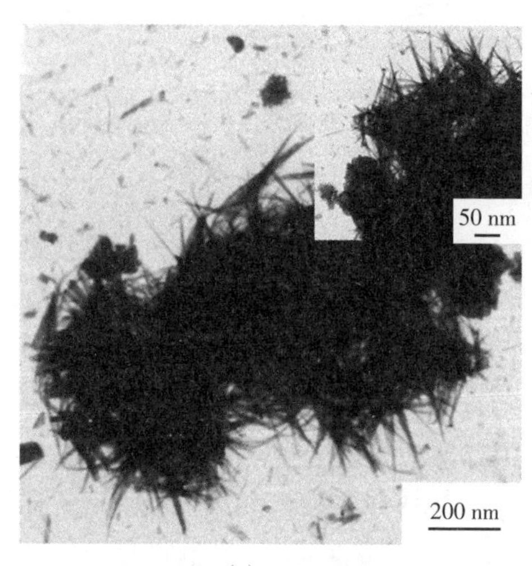

（a）$\varphi=0$

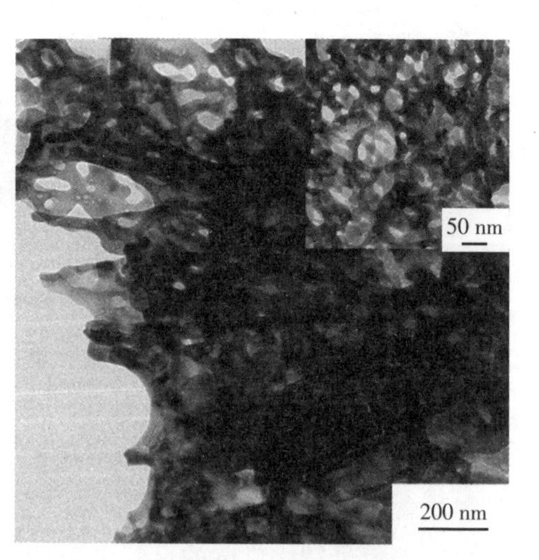

（b）$\varphi=0.5$

（c）$\varphi = 1.0$ （d）$\varphi = 1.5$

图3-7 不同甘氨酸/硝酸铁配比的反应体系溶液燃烧合成产物的透射电子显微镜照片（右上角插图为相应产物的高倍数照片）

图3-8为不同甘氨酸/硝酸铁配比的反应体系溶液燃烧合成产物的氮吸附-脱附等温线和相应的Barrett-Joyner-Halenda（BJH）孔径分布图。从图中可以看出，所有的SCS产物的氮吸附-脱附曲线都属于典型的Ⅳ类曲线，说明它们都是介孔结构。而对比来看，$\varphi = 0$产物的滞后回线属于H1型，它的孔径分布相对较宽，最高达到20 nm。随着甘氨酸含量的增多，$\varphi = 0.5$和$\varphi = 1.0$产物的滞后回线均属于H3型。一般认为，H3型高压端吸附量大，是由片状粒子堆积形成的狭缝孔造成的，这与FE-SEM和TEM照片中显示的多孔纳米片结构相吻合。当相对压力$P/P_0 < 0.1$时，等温线平缓增加表明样品中存在微孔；当相对压力处于中压（$0.45 < P/P_0 < 0.8$）时，若出现明显的滞后环，则表明样品中富含介孔（中孔，孔径在2～50 nm），这是因为毛细管凝聚作用使N_2分子在低于常压下冷凝填充了介孔孔道，开始发生毛细凝结时是在孔壁上的环状吸附膜液面上进行，而脱附是从孔口的球形弯月液面开始，从而造成吸脱附等温线不重合，往往形成一个滞后环，该滞后环变化的宽窄程度可作为衡量中孔均一性的根据；当相对压力提高到高压（$0.9 < P/P_0 < 1.0$）时，等温线若出现第三段上升，证明样品中有大孔或粒子堆积孔存在。从图3-8（b）（c）可以看出，$\varphi = 0.5$和$\varphi = 1.0$产物在$0.45 < P/P_0 < 1.0$之间都出现了滞后现象，说明其为介孔结构，而滞后环宽度较窄，说明介孔孔径均匀，这从相应的BJH孔径分布图中也可以清晰地看到，孔径集中分布在3～5 nm之间，均匀且细小。随着甘氨酸

含量的进一步增多，如图3-8（d）所示，$\varphi = 1.5$产物的滞后回线类型变为H4型，说明其为狭缝孔。从相应的BJH孔径分布图可以看到，其在孔径大小为~5 nm处出现了一个窄的主峰，而在孔径大小为~7 nm和~12 nm处有两个较宽的弱峰，说明该产物的孔径大小不均匀，分布较宽。此外，采用Brunauer-Emmett-Teller（BET）方法可以计算得到随着甘氨酸含量的增加，四种SCS产物的比表面积分别为27.22，54.26，56.12，17.47 $m^2 \cdot g^{-1}$，通常情况下，比表面积越大，越有利于提高纳米材料的电化学性能。

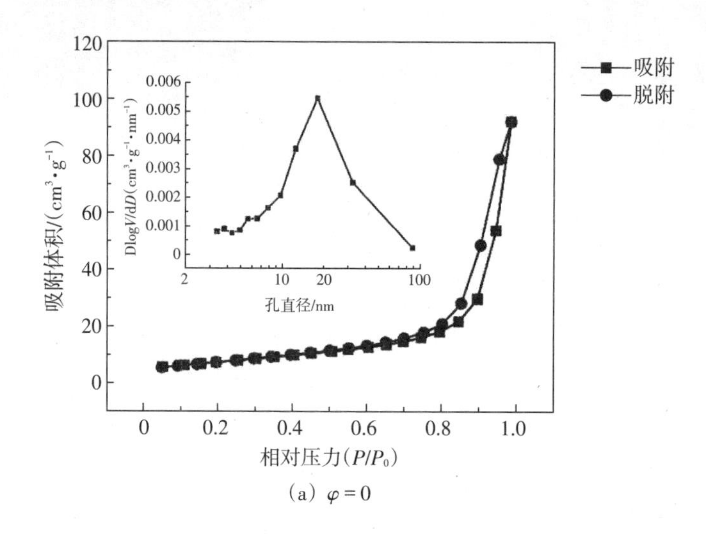

（a）$\varphi = 0$

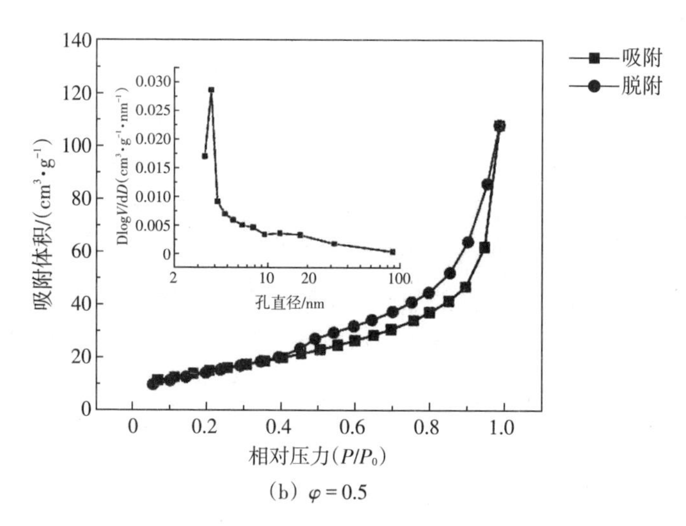

（b）$\varphi = 0.5$

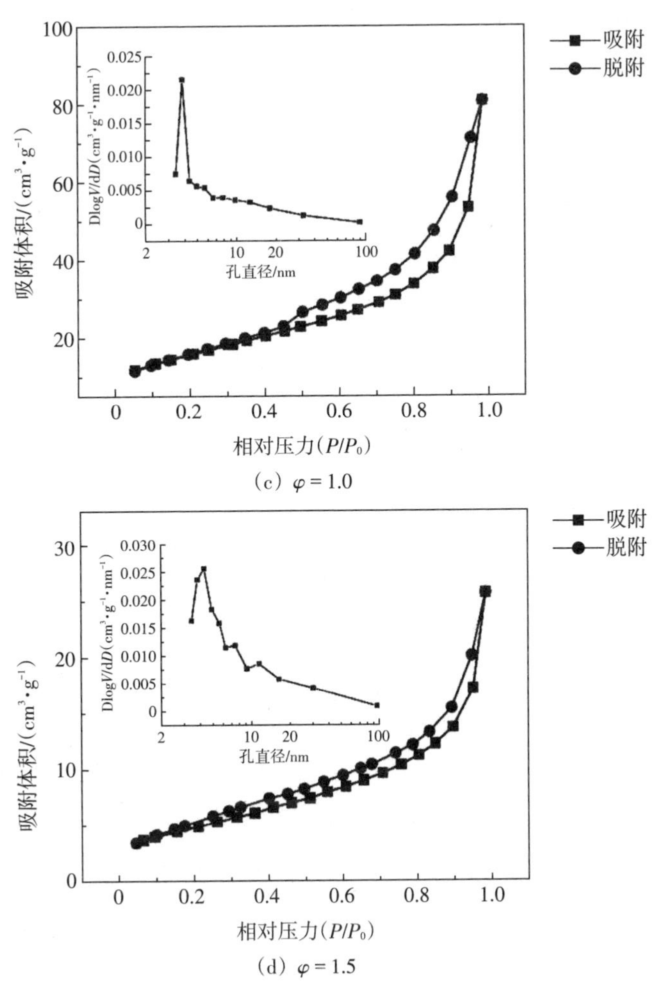

图3-8 不同甘氨酸/硝酸铁配比的反应体系溶液燃烧合成产物的氮吸附-脱附等温线图和相应的BJH孔径分布图（左上角插图）

3.4 纳米α-Fe_2O_3材料的电化学性能研究

采用不同甘氨酸/硝酸铁配比的反应体系的溶液燃烧合成产物作为活性物质，炭黑（Super P）作为导电剂，聚偏二氟乙烯（PVDF）作为黏结剂，按照质量比60:20:20制作锂离子电池的负极材料。图3-9为不同甘氨酸/硝酸铁配比的反应体系的溶液燃烧合成产物作为锂离子电池负极材料在0.5 mV·s^{-1}扫描速率下，0.01～3.0 V（vs. Li^+/Li）电压范围内前五次循环的伏安曲线，用来探索它们的电化学反应机制。从图3-9可以看出，所有产物电极的第一次循环曲

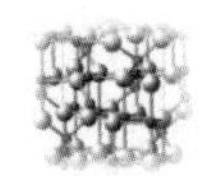

线和后面的四次循环曲线均有着明显的不同。在首次嵌锂过程中，只有一个尖锐的还原峰位于0.5 V左右，该峰位主要对应于$Fe^{3+} \longrightarrow Fe^{0}$的可逆还原过程，以及电解质分解产生固态电解质膜（SEI）过程中的不可逆反应。在首次脱锂过程中，在1.7 V附近出现一个相对较宽的氧化峰，这对应着$Fe^{0} \longrightarrow Fe^{3+}$的可逆氧化过程，如式（3-2）所示。值得注意的是，首次循环过程中，还原峰的积分面积比氧化峰的积分面积大很多，这说明循环时发生了不可逆的反应，即上面提到的电解质分解生成SEI膜的过程，而且由SEI膜造成的不可逆容量较高。当对比不同产物电极的首次循环伏安曲线时，可以发现，$\varphi = 1.0$和$\varphi = 1.5$产物电极的还原峰比$\varphi = 0$和$\varphi = 0.5$产物电极的还原峰更尖锐一些，而且，$\varphi = 1.0$产物电极的还原峰位置是四个电极中电压最正的。这些差异源自不同甘氨酸/硝酸铁配比的反应体系溶液燃烧合成产物的组分相态和微观形貌的不同。具体来说，$\varphi = 1.0$和$\varphi = 1.5$产物中的Fe_3O_4相会加快$Fe^{3+} \longrightarrow Fe^{2+} \longrightarrow Fe^{0}$逐步还原的过程，如式（3-3）和式（3-4）所示，从而获得更尖锐的还原峰形；同时，$\varphi = 1.0$产物的纳米片形貌会促使Li^{+}的扩散路径沿着平行方向走，缩短了Li^{+}的扩散距离，提高了扩散效率。

随着四种产物电极伏安循环的继续，可以看到第二次循环时，还原峰和氧化峰的位置都比首次循环时明显朝高电位方向移动了。这是由于首次嵌锂时，材料的原始颗粒较大，Li^{+}嵌入阻力大，导致电极极化增强，而经过首次循环后，较大的体积变化使颗粒碎化，并形成大量晶界，不仅缩短了Li^{+}的扩散距离，还增加了其扩散通道，因此，电极极化也相应减弱，进而使还原峰位右移。同时，在第二次脱锂过程中，由于活性物质的结构有所改变，氧化峰的位置也有所变化。当对比不同产物电极的第二次循环伏安曲线时，可以看到，在$\varphi = 0$产物电极嵌锂过程中，在~0.7 V和~0.9 V处出现两个明显的还原峰，分别对应于产物中晶态和非晶态的α-Fe_2O_3相形成fcc结构$Li_2(Fe_2O_3)$和hcp结构$Li_xFe_2O_3$相的过程，如式（3-3）和式（3-5）所示。而$\varphi = 0.5$产物电极嵌锂过程中，只在~0.7 V处出现了一个较宽的还原峰，说明晶态α-Fe_2O_3相嵌锂时发生的是逐步还原反应，即$Fe^{3+} \longrightarrow Fe^{2+} \longrightarrow Fe^{0}$，如式（3-3）和式（3-4）所示。再来看$\varphi = 1.0$产物电极，它在嵌锂过程中，出现了两个强的还原峰和一个相对较弱的还原峰，分别位于0.6，0.8，1.3 V附近，说明Fe^{2+}和Fe^{3+}嵌锂时发生了多步还原反应，即晶态α-Fe_2O_3相先形成fcc结构$Li_2(Fe_2O_3)$中间相（式3-3），而后，$Li_2(Fe_2O_3)$中间相和Fe_3O_4相又进一步被还原成Fe^{0}，并且产生非晶态的Li_2O［式（3-4）和式（3-6）］。而随着甘氨酸含量的增加，$\varphi = 1.5$产物中的

Fe_3O_4相增多，使得Fe_3O_4被还原成Fe^0的反应程度加深，导致~0.8 V处的还原峰变尖锐。总体来说，与首次循环相比，第二次循环的还原峰和氧化峰在峰电流和峰面积上均减小了，这是由于容量的衰减和不可逆SEI膜的形成。而第二次循环后，氧化峰和还原峰的峰形和位置基本不变，说明电化学反应基本稳定了，但每一次循环时，峰的积分面积都会略小于前一次，说明该电极材料的容量在慢慢衰减，趋于稳定前的活化时间较长。

$$Fe_2O_3 + 6Li^+ + 6e^- \rightleftharpoons 2Fe + 3Li_2O \tag{3-2}$$

$$Fe_2O_3 + 2Li^+ + 2e^- \longrightarrow Li_2(Fe_2O_3) \tag{3-3}$$

$$Li_2(Fe_2O_3) + 4Li^+ + 4e^- \longrightarrow 2Fe + 3Li_2O \tag{3-4}$$

$$Fe_2O_3 + xLi^+ + xe^- \rightleftharpoons Li_xFe_2O_3 \tag{3-5}$$

$$Fe_3O_4 + 8Li^+ + 8e^- \rightleftharpoons 3Fe + 4Li_2O \tag{3-6}$$

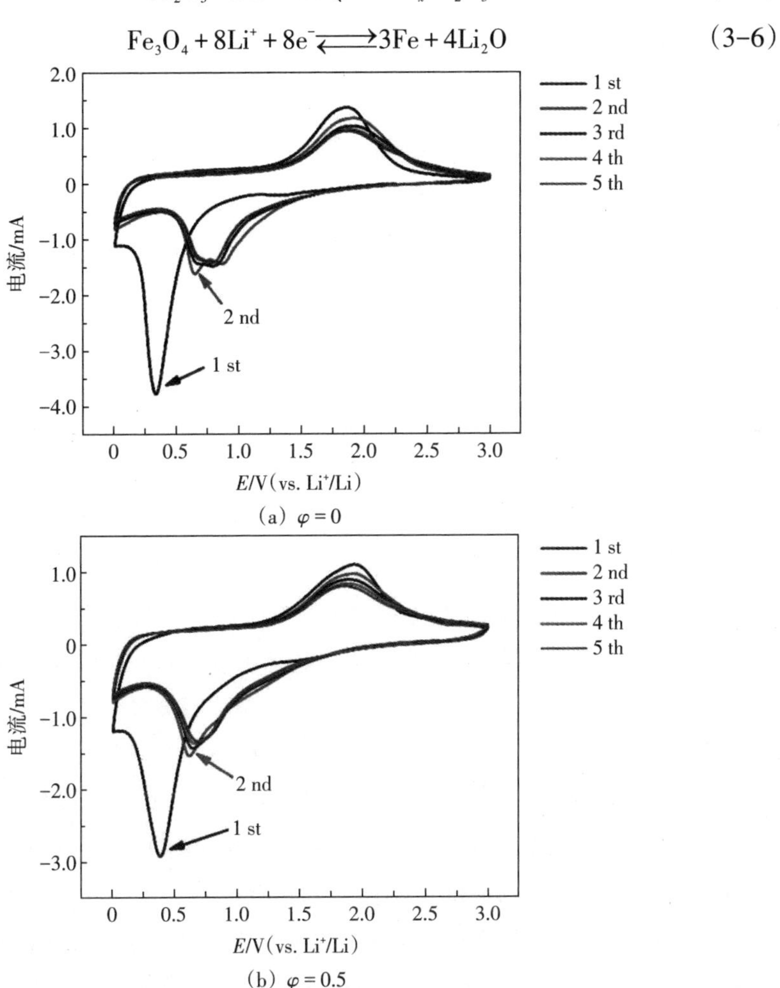

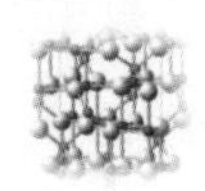

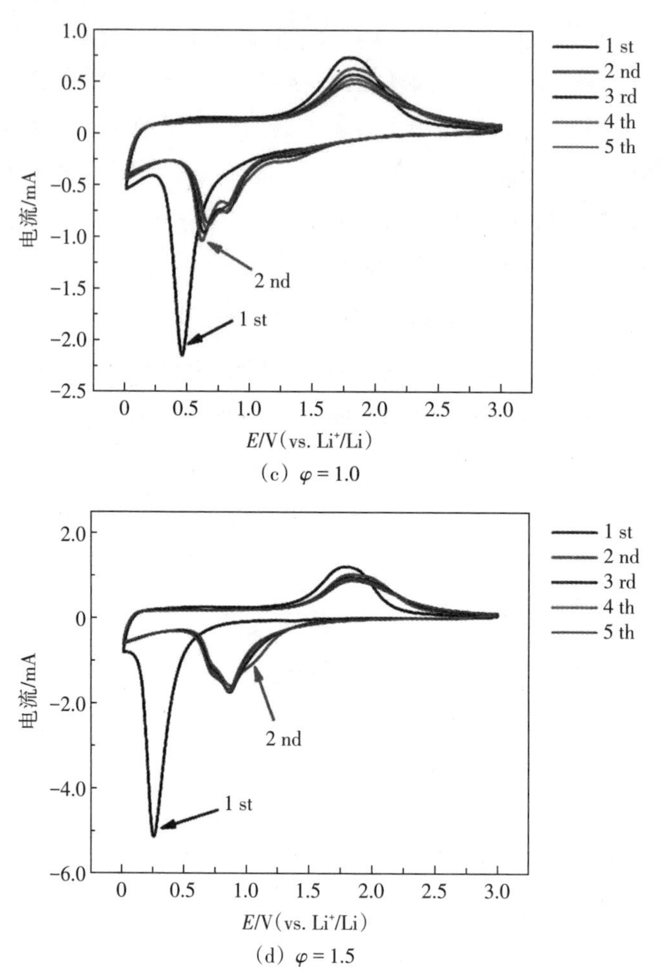

（c）$\varphi=1.0$

（d）$\varphi=1.5$

图3-9　不同甘氨酸/硝酸铁配比的反应体系的溶液燃烧合成产物电极在0.5 mV·s⁻¹扫描速率下，0.01～3.0 V（vs. Li⁺/Li）电压范围内的循环伏安曲线

图3-10为不同甘氨酸/硝酸铁配比的反应体系的溶液燃烧合成产物电极在0.01～3.0 V（vs. Li^+/Li）电压范围内，电流密度为0.1 $A·g^{-1}$时的第1，2，10，20，50次充放电曲线。从图3-10可以看出，首次放电曲线由三个阶段组成：第一阶段是在高电位区（0.8～3.0 V）电压迅速下降的过程，该过程对应Li^+与α-Fe_2O_3固溶生成$Li_2(Fe_2O_3)$中间相的过程［式（3-3）］；第二阶段是在0.8 V左右出现的很长的电压平台，该平台则对应着Li^+与α-Fe_2O_3，Fe_3O_4的转化反应［式（3-2）和式（3-6）］，以及$Li_2(Fe_2O_3)$中间相被Li^+进一步还原成单质Fe^0和非晶态Li_2O相［式（3-4）］，该过程是铁氧化物嵌锂的主要过程，也贡献了最多的储锂容量；第三个阶段是在低电位区（0.01～0.8 V）电压缓慢下降的过程，主要对

应于Fe^0/Li_2O的界面储锂，以及电解液分解生成SEI膜的过程。在首次充电过程中，在1.5～2.0 V之间出现了轻微的斜坡式的平台，这对应于Li^+从Li_2O中脱出的过程。可以看出，充电电压平台高于放电电压平台，这种极化现象是由Li^+在脱嵌过程中有限的扩散动力学造成的。在以后的充放电循环中，材料的放电平台由原来较长的平台明显变为较窄且倾斜的平台，并且向高电位区移动，这一变化的原因可能是活性物质与锂反应的过程中存在极化，以及Li^+嵌入过程中诱发材料结构的改变，即活性物质与锂反应的位置发生了改变，而平台变窄的原因是首次放电过程中形成的部分Li_2O进行了不可逆分解，氧原子从Li_2O中脱出。

从图3-10可以看出，四种产物电极在首次充放电过程中，都具有较高的放电比容量和相对较低的充电比容量，说明首次循环产生了不可逆容量损失，这与图3-9的循环伏安曲线中首次脱嵌锂过程氧化峰的积分面积小于还原峰面积相对应，源于循环时SEI膜的产生。当对比不同φ产物电极的首次充放电曲线时，如表3-2所示，可以发现，$\varphi = 0.5$产物电极的初始放电比容量最高，而$\varphi = 1.0$产物电极的初始库仑效率最大。这是由于$\varphi = 0.5$产物为单相的晶态α-Fe_2O_3，是所有过渡金属氧化物中理论容量最高的，所以，其含量越高，放电比容量越高；而$\varphi = 1.0$产物中含有Fe_3O_4相，是所有过渡金属氧化物中电导率最高的，良好的导电性促进Li^+和电子的快速移动，从而降低循环过程中的不可逆容量损失，但是，从表3-2可以看出，含有更多Fe_3O_4相的$\varphi = 1.5$产物电极的初始库仑效率反而是最小的，说明它在循环过程中的不可逆容量损失最大，这可能是因为$\varphi = 1.5$产物的比表面积最小，孔径分布也不均匀，使得Li^+和电子的移动通道变少，从而减低了它们的移动速率，影响了容量的损失率。此外，值得注意的是，从第二次循环开始，所有电极的放电比容量和充电比容量都会一步步降低，一般认为，这是活性物质的激活过程所致。同时，所有电极的

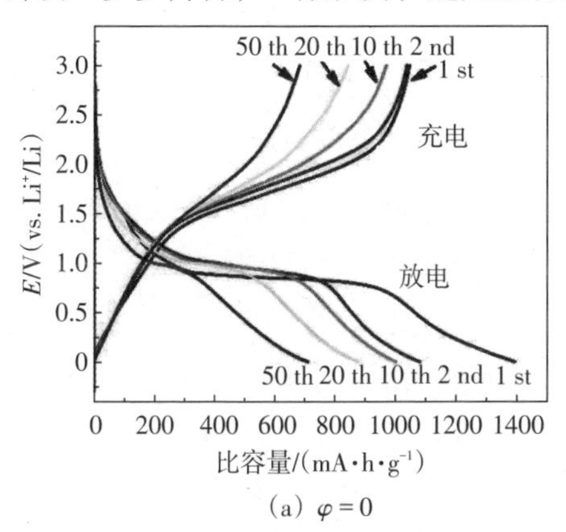

(a) $\varphi = 0$

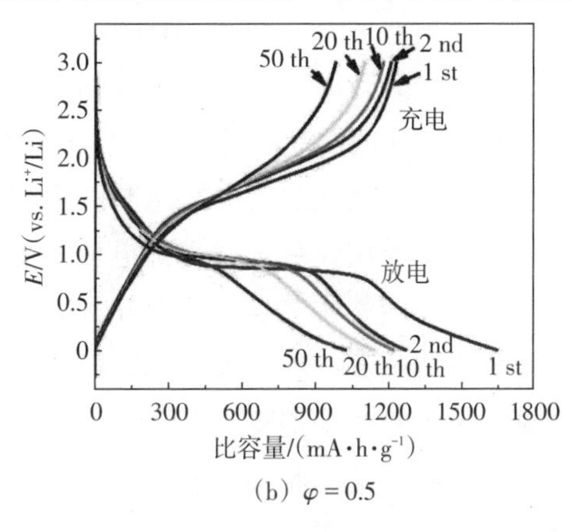

(b) $\varphi = 0.5$

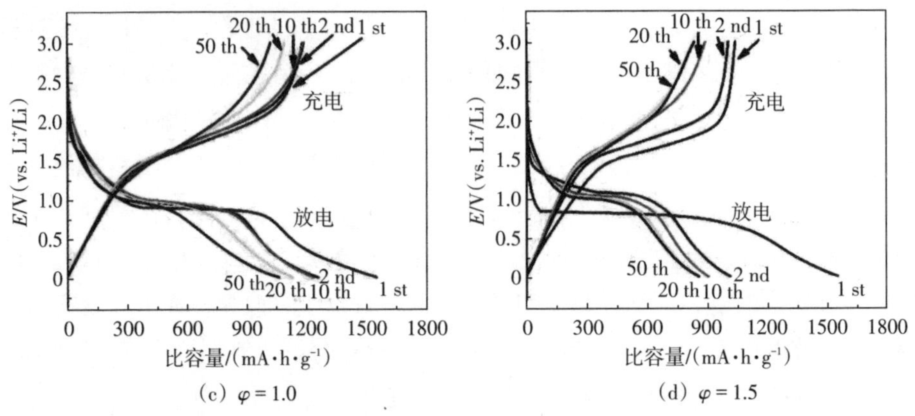

图3-10　不同甘氨酸/硝酸铁配比的反应体系的溶液燃烧合成产物电极在电流密度为0.1 A·g^{-1}时的第1，2，10，20，50次恒电流充放电曲线

库伦效率在第10次循环的时候就已经达到~99%了，说明SEI膜的稳定过程十分迅速。

表3-2　不同甘氨酸/硝酸铁配比的反应体系的溶液燃烧合成产物电极在电流密度为0.1 A·g^{-1}时的初始充放电比容量和库仑效率

φ	初始放电比容量/(mA·h·g^{-1})	初始充电比容量/(mA·h·g^{-1})	初始库仑效率/%
0	1393.2	1045.5	75.1
0.5	1648.7	1233.9	74.8
1.0	1547.6	1180.1	76.3
1.5	1554.2	1039.1	66.9

图3-11为不同甘氨酸/硝酸铁配比的反应体系的溶液燃烧合成产物电极在0.01~3.0 V（vs. Li^{+}/Li）电压范围内，电流密度为1 A·g^{-1}时循环500次的充放电比容量。从图3-11可以看出，四种产物电极的比容量都呈现出先下降后上升的状态，在大约前50次循环时，其可逆比容量快速下降，而后随着循环次数的增加，其比容量逐渐升高，这是活性物质的激活过程和可逆SEI膜的分解过程共同作用的结果，这种现象在过渡金属氧化物负极材料中比较常见。具体来说，在多次循环过程中，纳米材料的结构被慢慢破坏，造成了容量的不断损失，但由于首次充放电过程中电极表面沉积的SEI膜具有有机溶剂不溶性，在有机电解质溶液中能够稳定存在，而且溶剂分子不能通过SEI膜，从结构上阻止有机电解液进一步流入负极材料内部，避免活性物质的不断分解，所以，纳米氧化物材料的结构在一定循环次数下，不会再发生显著变化，电极达到饱和的激活状态，活性物质的激活过程完成。同时，随着循环次数的增加，SEI膜

也会逐渐增厚，一定程度上也阻隔了活性物质与电解液的接触面积，这也是电极达到饱和激活状态之前比容量慢慢衰减的原因之一。从图3-11可以看出，电极在循环50次左右时，达到饱和的激活状态，整个电化学反应过程趋于稳定，脱嵌锂过程基本上为可逆的反应，电极的循环效率升高，接近于可逆循环，这与图3-9的伏安曲线中第二次循环后，氧化峰和还原峰的峰形和位置基本不变相对应。此外，当电极循环超过50次，比容量又会出现上升状态，这是因为在过渡金属氧化物负极材料中，电极表面形成的SEI膜虽然大部分是不可逆的，但也有可逆的一小部分存在，电极达到饱和激活状态后，这部分可逆的SEI膜开始随着脱嵌锂过程分解，使活性物质与电解液的接触面积增大，从而提高了电极的充放电比容量。

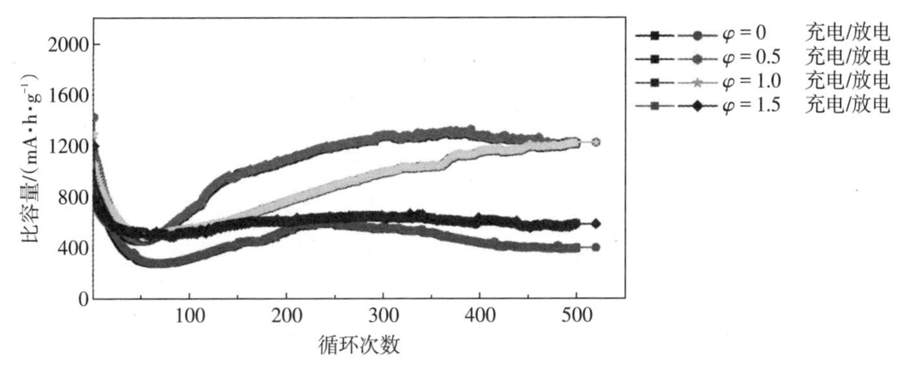

图3-11 不同甘氨酸/硝酸铁配比的反应体系的溶液燃烧合成产物电极在电流密度为1 $A\cdot g^{-1}$时的循环性能

当对比不同φ产物电极的循环曲线时，可以发现，$\varphi = 0.5$和$\varphi = 1.0$产物电极在循环50次以后，可逆比容量逐步升高，最后在第500次循环时，都达到~1200 $mA\cdot h\cdot g^{-1}$，但是，$\varphi = 0$和$\varphi = 1.5$产物电极在循环50次后，可逆比容量并没有明显回升，经历500次循环后，容量分别稳定在~400 $mA\cdot h\cdot g^{-1}$和~600 $mA\cdot h\cdot g^{-1}$。这种电化学性能的差异和SCS产物的微观结构密不可分，由3.3.2节分析可知，$\varphi = 0.5$和$\varphi = 1.0$产物为多孔纳米片结构，这种结构使活性物质可以与电解液充分接触，并且有足够的空间来适应充放电过程中体积的变化。此外，由于产物具有孔径均匀的介孔结构，有利于Li^+的扩散及电子的转移；同时，高比表面积为Li^+嵌入/脱出提供了更多活化位置，从而可以提高电极比容量。此外，$\varphi = 0.5$和$\varphi = 1.0$产物电极在500次循环时，可逆比容量达到~1200 $mA\cdot h\cdot g^{-1}$，大于α-Fe_2O_3的理论比容量（~1007 $mA\cdot h\cdot g^{-1}$），一般认为，高于理论容量的这部分“超容量”与活性物质和电解液界面的电子吸附和脱吸附（即双电层电容）有关，当向电极充电时，处于理想极化电极状态的电极表面电荷将吸引周围电解质溶液中的异性离子，使这些离子附于电极表面，形成双电荷层，构成双电层电容，由于两电荷层的距离非常小，使电极表面积成万倍增加，从而产生极大的电容量，但由于电极经过首次充放电循环后，表面沉积了大量的SEI膜，所以，实际上这部分的贡献十分有限。目前，更多的研究者认为，该“超容量”主要源于聚合物胶状膜在活性物质颗粒表面的可逆形成和溶解，这层聚合物胶状膜就是SEI膜的一部分。大部分的SEI膜组分较为稳定，首次嵌锂形成后，在随后的循环过程中，可以有效地保护活性物质不受外部电解液的进一步腐蚀，从而避免活性材料流失。此外，SEI膜中还有一部分不太稳定的组分，在循环过程中，会可逆地形成和溶解，同时伴随电子转移和能量储存（尤其是在低电位下，低于0.8 V）。而且，SEI膜中还有多种带有羰基或羧基的有机化合物，这些物质在Fe纳米颗粒（嵌锂过程中产生的）的电催化作用下，也有能力与Li^+发生反应，从而提供更多容量。

除了高比容量之外，倍率性能也是衡量电极稳定性的一个标准。如图3-12所示，电流密度由0.1 $A \cdot g^{-1}$增至10.0 $A \cdot g^{-1}$时，电极的放电比容量逐渐下降，说明电极反应是受扩散控制的动力学过程。从图3-12中可以看出，当电流密度从0.1 $A \cdot g^{-1}$升至2.0 $A \cdot g^{-1}$时，$\varphi = 0.5$和$\varphi = 1.0$产物电极的比容量都在快速下降，这是由上文中提到的活性物质的激活过程所致，而且电极在较高的倍率下，会加速其结构变化，使比容量快速下降。当电流密度从5 $A \cdot g^{-1}$升至10 $A \cdot g^{-1}$时，两个电极的比容量下降缓慢，但容量十分低，这是因为从5 $A \cdot g^{-1}$的电流密度开始，循环次数已经达到50次，如前文所述，这时电极已经处于饱和的激活状态，电化学反应和充放电比容量都趋于稳定，但由于$\alpha-Fe_2O_3$的本征电子导电率较差，在大电流密度下，其电子转移速率和Li^+的扩散速率都显著下降。当电流密度恢复到0.1 $A \cdot g^{-1}$时，发现$\varphi = 0.5$产物电极的可逆比容量仅剩840.2 $mA \cdot h \cdot g^{-1}$，明显小于其第二次循环的放电比容量（1239.7 $mA \cdot h \cdot g^{-1}$），由此可知，高倍率下循环时，该电极的微观结构被破坏，致使其放电比容量不能恢复到原来的水平值。同样，当电流密度从10 $A \cdot g^{-1}$迅速减小到0.1 $A \cdot g^{-1}$时，可以发现，$\varphi = 1.0$产物电极的可逆比容量依然能达到1090.6 $mA \cdot h \cdot g^{-1}$，这与其第二次循环的放电比容量（1122.6 $mA \cdot h \cdot g^{-1}$）相差无几，说明该电极具有良好的电化学稳定性，这不仅是因为它的多孔纳米片结构具有很好的缓解体积变化的能力，主要还归因于产物中存在具有高电导率的Fe_3O_4相，它提高了产物的电子导电性，促进了Li^+和电子的快速迁移。

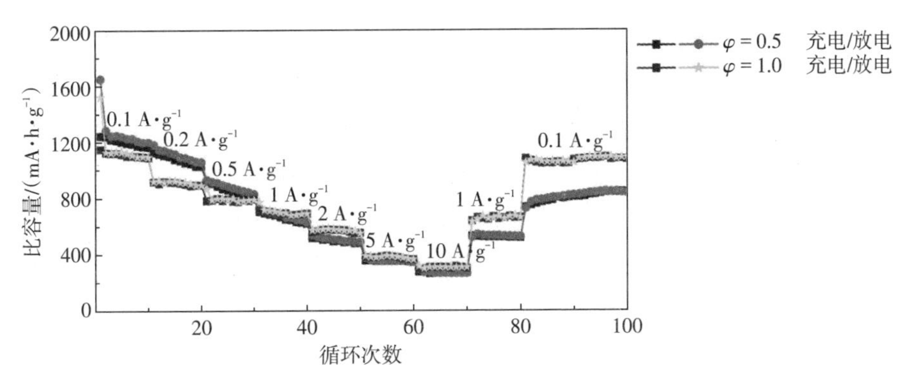

图3-12　$\varphi = 0.5$和$\varphi = 1.0$产物电极在不同电流密度下的倍率性能

3.5　本章小结

本章采用硝酸铁作为铁源和氧化剂，甘氨酸作为燃料和还原剂，利用溶液燃烧合成，一步制备出纳米$\alpha-Fe_2O_3$基材料，探索了甘氨酸含量对溶液燃烧反应的温度、模式和时间，以及产物组分相态和微观形貌的影响，通过控制甘氨酸/硝酸铁配比（φ）分别得到无定形态的$\alpha-Fe_2O_3$纳米棒、晶态结构的$\alpha-Fe_2O_3$纳米片、$\alpha-Fe_2O_3/Fe_3O_4$纳米片和$\alpha-Fe_2O_3/Fe_3O_4$纳米颗粒，并对其进行了系统的表征，最后研究了这些产物作为锂离子电池负极材料的电化学性能。主要结果如下。

① 通过改变硝酸铁-甘氨酸体系中的甘氨酸含量研究溶液燃烧反应的机制，发现φ对燃烧反应的温度、时间长短和反应模式都具有一定的影响。当$\varphi = 0$时，燃烧体系进行的是缓慢且吸热的热解反应；当$\varphi > 0$时，发生的是快速且放热的燃烧反应，而且随着甘氨酸含量的增多，放热温度点越低，原料质量损失越严重，反应模式从体积燃烧（VCS）向蔓延燃烧（SHS）转变，反应时间有所延长。

② 反应体系中的甘氨酸含量不仅会影响溶液燃烧合成产物的组分相态，而且会影响其微观结构，通过改变φ值，可以很好地控制产物的物相和形貌。当$\varphi = 0$时，产物为无定形态的$\alpha-Fe_2O_3$纳米棒；当$\varphi = 0.5$时，产物为晶态结构的$\alpha-Fe_2O_3$纳米片；当$\varphi = 1.0$时，产物为$\alpha-Fe_2O_3/Fe_3O_4$纳米片；当$\varphi = 1.5$时，产物为$\alpha-Fe_2O_3/Fe_3O_4$纳米颗粒。随着甘氨酸含量的增多，产物中Fe_3O_4相的比例增加，而产物的比表面积先变大后变小。其中，$\varphi = 0.5$和$\varphi = 1.0$产物的孔隙结构最丰富。

③ 纳米材料的物相和形貌对其电化学性能有很大影响。相对于 $\varphi = 0$ 和 $\varphi = 1.5$ 时的产物，$\varphi = 0.5$ 和 $\varphi = 1.0$ 产物作为锂离子电池负极材料时，具有很高的可逆比容量（1 $A \cdot g^{-1}$的电流密度下循环500次比容量高达 ~1200 $mA \cdot h \cdot g^{-1}$），这是因为纳米片状结构能够缩短Li^+的迁移距离，多孔隙结构会为电子的转移提供快速通道。而对比 $\varphi = 0.5$ 和 $\varphi = 1.0$ 产物电极的倍率性能可知，$\varphi = 1.0$ 产物电极的电化学稳定性更突出，这主要归因于该产物中存在具有高电导率的Fe_3O_4相，它提高了产物的电子导电性，促进Li^+和电子快速迁移。

4 纳米Fe_3O_4材料的制备及其电化学性能研究

4.1 引 言

Fe_3O_4作为一种包含混合价态铁的氧化物，具有优良的导电性、强亚铁磁性、高热力学稳定性及良好的生物相容性，在肿瘤治疗、微波吸收、催化剂载体、磁记录材料等领域均已有了广泛应用。同时，由于Fe_3O_4具有较高的理论比容量（$\sim 924\ mA\cdot h\cdot g^{-1}$），原材料来源丰富、成本低廉、安全环保，而且相对于其他铁氧化物具有最高的电子导电率（$\sigma = 2\times 10^4\ S\cdot m^{-1}$），因此，作为锂离子电池负极材料，具有很大的发展空间，被认为是最有前途的碳负极材料替代物之一。然而，同其他过渡金属氧化物一样，Fe_3O_4在充放电循环过程中，会产生较大的体积变化，进而出现颗粒粉化、结构崩塌、严重团聚等问题，导致性能衰减，从而阻碍了其在锂离子电池中的实际应用。大量研究结果表明，纳米尺寸的Fe_3O_4负极材料不仅可以缩短锂离子（Li^+）在电极体相内的扩散距离，还可以增加表面反应活化位，对提高其电化学性能具有很大的促进作用。目前，常用的制备纳米结构Fe_3O_4材料的方法基本上都至少分为两步，即α-Fe_2O_3稳定相前驱体的制备和在惰性气氛下的煅烧还原。这类方法不仅耗能耗时，而且难以精确控制产物的价态和物相的纯度。

本章利用溶液燃烧合成法，以硝酸铁为氧化剂、甘氨酸为燃料，通过控制反应气氛，调节燃料的添加量，一步制得纳米Fe_3O_4基材料，并对其进行了系统的表征和电化学性能测试分析。本方法简单快捷，反应只需要几分钟即可完成，而且不需要通入任何惰性气体及持续的外部能量供给，节能省时；同时，由于原料是液相混合，十分均匀，只要确定好氧化剂和燃料的配比，即可得到高纯度的纳米Fe_3O_4材料。

4.2 实验方法

实验原料包括：九水合硝酸铁[$Fe(NO_3)_3·9H_2O$]，红褐色结晶体；甘氨酸（$C_2H_5NO_2$），白色结晶体。以上原料均由天津光复化工有限公司提供，纯度为分析纯。实验仪器包括：FL-1型可控温电炉，BS223S型精密电子天平。

溶液燃烧合成制备纳米Fe_3O_4基材料的步骤如下：按照一定的比例称取硝酸铁和甘氨酸，将称好重量的原料置于1000 mL的烧杯中，加入适量的去离子水，用玻璃棒搅拌，使各种原料充分溶解，形成均匀的暗红色溶液。将盛有溶液的烧杯盖上穿有小孔的橡胶塞，置于可控温电炉上加热，加热温度约为300 ℃。加热初期，随着水分不断蒸发，溶液发生浓缩并开始冒泡。继续加热，浓缩物逐渐形成深褐色的胶状物。继续加热1 min左右，胶状物开始燃烧，并随之释放出大量气体，体系温度迅速升高，整个燃烧反应在几十秒内迅速完成。反应结束后，烧杯内部有疏松的粉体生成，将其稍加研磨，即可得到相应产物。

通过差热仪（Rigaku DT-40，TG-DSC）分析溶液在加热过程中的吸热和放热特性；通过X-射线粉末衍射仪（Rigaku D/max-RB12，XRD）鉴定产物的物相和晶型，测试条件为Cu靶，Kα（$\lambda=0.1541$ nm）；通过X-射线光电子能谱仪（ESCALAB 250，XPS）进一步确定产物的元素化合价；用场发射扫描电镜（FEI Quanta 450）和透射电子显微镜（TEM Tecnai F30）观察产物的微观结构；采用比表面积分析仪（QUADRASORB SI-MP）测试粉末的比表面积。

电化学性能测试：溶液燃烧合成产物作为活性物质，炭黑（Super P）作为导电剂，聚偏二氟乙烯（PVDF）作为黏结剂，按照质量比60：20：20制作锂离子电池的负极材料。将上述原料充分研磨混合后，加入少量N-甲基吡咯烷酮（NMP），继续混合均匀制成浆料；然后，用刀片均匀地将浆料涂到铜箔上，真空干燥箱内120 ℃干燥12 h后，在200 $kg·m^{-2}$的压力下压制成圆片（$d=$14 mm）。在通有氩气的真空手套箱内，将电极组装成CR2023型扣式电池，其中，有1 $mol·L^{-1}$ $LiPF_6$的EC/DMC（1：1质量比）作为电解液，金属锂片作为对电极。将封装好的CR2023扣式电池静置一段时间后，对其进行电化学性能测试。该电池的恒电流充放电测试在LAND测试系统上进行，电压范围为0.01～3.0 V（vs. Li^+/Li），测试环境温度保持在25 ℃左右。循环伏安曲线的测试在CHI618D电化学工作站上进行，扫描电势范围为0.01～3.0 V（vs. Li^+/Li），扫描速率为0.5 mV·s^{-1}。

4.3 纳米Fe_3O_4材料的制备

由上文可知，燃料的添加量对燃烧反应温度、反应时间和反应模式都具有一定的影响，而通过调节甘氨酸/硝酸铁的配比，可以控制燃烧产物的宏观形貌和相态组分。由于在相图中Fe_3O_4的生成区间较窄，要想一步得到单相的Fe_3O_4产物十分不容易，本实验选择通过调节甘氨酸/硝酸铁的配比来精确控制溶液燃烧合成产物的物相。为了寻找最佳原料配比，根据化学推进剂理论得到的燃烧合成反应方程式［式（4–1）］，设计了四种不同甘氨酸/硝酸铁配比$\left[\phi=(n_{Gly}-n_{Fe})/n_{Fe}\right]$的反应体系，如表4–1所示，$\phi=0.5$时为贫燃料体系；$\phi=0.7$时为化学计量比体系；$\phi=1.2$和$\phi=1.6$时，均为富燃料体系。

$$54Fe(NO_3)_3+92C_2H_5NO_2=18Fe_3O_4+184CO_2+230H_2O+127N_2 \tag{4–1}$$

表4–1 不同甘氨酸/硝酸铁配比（ϕ）的反应体系

ϕ	甘氨酸的物质的量/mol	硝酸铁的物质的量/mol	反应条件
0.5	0.0375	0.025	无燃料
0.7	0.0426	0.025	贫燃料
1.2	0.0550	0.025	化学计量比
1.6	0.0650	0.025	富燃料

4.3.1 贫氧条件下的溶液燃烧合成反应机制

如实验方法中所述，在持续加热过程中，均匀混合的水溶液会逐渐形成凝胶，图4–1为不同甘氨酸/硝酸铁配比的溶液加热后形成凝胶的TG-DSC曲线，用来研究其燃烧反应机制。从图4–1中可以看出，四种配比的反应体系均在150 ℃左右出现明显的放热峰，并且伴随着大量的质量损失，说明硝酸铁和甘氨酸发生了剧烈的放热反应。对比来看，在图4–1（a）（b）中的DSC曲线上，在100 ~ 150 ℃之间出现了很宽的吸热峰，而且强度较弱，但质量损失较为严重，为~30%；然而，图4–1（c）（d）中的DSC曲线，在130 ℃左右出现了十分明显的吸热峰，强度相对较高，但是，它们对应的质量损失均不多，仅有~10%。由此可见，燃料少的反应体系发生吸热反应损失的质量高于燃料多的反应体系。这是因为在燃料少的体系中，硝酸铁偏于过量，容易受热发生分解反应，造成质量损失，同时凝胶中的残余水分及化学束缚水的脱除也为质量的下降作出了贡献；而燃料多的体系中，硝酸铁的量较少，需要全部作为氧化剂和甘氨酸发生燃烧反应，所以，此时吸热反应全部来自凝胶中的残余水分及化学束缚水的脱除。另外，由图3-1（a）分析可知，硝酸铁热解反应是一个较为缓慢的过程，在燃料较少的体系中，由于硝酸铁热解反应的协同作用，其吸热峰看起来宽且微弱，而在燃料较多的体系中，由于硝酸铁不再发生热解反应，其吸热峰看起来窄且尖锐，所以，随着燃料的增加，可以从DSC图中看到吸热峰的强度慢慢变大，峰形慢慢变得明显。值得一提的是，在图4-1（a）中，硝酸铁的热解反应出现在170 ℃左右，而本实验中该反应是在100~150 ℃范围内发生的，温度明显下降了，说明燃烧气氛（贫氧和富氧）对燃烧反应温度具有一定的影响。

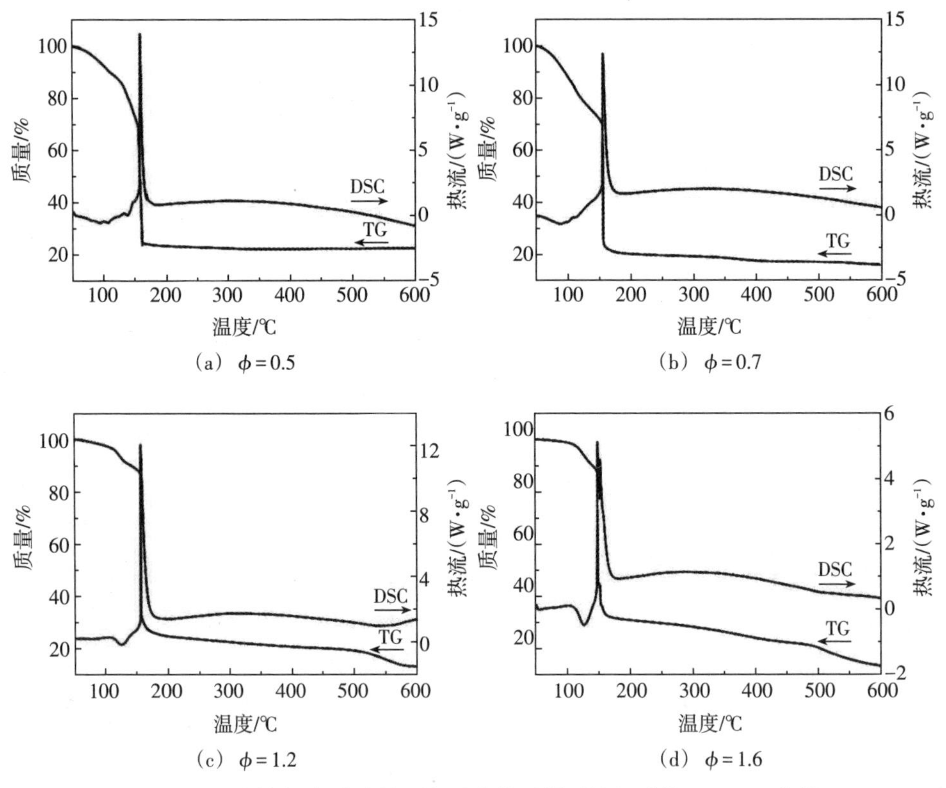

图4-1　不同甘氨酸/硝酸铁配比反应体系得到的凝胶的TG-DSC曲线

除此之外，可以明显看到，随着燃料的添加量增多，放热峰的位置基本不变，但是，其峰形从尖锐慢慢变得宽化，尤其在 $\phi=1.6$ 的反应体系中，单峰变为了双峰，这是因为在贫氧环境中，硝酸铁和甘氨酸发生放热燃烧反应的起燃温度不会因为原料的比例变化而发生较大变化，从上面分析结果可知，反应温度受燃烧气氛的影响更大，所以，放热峰的位置基本不变。但是，随着燃料添加量的变化，燃烧反应的过程及生成的产物是会变化的，因为甘氨酸在反应体系中不仅是燃料，还会作为还原剂与氧化剂发生氧化还原反应，在贫氧环境中，甘氨酸的量越多，其对于硝酸铁中Fe^{3+}的还原程度越强，因为不会有氧气参与反应，所以Fe^{3+}会成功地被还原成Fe^{2+}，并且稳定存在。当$\phi=0.5$时，反应体系处于贫燃料状态，氧化剂过量，所以被加热至起燃温度后，倾向于发生式（4-1）的反应，生成Fe_2O_3；当$\phi=0.7$时，反应体系处于式（4-1）的理论配比状态，所以倾向于发生式（4-1）的反应，生成Fe_3O_4；当$\phi=1.2$和$\phi=1.6$时，反应体系处于富燃料状态，还原剂过量，很容易将Fe^{3+}还原为Fe^{2+}，所以，被加热至起燃温度后，倾向于发生式（4-2）的反应，生成FeO；而Fe^{3+}还原为Fe^{2+}的氧化还原反应与甘氨酸和硝酸铁的燃烧放热反应协同作用，使得放热峰变得宽化，直至甘氨酸过量时出现双峰。同时，Fe^{3+}被还原为Fe^{2+}会释放氧原子，所以，随着燃料的添加量增多，反应体系发生放热反应时的质量损失有所增加。当温度超过200 ℃后，可以看到，$\phi=0.5$和$\phi=0.7$反应体系的样品质量保持不变，说明整个反应过程已经结束；然而，$\phi=1.2$和$\phi=1.6$反应体系的样品质量在500 ℃左右又出现了轻微下降，对应的DSC曲线上也出现了很宽的吸热峰，这是由于甘氨酸为含碳有机物，过量的甘氨酸在无氧环境下容易吸收热量，碳化分解。

$$18Fe(NO_3)_3+32C_2H_5NO_2=18FeO+64CO_2+80H_2O+43N_2 \qquad (4\text{-}2)$$

图4-2为不同甘氨酸/硝酸铁配比反应体系的溶液燃烧合成反应过程，相比图3-2的反应装置，本实验中在烧杯口处盖上了穿有小孔的橡胶塞，将杯口封住，仅留下一个放气孔，设计这个装置的目的是确保燃烧反应过程始终处于贫氧环境：在预加热过程中，随着水蒸气的溢出，会不断地带走烧杯中的空气。同时，在脱除结合水和化学束缚水的过程中，或者在硝酸铁热解反应过程中，产生的混合气体压强会迫使烧杯中的残余氧气从小孔中溢出，从而确保接下来的燃烧反应可以在几乎无氧的环境下发生。在硝酸铁与甘氨酸发生放热燃烧反应过程中，由于会释放出大量气体，使外界空气无法进入烧杯中，从而确保整个燃烧反应过程都是在无氧条件下进行的。燃烧反应结束后，用橡皮泥将小孔堵住，避免外界空气进入烧杯，直至整个装置降至室温时，即可打开胶塞盖，取出产物。由此可见，本实验中的装置设计可以很好

地避免氧气参与反应，为一步法制得Fe_3O_4提供保障。从图4-1中可以看出，四种配比的反应体系在加热过程中均有大量水蒸气溢出，由此排出烧杯中的氧气，慢慢地，溶液浓缩变为凝胶，并有少许膨胀，继续加热，凝胶达到某一温度后，会瞬间起燃，发生化学反应，并溢出大量气体，以此保证反应过程中烧杯内不会有氧气进入，整个燃烧反应在几十秒内迅速完成，最终烧杯内留下疏松的粉体。值得注意的是，当凝胶起燃后，不再需要进一步加热，关闭电炉，燃烧反应可以自动维持，说明体系发生的是放热反应，与图4-1中DSC的放热峰相对应。此外，燃烧反应十分迅速，几十秒即可结束，节能省时。

对比不同燃料添加量的反应过程来看，图4-2（a）~（d）较好地诠释了燃烧模式从蔓延燃烧（SHS）向发烟燃烧（SCS）的转变过程。图4-2（a）的贫燃料体系在燃烧过程中，呈现SHS模式，反应从某点引发向周围扩散，呈现蔓延吞噬的趋势，伴有明火和浓烟，从气体颜色来看，NO_x为主要气体产物，该反应速度很快，只需10秒左右，而后在烧杯中留下大量疏松的海绵状暗红色粉体，这可能是因为产物中生成了晶态α-Fe_2O_3，与图4-1（a）中分析的反应趋向于式（3-1）相吻合；图4-2（b）的化学计量比体系在燃烧过程中，也呈现出SHS模式，明亮的火焰从烧杯边缘处的凝胶开始，迅速蔓延至烧杯的另一边缘，伴有大量几乎无色的气体溢出，直至整个烧杯体积内的凝胶变为疏松树枝状的纯黑色粉体；图4-2（c）的富燃料体系在燃烧过程中，可以观察到反应由SHS向SCS模式转变的现象，反应过程中火焰很小，而且蔓延的速度变慢，整个反应所需的时间也变长了，大概需要20秒，这是因为燃料过量，需要额外的氧气参与反应来维持燃烧，但由于本实验为无氧环境，燃料只能与氧化剂中的氧原子反应，不足以支持其完全反应，因而火焰变小，反应变慢，得到的产物为蓬松的泡沫状黑色粉体；最后是燃料过量的$\phi=1.6$反应体系，如图4-2（d）所示，呈现明显的SCS模式，反应过程中没有明火，凝胶慢慢膨胀，并产生大量白色气体，直至反应结束，得到蓬松的钟乳石状灰黑色粉体，这可能是因为在反应过程中，过量的甘氨酸热解碳化，生成了少量的无定形碳掺杂在产物中，如图4-1（d）中的分析，与其在DSC曲线上~500 ℃的吸热峰相吻合。由此可知，在无氧环境下，燃料的添加量也会影响燃烧反应的机制、模式和时间，同时对燃烧产物的宏观形貌和成分也会有决定性影响。

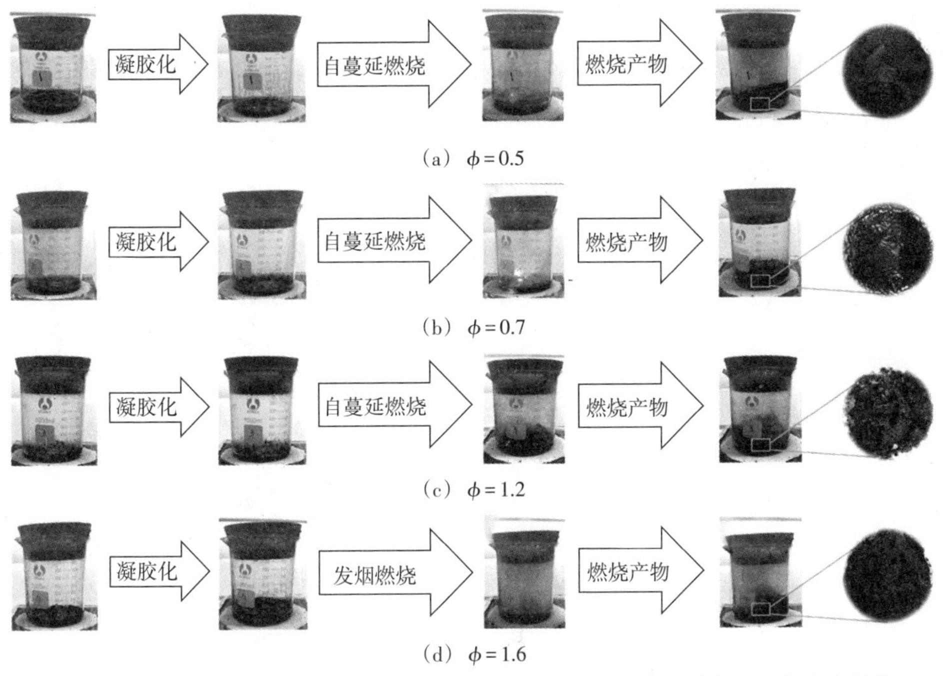

图4-2　不同甘氨酸/硝酸铁配比反应体系的溶液燃烧合成反应过程和产物宏观形貌

4.3.2　甘氨酸含量对产物组分和形貌的影响

由上述讨论可知，燃料的添加量不仅会影响溶液燃烧反应的机制、模式和时间，而且对燃烧产物的组分相态也具有一定的影响，图4-3为不同甘氨酸/硝酸铁配比反应体系溶液燃烧合成产物的XRD图谱。从图中可以看出，$\phi=0.5$时，产物为含有α-Fe_2O_3（JCPDS card No.89-0599）和Fe_3O_4（JCPDS card No. 89-0691）的混合物，这与图4-1（a）中分析的反应趋向于式（3-1）生成晶态α-Fe_2O_3相吻合，而且与图4-2（a）中产物呈暗红色也相对应。$\phi=0.7$时，燃烧产物为晶形良好的Fe_3O_4（立方晶系，JCPDS card No. 89-0691），其晶胞参数为$a=b=c=0.839$ nm，除Fe_3O_4的衍射峰之外，XRD图谱中再没有其他衍射峰出现，说明该反应体系经过溶液燃烧合成的产物为单相的Fe_3O_4，这与图4-2（b）中产物呈纯黑色相对应。$\phi=1.2$时，可以看到产物的主相依然是Fe_3O_4，但是，在$2\theta=41.8°$，$60.7°$，$76.5°$附近能找到微弱的衍射峰，分别对应晶态FeO（JCPDS card No.75-1550）的（200），（220），（222）晶面，说明$\phi=1.2$反应体系的燃烧产物为Fe_3O_4和FeO的混合物，这与图4-1（c）中分析的反应趋向于式（4-2）生成晶态FeO相吻合。然而，

当 $\phi = 1.6$ 时，XRD谱线上看不到任何布拉格衍射峰，说明产物呈无定形态，这可能是由于反应过程中，过量的甘氨酸热解碳化，生成了无定形碳掺杂在产物中；同时，该碳化过程吸收热量，会阻碍铁氧化物的结晶，因而得到的都是无定形相。

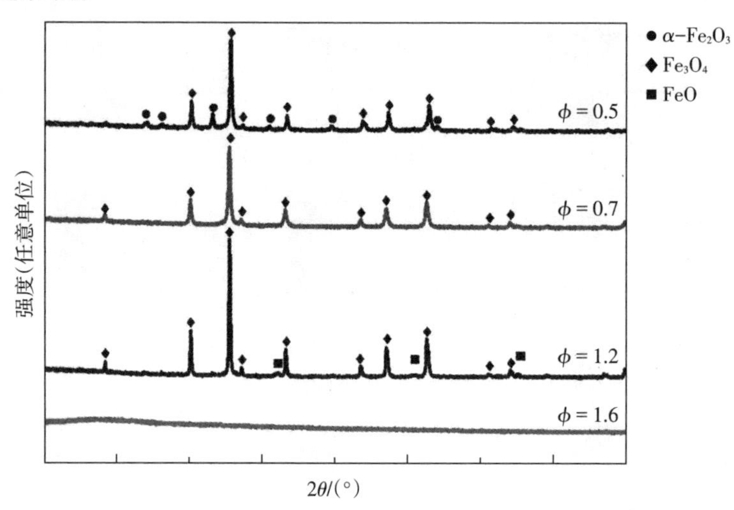

图4-3　不同甘氨酸/硝酸铁配比反应体系溶液燃烧合成产物的XRD图谱

为了进一步证实不同甘氨酸/硝酸铁配比反应体系溶液燃烧合成产物的相组分，利用XPS对产物进行分析。图4-4为不同甘氨酸/硝酸铁配比反应体系的溶液燃烧合成产物的XPS全谱扫描图谱。从图中可以观察到，以285（C1s），530（O1s），711（Fe $2p_{3/2}$），725（Fe $2p_{1/2}$）eV为中心的C1s、O1s和Fe2p特征峰，说明四种SCS产物中均存在C，O，Fe三种元素。随着甘氨酸含量的增多，C1s特征峰的强度增加；相反，Fe2p和O1s特征峰的强度减弱。这说明富燃料体系中过量的甘氨酸热解碳化，生成的无定形碳浮在铁氧化物的表面，使得氧化铁相的强度变弱，与上述XRD结果相符。为了更好地说明产物中Fe元素的化合价态和离子比例，对Fe2p特征峰进行窄谱扫描并分峰拟合。如图4-5所示，可以将Fe2p特征峰分为四个峰，结合能分别为709.2，711.1，722.4，724.5 eV，这四个峰又分别对应着Fe $2p_{3/2}$的Fe^{2+}电子状态、Fe $2p_{3/2}$的Fe^{3+}电子状态、Fe $2p_{1/2}$的Fe^{2+}电子状态和Fe $2p_{1/2}$的Fe^{3+}电子状态，说明燃烧产物中均存在着Fe^{3+}和Fe^{2+}这两种价态的Fe离子。值得注意的是，图4-5（a）中伴随着Fe $2p_{3/2}$特征峰的出现，在比其结合能高～8 eV的位置有一个明显的卫星峰，这是α-Fe_2O_3的典型特征，从而证明了 $\phi = 0.5$ 产物中同时存在α-Fe_2O_3和Fe_3O_4两个相，与上述XRD结果相一致。类似地，图4-5（d）中伴随着Fe $2p_{3/2}$特征峰的出现，在结合能约为715 eV的位置存在一个卫星峰，对应着FeO，说明$\phi=1.6$产物中的铁氧化物包含Fe_3O_4和FeO两相，确定其产物组分为无定形态Fe_3O_4/FeO/C。此外，由于Fe_3O_4的化学式还可以表示成$FeO \cdot Fe_2O_3$，所以，它的Fe^{2+}/Fe^{3+}原子比例应为1∶2或0.33∶0.67。第3章介绍过，在XPS图谱中，Fe^{2+}/ Fe^{3+}的原子比例可以近似地量化为Fe $2p_{3/2}$的两个拟合分峰的相对面积比值，根据图4-5（b）中结合能为709.2和711.1 eV的两个拟合分峰，计算出其相对面积比值为~0.5，由此可知，$\phi=0.7$产物的物相确定是Fe_3O_4。同样地，根据图4-5（c）中结合能为709.2和711.1 eV的两个拟合分峰，计算出其相对面积比值为~0.8，从而证明$\phi=1.2$产物中的Fe^{2+}较多，其为Fe_3O_4和FeO的混合物，这与上述XRD的分析结果相吻合。

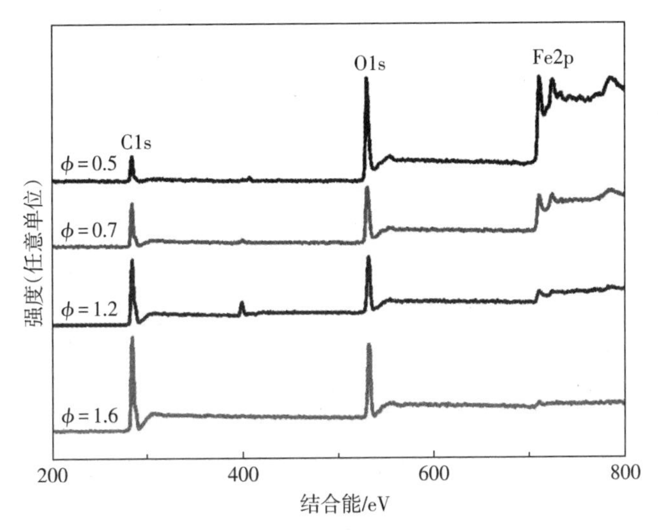

图4-4　不同甘氨酸/硝酸铁配比反应体系溶液燃烧合成产物的XPS全谱扫描图谱

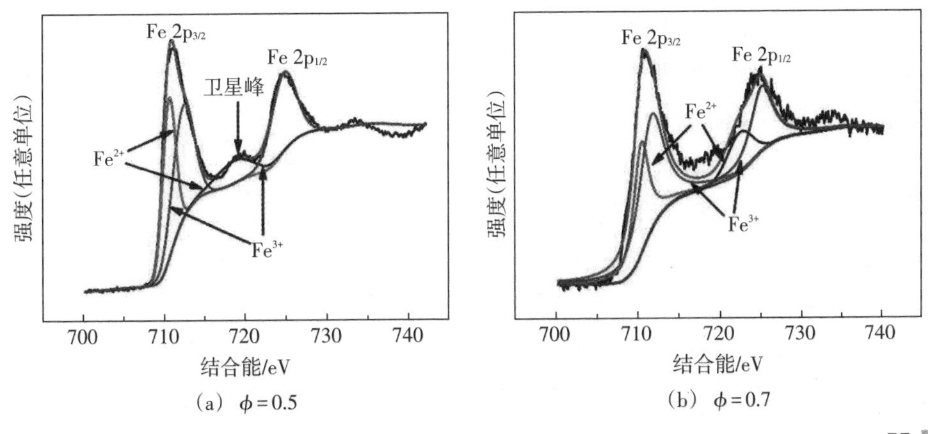

（a）$\phi=0.5$　　（b）$\phi=0.7$

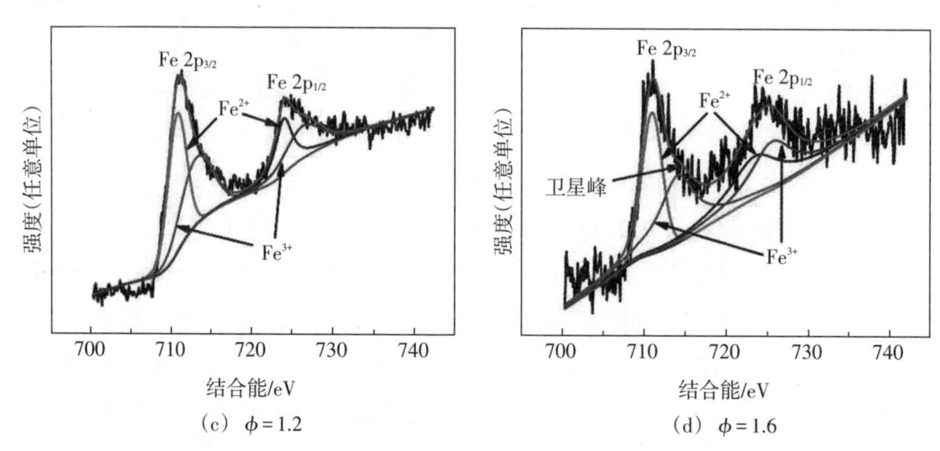

图4-5 不同甘氨酸/硝酸铁配比反应体系溶液燃烧合成产物的XPS窄谱扫描Fe2p图谱

通过场发射扫描电子显微镜观察燃烧产物的微观结构可以发现，反应体系中的甘氨酸含量对产物的微观形貌也具有很大影响。图4-6为不同甘氨酸/硝酸铁配比反应体系溶液燃烧合成产物的场发射扫描电镜照片。从图4-6（a）（b）中可以看出，$\phi=0.5$ 和 $\phi=0.7$ 产物的形貌都是团聚的纳米颗粒状结构，颗粒尺寸较为均匀，在200 nm以下。但对比来看，$\phi=0.5$ 产物的颗粒尺寸明显大于 $\phi=0.7$ 产物，而且在其颗粒之间存在着一些大小不同、形状不规则的孔隙，这是由于燃烧过程中产生了大量气体，从产物中溢出会留下大量孔隙。但是，$\phi=0.7$ 产物的颗粒之间接触十分紧密，几乎看不到孔隙的存在，这是由于受到纳米效应的影响，粒子倾向于聚集在一起，而且 $\phi=0.7$ 产物的组分为单相 Fe_3O_4，具有很高的铁磁性，颗粒之间存在较强的静磁作用，更容易发生团聚现象。此外，由XRD结果可知，$\phi=0.5$ 产物的组分为 $\alpha-Fe_2O_3$ 和 Fe_3O_4 混合物，这与第3章 $\phi=1.0$ 和1.5产物的相组分相同，但对比它们的FE-SEM照片可知，其微观形貌差别很大，说明了SCS产物的微观形貌不仅与原料配比有关，而且与燃烧气氛、烧杯容积比等参数也密切相关。与 $\phi=0.5$ 和 $\phi=0.7$ 产物的形貌类似，如图4-6（c）所示，从 $\phi=1.2$ 产物的形貌中也能观察到形状规则、尺寸均匀的纳米颗粒，但是，该纳米颗粒的形状更偏向于方形，尺寸也更小，在100 nm以下，而且，这些纳米颗粒由无定形碳层包覆连接着，使它们的分散性更好，形状也更规则。随着甘氨酸含量增多，$\phi=1.6$ 产物的形貌发生了显著变化，图4-6（d）中看不到结晶性良好的纳米颗粒，取而代之的是形状不规则、尺寸也不均匀的厚片状结构，这是因为 $\phi=1.6$ 为富燃料体系，燃烧反应过程中会有一些不参加氧化还原反应的甘氨酸，这些过量的甘氨酸在无氧环境下容易吸收热量，碳化分解，生成大量无定形碳，从而阻碍了铁氧化物的结晶过程，产物更容易沿着碳片的方向生长。

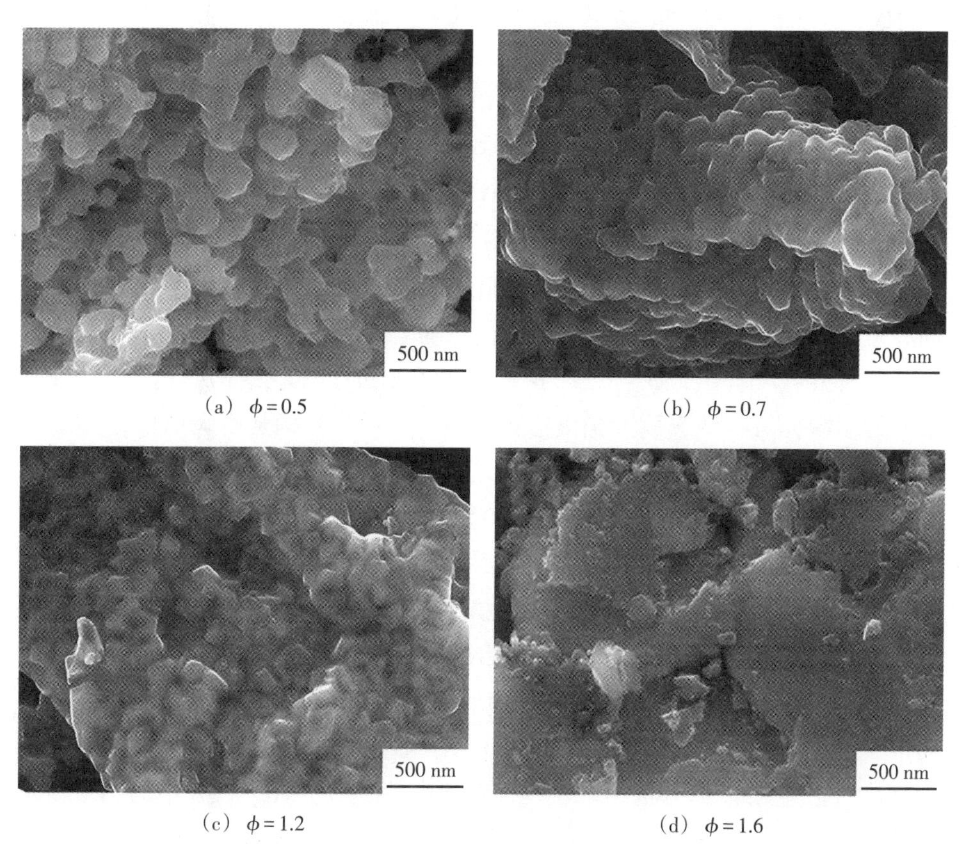

（a） $\phi=0.5$　（b） $\phi=0.7$

（c） $\phi=1.2$　（d） $\phi=1.6$

图4-6　不同甘氨酸/硝酸铁配比反应体系溶液燃烧合成产物的场发射扫描电镜照片

为了获得更多的微观结构和晶体学信息，利用透射电子显微镜，对不同甘氨酸/硝酸铁配比反应体系溶液燃烧合成产物进行分析。如图4-7所示，左侧列为普通透射电镜照片，中间列为高倍数下的透射照片，右侧列为选区电子衍射照片。从图4-7（a）（b）可以看出，$\phi=0.5$产物呈现出多孔颗粒状结构，颗粒形状略偏圆形，尺寸比较均匀，约为100 nm，与图4-6（a）中的形貌相对应。同时，可以看到，在颗粒之间存在大量孔隙，这是由SHS模式燃烧过程中产生的大量气体溢出得到的。通过对其单个颗粒进行电子衍射分析，如图4-7（c）所示，得到该产物的多晶衍射环，分别对应了α-Fe_2O_3的（012）和（214）晶面及Fe_3O_4的（220），（440），（311）晶面，说明$\phi=0.5$产物的组分为α-Fe_2O_3和Fe_3O_4混合物，与上述XRD结果一致。类似地，如图4-7（d）所示，$\phi=0.7$产物也呈现多孔颗粒状结构，但该颗粒形状略偏方形，尺寸也比$\phi=0.5$产物的更小一些，在50～100 nm范围内。如3.3.1节所述，面心立方结构（fcc）的Fe_3O_4在燃烧过程中，结晶过程为各向同性，使晶体生长的方向更趋近于无定向，因而，其趋向于呈现Fe_3O_4相的面心立方结构。放大拍摄倍数，如图4-7（e）所示，可以看到，该产物颗粒之间接触较紧密，存在较少的孔隙，与上述FE-SEM的形貌分析一致，这是因为$\phi=0.7$产物的组分为单相Fe_3O_4，具有很高的静磁作用，比$\phi=0.5$产物更容易发生团聚现象。同样地，对其单个颗粒进行电子衍射分析，如图4-7（f）所示，得到该产物的多晶衍射环，分别对应了Fe_3O_4的（422），（511），（400），（220），（440），（311）晶面，进一步证实了该产物的Fe_3O_4单相。随着甘氨酸含量的增多，从图4-7（g）（h）中可以看出，$\phi=1.2$产物的形貌更趋近于片状结构，这与上述FE-SEM的形貌分析一致，放大拍摄倍数可知，该片状结构是由大量尺寸为20～50 nm的纳米颗粒聚合而成的，它们之间存在一层薄薄的无定形碳，但是，几乎看不到孔隙。这可能是因为该纳米颗粒尺寸较小，纳米效应更强，粒子倾向于聚集在一起。同时，富燃料体系燃烧过程中伴随过量甘氨酸碳化，形成少量无定形碳结构，很容易包覆住铁氧化物颗粒，使纳米颗粒更容易在碳层方向聚合，从而形成孔隙量较少的纳米片状结构。选取纳米片上的单个颗粒进行电子衍射分析，如图4-7（i）所示，得到该产物的多晶衍射环，分别对应了Fe_3O_4的（511），（400），（220），（440），（311）晶面及FeO的（220）晶面，与上述XRD的分析结果相符。对比图4-7（a）（d）（g）中的纳米颗粒尺寸可知，随着甘氨酸含量增加，颗粒尺寸变小。一方面，由于甘氨酸的量越多，其碳化反应越容易发生，反应过程中吸收的热量越多，阻碍了铁氧化物晶粒的形核与长大。另一方面，碳化反应生成的无定形碳越多，其分散效应越显著，使铁氧化物的团聚能力变弱，尺寸变小。与前三种SCS产物形貌不同，从图4-7（j）可以看出，$\phi=1.6$产物呈现纳米片状结构，且表面十分光滑，几乎看不到明显的结晶颗粒。在高倍数显微镜下观察时，如图4-7（k）所示，可以看到许多纳米片重叠在一起，而在其边缘处发现单层纳米片的衬度很低，说明该纳米片的厚度较小，这与上述FE-SEM的形貌分析一致。对该纳米片进行电子衍射分析，如4-7图（l）所示，发现没有规则的衍射环或衍射斑点出现，进一步证实了$\phi=1.6$产物的无定形态结构。

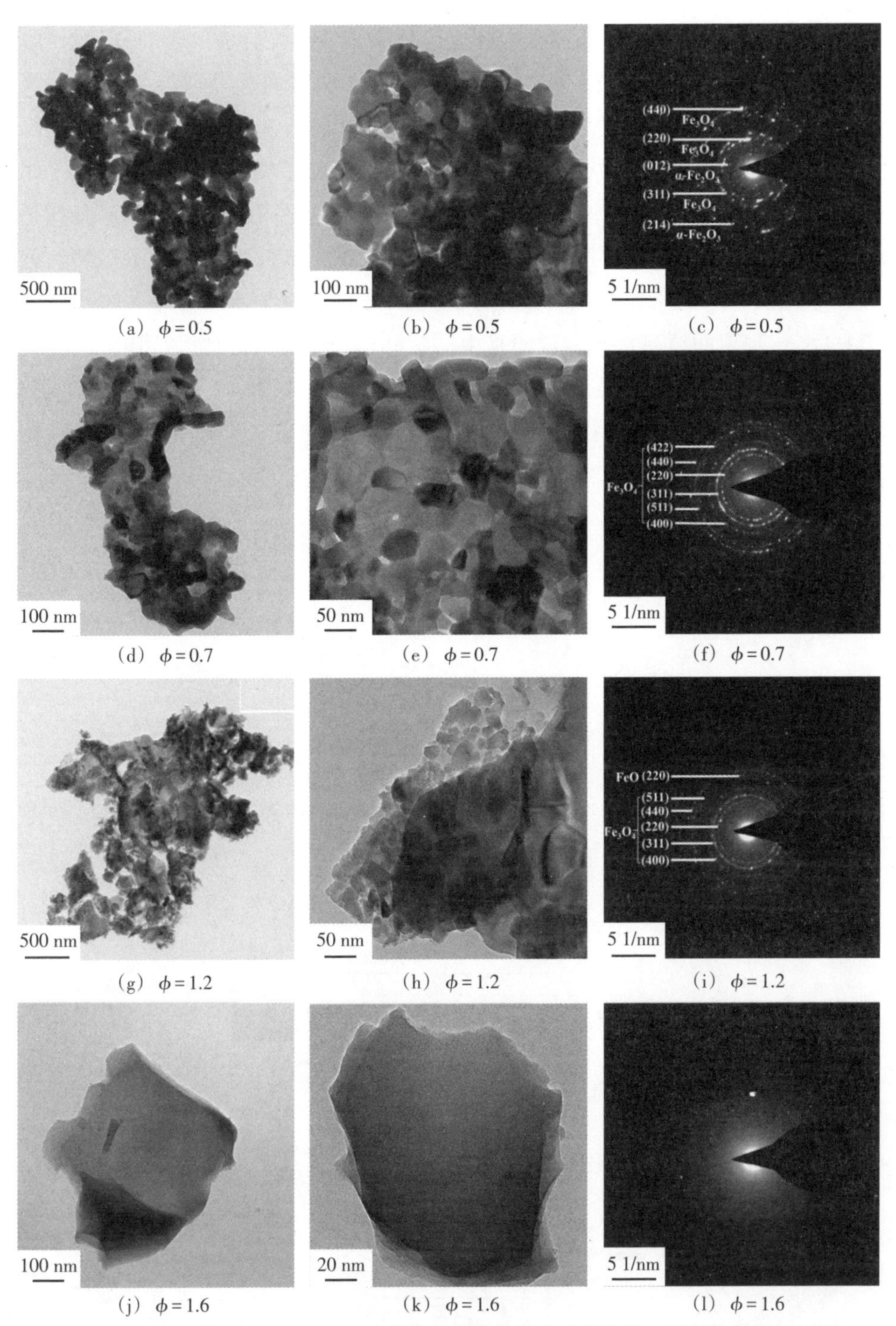

图4-7 不同甘氨酸/硝酸铁配比反应体系溶液燃烧合成产物的不同放大倍数下透射电子显微镜照片和选取电子衍射照片

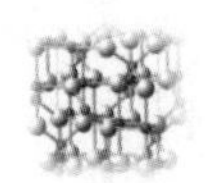

图4-8为不同甘氨酸/硝酸铁配比反应体系溶液燃烧合成产物的氮吸附-脱附等温线和相应的BJH孔径分布图。从图4-8中可以看出，所有SCS产物的氮吸附-脱附曲线都属于典型的Ⅳ类曲线，说明它们都是介孔结构。其中，$\phi=0.5$产物的滞后回线属于H3型，说明是由片状粒子堆积形成的狭缝孔，而滞后环宽度较窄，说明孔径均匀，从相应的孔径分布图中也可以看到，其孔径集中分布在3 nm左右，均匀且细小，这与FE-SEM和TEM照片中观察到的大量孔隙相吻合。随着甘氨酸含量增多，$\phi>0.5$的三个SCS产物滞后回线均属于H4型，吸附曲线呈水平，说明是由层状结构产生的狭缝孔，从相应的孔径分布图中可以看出其孔径尺寸存在波动变化，在2 nm和4 nm附近都有出现。此外，采用BET方法可以计算得到随着甘氨酸含量的增加，四种SCS产物的比表面积分别为41.538，5.676，

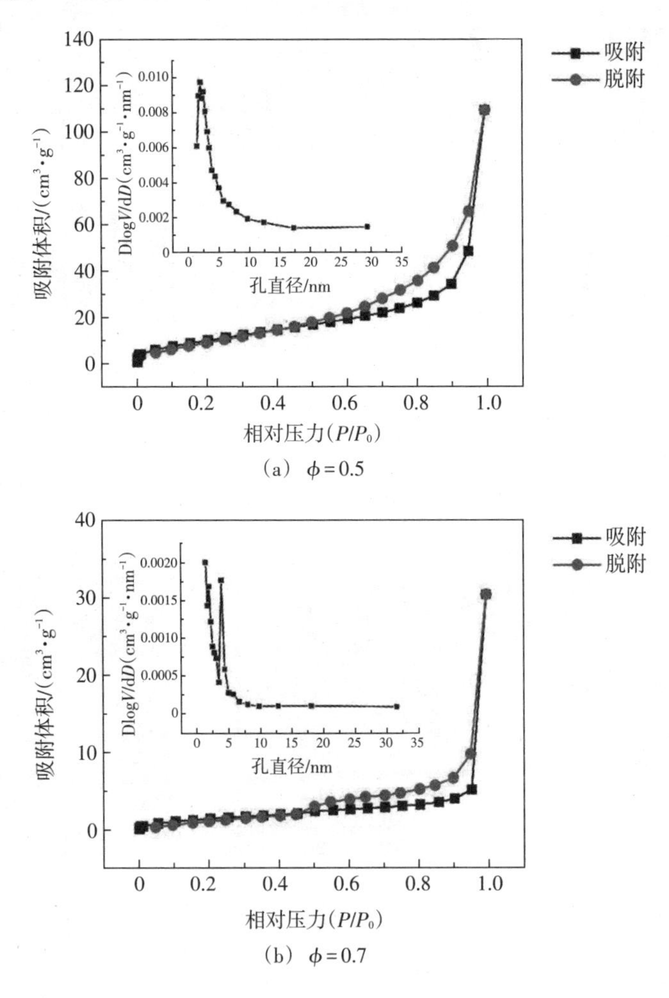

（a） $\phi=0.5$

（b） $\phi=0.7$

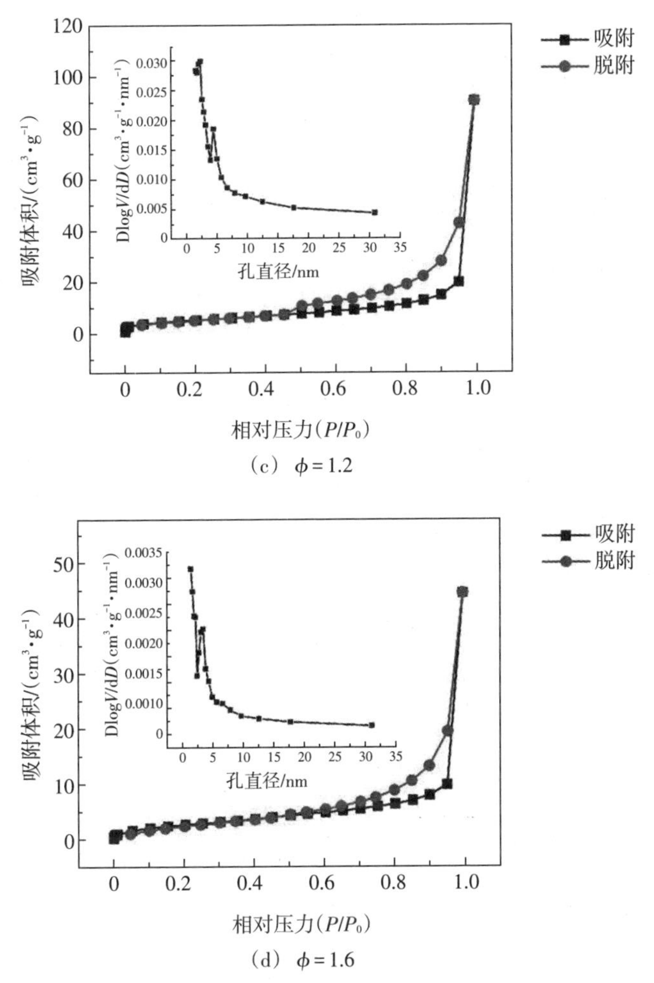

(c) $\phi=1.2$

(d) $\phi=1.6$

图4-8 不同甘氨酸/硝酸铁配比反应体系溶液燃烧合成产物的氮吸附-脱附等温线图和相应的BJH孔径分布图（左上角插图）

10.287，18.904 $m^2 \cdot g^{-1}$。其中，$\phi=0.5$产物的比表面积最大，$\phi=0.7$产物的比表面积最小，这与上述FE-SEM和TEM照片的分析结果一致。通常情况下，比表面积越大，越有利于提高纳米材料的电化学性能，可以在充放电过程中，为Li^+的传输和电子的转移提供通道。同时，不均匀的分等级孔径结构也可以有效地缓解脱嵌锂过程中活性物质的体积变化，从而提高其结构完整性和电化学稳定性。

4.4 纳米Fe_3O_4材料的电化学性能研究

采用不同甘氨酸/硝酸铁配比反应体系的溶液燃烧合成产物作为活性物质，炭黑（Super P）作为导电剂，聚偏二氟乙烯（PVDF）作为黏结剂，按照质量比60∶20∶20制作锂离子电池的负极材料。图4-9为不同甘氨酸/硝酸铁配比反应体系的溶液燃烧合成产物作为锂离子电池负极材料在0.5 $mV\cdot s^{-1}$扫描速率下，0.01～3.0 V（vs. Li^+/Li）电压范围内前五次循环伏安曲线，用来探索它们的电化学反应机制。从图4-9中可以看出，所有产物电极的第一次循环曲线和之后的四次循环曲线有明显不同。$\phi=0.5$，0.7，1.2产物电极在首次嵌锂过程中，在0.3 V左右出现一个尖锐的还原峰，这个过程对应着Fe^{3+}或Fe^{2+}还原成具有极大活性的金属Fe单质及一些电解液的分解生成SEI膜的过程，如式（4-3）、式（4-4）和式（4-5）所示。而首次脱锂过程中，在1.6～2.0 V电位出现了较宽的氧化峰，这对应Fe^0被氧化成Fe^{2+}及Fe^{3+}的过程。与首次嵌锂过程相比，氧化峰的积分面积要小于还原峰面积，说明首次循环中，由SEI膜造成了较高的不可逆容量。从第二个循环开始，氧化峰和还原峰都朝高电位方向移动了，如3.4节中所述，这是由于电极极化作用的减弱和活性物质结构的改变。当对比这三种SCS产物电极的第二次循环伏安曲线时，可以看到，$\phi=0.5$产物电极嵌锂过程中，在～0.6 V和～0.8 V处出现两个明显的还原峰，分别对应产物中$\alpha-Fe_2O_3$和Fe_3O_4相还原成Fe^0和Li_2O的过程，如式（4-3）和式（4-4）所示；而$\phi=0.7$产物电极嵌锂过程中，只在～0.8 V处出现一个还原峰，证明了产物中只有Fe_3O_4相，仅发生了式（4-4）所示的还原过程；再来看$\phi=1.2$产物电极，它在嵌锂过程中，出现了三个还原峰，分别位于～0.7，～0.8，～1.2 V处，对应着FeO，Fe_3O_4相还原成Fe^0和Li_2O的过程及无定形碳的Li^+插入过程，如式（4-4）、式（4-5）和式（4-6）所示。在随后的循环过程中，从图4-9（a）（b）（c）中可以看出，三种SCS产物电极在嵌锂过程中都只在～0.8 V处出现一个明显的还原峰，表明材料经过两次充放电之后，结构发生了不可逆的转变，式（4-4）的反应更突出。与前三种产物不同，$\phi=1.6$产物电极首次嵌锂过程中，只在～0.75 V处出现了一个较为微弱的还原峰，这可能是由于Li^+插入在铁氧化物和无定形碳中，形成了$Li_xFe_3O_4$中间相和LiC_6，如式（4-6）、式（4-7）和式（4-8）所示。而在首次脱锂过程中，在1.0～1.5 V电位出现了较宽的氧化峰，这对应Li_2O和LiC_6中Li^+的脱出过程。从第二次循环开始，还原峰出现在电压为~0.9 V的位置处，而氧化峰依然在1.0~1.5 V电位，说明该产物的结构几乎没有发生变化。同时，随着循环次数的增加，氧化峰和还原峰的峰形和位置基本不变，说明电化学反应基本稳定了，但循环峰的积分面积相对于前一次会略微小一些，说明该电极材料的容量在慢慢衰减，趋于稳定前的活化时间较长。

$$Fe_2O_3 + 6Li^+ + 6e^- \rightleftharpoons 2Fe + 3Li_2O \tag{4-3}$$

$$Fe_3O_4 + 8Li^+ + 8e^- \rightleftharpoons 3Fe + 4Li_2O \tag{4-4}$$

$$FeO + 2Li^+ + 2e^- \rightleftharpoons Fe + Li_2O \tag{4-5}$$

$$6C + Li^+ + e^- \rightleftharpoons LiC_6 \tag{4-6}$$

$$Fe_3O_4 + xLi^+ + xe^- \longrightarrow Li_xFe_3O_4 \tag{4-7}$$

$$Li_xFe_3O_4 + (8-x)Li^+ + (8-x)e^- \longrightarrow 4Li_2O + 3Fe \tag{4-8}$$

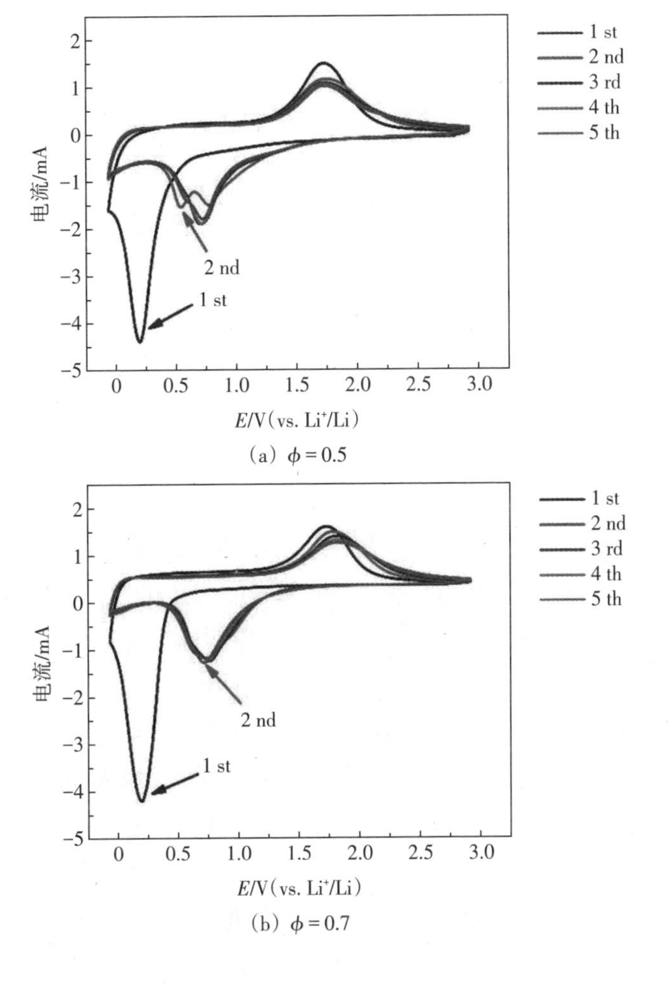

（a）$\phi=0.5$

（b）$\phi=0.7$

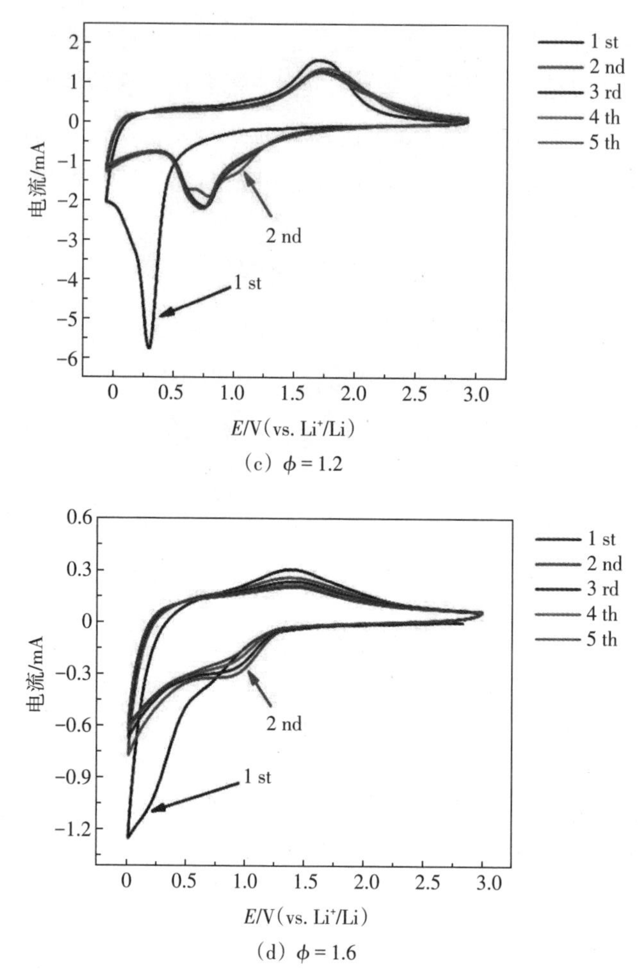

（c）$\phi=1.2$

（d）$\phi=1.6$

图4–9　不同甘氨酸/硝酸铁配比反应体系的溶液燃烧合成产物电极在0.5 mV·s⁻¹扫描速率下，0.01～3.0 V（vs. Li⁺/Li）电压范围内的循环伏安曲线图

图4–10为不同甘氨酸/硝酸铁配比反应体系的溶液燃烧合成产物电极在0.01～3.0 V（vs. Li^+/Li）电压范围内，电流密度为0.1 A·g^{-1}时的第1，2，10，50次充放电曲线。从图4–10（a）（b）（c）可以看出，$\phi=0.5$，0.7，1.2产物电极的首次放电曲线在0.75 V左右有一个很长的电压平台，对应着Li^+与Fe^{3+}或Fe^{2+}反应生成单质Fe和非晶态Li_2O相的过程，如式（4–3）、式（4–4）和式（4–5）所示。而从图4–10（d）可以看出，$\phi=1.6$产物电极的电压平台出现在0.75～1.50 V，短且倾斜，这对应Li^+插入铁氧化物和无定形碳中，形成$Li_xFe_3O_4$中间相和LiC_6的过程，如式（4–6）、式（4–7）和式（4–8）所示。此外，从图中可以观察到，四种产物电极在首次充放电过程中，都具有较高的放电比容

量和相对较低的充电比容量，说明首次循环产生了不可逆容量损失，这与图4-9中首次脱嵌锂过程氧化峰的积分面积小于还原峰面积相对应，源于循环时SEI膜的产生。当对比不同ϕ产物的首次充放电曲线时，如表4-2所示，可以发现，随着甘氨酸含量的增加，产物的初始放电比容量降低，最高的是$\phi=0.5$产物，为1376.7 mA·h·g^{-1}，这是因为该产物中含有理论比容量较高的α-Fe_2O_3相，而且随着ϕ值的增加，产物中无定形碳的含量增多，导致放电比容量降低。但是，对比四种产物的初始库仑效率可知，$\phi=1.6$产物电极最高，为79.6%；其次，是$\phi=0.7$产物，为75.8%，这是由于$\phi=1.6$产物为无定形态结构，在充放电过程中，主要进行的是Li^+插入/脱出过程，而非与Fe_xO_y的氧化还原反应，不会造成活性物质结构的大幅度变化，使循环更稳定。另外，$\phi=0.7$产物为单相的Fe_3O_4，具有较高的电导率，在充放电过程中，有利于电子的快速转移，从而降低循环过程中的不可逆容量损失。从第二次循环开始，所

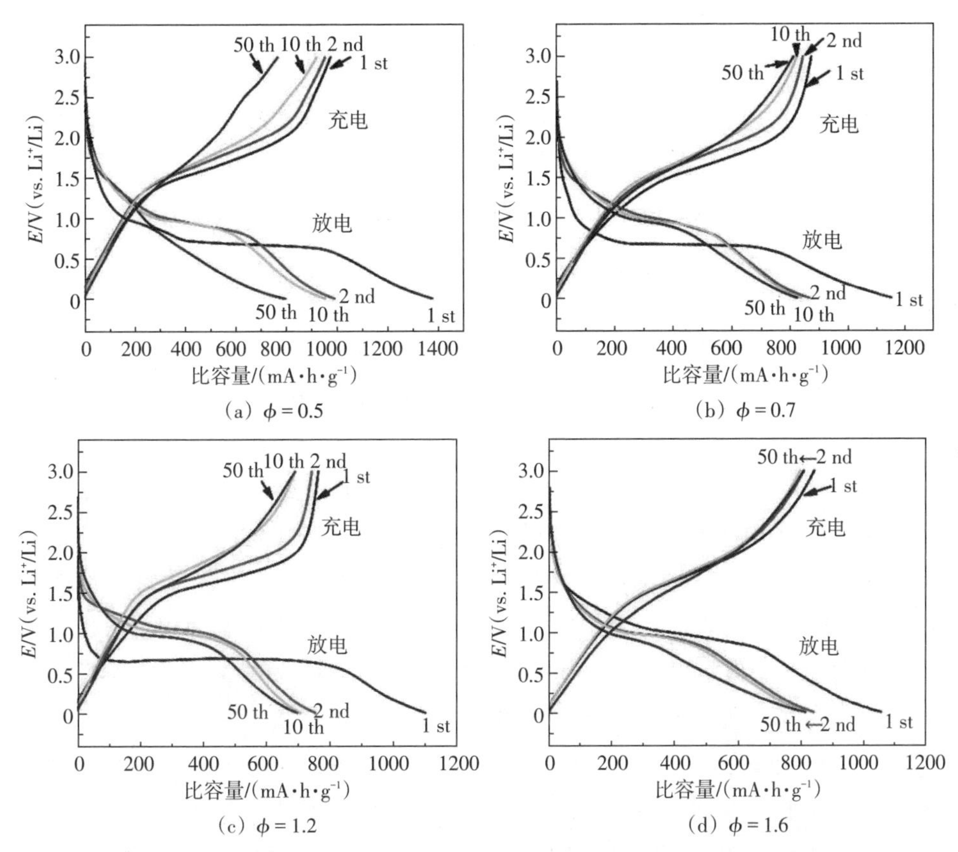

图4-10　不同甘氨酸/硝酸铁配比反应体系的溶液燃烧合成产物电极在电流密度为0.1 A·g^{-1}时的第1，2，10，50次恒电流充放电曲线图

有电极的放电比容量和充电比容量都会一步步降低，如前文所述，这是由活性物质的激活过程所致。同时，所有电极的库仑效率在第10次循环的时候已经达到~99%，说明SEI膜的稳定过程十分迅速。

表4-2　不同甘氨酸/硝酸铁配比反应体系的溶液燃烧合成产物电极在电流密度为0.1 A·g^{-1}时的初始充放电比容量和库仑效率

ϕ	初始放电比容量/(mA·h·g^{-1})	初始充电比容量/(mA·h·g^{-1})	初始库仑效率/%
0	1376.7	976.1	70.9
0.5	1153.7	874.9	75.8
1.0	1103.1	766.4	69.5
1.5	1055.3	840.1	79.6

图4-11为不同甘氨酸/硝酸铁配比反应体系的溶液燃烧合成产物电极在0.01~3.0 V（vs. Li^+/Li）电压范围内，电流密度为1 A·g^{-1}时循环500次的充放电比容量。从图4-11中可以看出，ϕ = 0.5，0.7，1.2产物电极的比容量都呈现出先下降后上升的状态，如前文所述，这是活性物质的激活过程和可逆SEI膜的分解过程共同作用的结果。对比来看，ϕ = 0.5产物电极在前150次循环时，比容量都在不停地下降，放电比容量从初始的~1000 mA·h·g^{-1}跌至~200 mA·h·g^{-1}，而后，随着循环次数增加，比容量又不断升高，最终在500次循环时达到572.7 mA·h·g^{-1}，可见，其比容量变化很大，说明循环过程中，活性物质的结构变化剧烈，稳定性很差。这是由于ϕ = 0.5产物为α-Fe_2O_3和Fe_3O_4的混合物，导电能力较差，而且其纳米颗粒团聚体的形貌在经过多次充放电循环后，颗粒很容易被碎化，造成严重的结构变化，因而，比容量变化较大。再看ϕ = 0.7和ϕ = 1.2产物电极的循环性能，它们的比容量变化比ϕ = 0.5产物电极的平稳很多，在循环至80次的时候，比容量趋于稳定，这是因为这两个产物中的组分几乎是单相Fe_3O_4，导电能力较好，活性物质的激活过程较快。而在随后的循环中，其比容量逐渐升高，但是，大概在200次循环时，ϕ = 1.2产物电极的比容量再次发生下降，最终在500次循环时仅剩570.3 mA·h·g^{-1}；类似地，ϕ = 0.7产物电极在大概350次循环时，也发生了比容量再次下降的现象，但变化不大，在500次循环时，放电比容量依然能够保持在750.2 mA·h·g^{-1}，不过该容量还是低于Fe_3O_4理论容量，这是因为该纳米Fe_3O_4颗粒经过多次循环后，结构发生了变化。同时，因纳米尺寸效应造成的团聚现象，使Fe_3O_4颗粒变大，与电解液的接触面积减小，降低了Li^+和电子的传输效率，使容量无法进一步

提高。上述在循环过程中比容量出现上升后再次下降的现象是由于纳米材料的比表面积过低，孔隙太少，使Li^+和电子无法充分移动，造成比容量下降。但由4.3.2节中的BET分析结果可知，$\phi=1.2$产物的比表面积大于$\phi=0.7$产物，它的比容量下降速度却比$\phi=0.7$产物电极快，这是因为$\phi=1.2$产物的组分除Fe_3O_4相以外，还存在FeO相和无定形碳，它们的导电能力很差，从而造成比容量的快速损失。随着甘氨酸含量增多，$\phi=1.6$产物电极的充放电循环曲线与前三种产物电极完全不同，它的初始放电比容量较低，为690.7 $mA\cdot h\cdot g^{-1}$，但经过不到10次的循环，可逆容量基本稳定，约为450 $mA\cdot h\cdot g^{-1}$，而后经过500次循环，曲线几乎没有变化，一直很平稳，最终放电比容量为457.5 $mA\cdot h\cdot g^{-1}$，由此可以看出，$\phi=1.6$产物电极的比容量较低，但是，循环稳定性极好，这是因为该产物组分为无定形态的碳和铁氧化物，其中碳的理论比容量较低，为372 $mA\cdot h\cdot g^{-1}$。同时，该产物的微观形貌为纳米片状结构，电化学反应机制为Li^+的插入/脱出，而非与铁氧化物的转化机制，在充放电过程中，不会引起活性物质结构的剧烈变化，从而提高电极的循环稳定性。

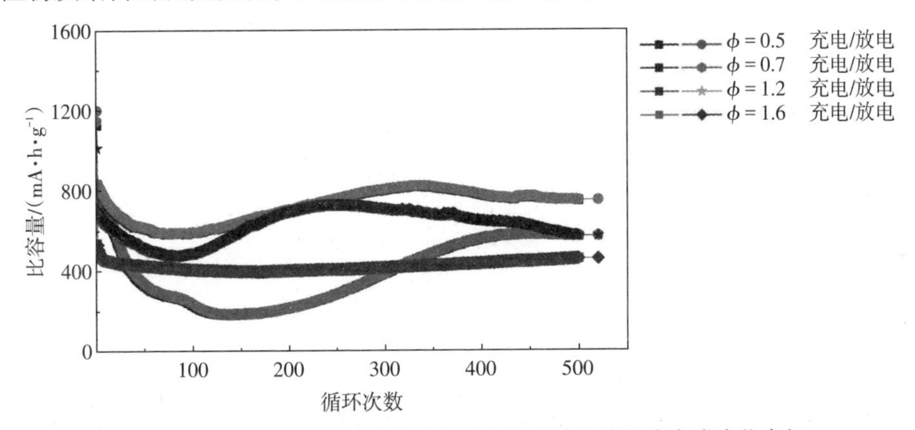

图4-11　不同甘氨酸/硝酸铁配比反应体系的溶液燃烧合成产物电极在电流密度为1 $A\cdot g^{-1}$时的循环性能

倍率性能是测试锂离子电池负极材料循环稳定性的又一个指标，如图4-12所示，当电流密度逐步从0.1 $A\cdot g^{-1}$增至0.5，1，2，5 $A\cdot g^{-1}$时，四种产物电极对应的放电比容量都在逐步降低。其中，$\phi=0.5$产物电极容量的衰减速度最快，而$\phi=1.6$产物电极最稳定，但它们的放电比容量依然都高于商用石墨的理论容量（372 $mA\cdot h\cdot g^{-1}$）。当电流密度进一步升高至10 $A\cdot g^{-1}$和20 $A\cdot g^{-1}$时，容量降至很低，说明电极在高倍率下循环性能不好，这是因为SCS产物的比表面积较小，与电解液的接触面积较小，降低了Li^+和电子的传输效率，在大电流密度下，速度更慢，效率更低，使其容量急剧下降。然而，经过80次循环后，当电流密度再次恢复到0.1 A·g^{-1}时，四种产物电极的放电比容量均有所回升，不过只有$\phi=0.7$，1.6产物电极容量恢复到前10次0.1 A·g^{-1}循环时的容量值，并且经过最后20次的循环，放电比容量分别稳定在888.6，829.8 mA·h·g^{-1}，展现出很好的电化学稳定性。这是由于Fe_3O_4具有较高的导电率，能够增强充放电过程中的电子导电率，提高电子转移能力。另外，由于产物具有分级介孔结构，不仅能提供大量的活化位，而且在一定程度上提高了Li^+的传输效率。同时，这种多孔结构在缓解充放电过程中体积变化方面起到了关键作用。但对比看来，$\phi=1.6$产物电极的容量虽然低于$\phi=0.7$产物电极，但是，它的稳定性更好一些，如图4-11的分析，这可能是因为该产物的组分为无定形态的碳和铁氧化物，微观形貌为纳米片状结构，电化学反应机制为Li^+的插入/脱出，而非与铁氧化物的氧化还原转化机制，在充放电过程中，不会引起活性物质结构的剧烈变化，从而提高电极的循环稳定性。

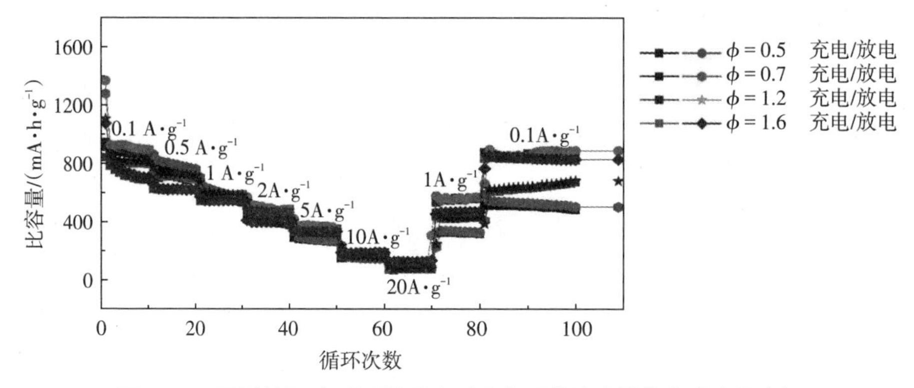

图4-12 不同甘氨酸/硝酸铁配比反应体系的溶液燃烧合成产物电极在不同电流密度下的倍率性能

4.5 本章小结

本章采用硝酸铁作为铁源和氧化剂、甘氨酸作为燃料和还原剂，设计了简单的实验装置，利用溶液燃烧合成在空气中一步制备出纳米Fe_3O_4基材料，探索了硝酸铁与甘氨酸的原料配比（ϕ）对溶液燃烧反应的温度、模式和时间，以及产物组分相态和微观形貌的影响，通过控制原料配比分别得到了纳米α-Fe_2O_3/Fe_3O_4混合颗粒、单相Fe_3O_4纳米颗粒、纳米Fe_3O_4/FeO混合颗粒和无定形态铁氧化物与碳纳米片，并对其进行了系统表征。最后研究了这些产物作为锂离子电池负极材料的电化学性能。主要结果如下。

① 通过改变硝酸铁-甘氨酸体系中甘氨酸含量研究溶液燃烧反应的机制，发现 ϕ 对燃烧反应的温度、时间和反应模式都具有一定的影响。随着甘氨酸含量的增多，反应模式从蔓延燃烧（SHS）向发烟燃烧（SCS）转变，反应时间有所延长，而且，甘氨酸在反应体系中不仅是燃料和还原剂，还会作为碳源，过量时吸收热量碳化生成无定形碳。

② 反应体系中甘氨酸含量不仅会影响溶液燃烧合成产物的组分相态，还会影响其微观结构，通过改变 ϕ 值可以很好地控制产物的物相和形貌。当$\phi < 1.6$时，产物形貌均为纳米颗粒状结构，只是物相发生变化，甘氨酸含量越多，Fe^{3+}的还原程度越大，经历了α-$Fe_2O_3 \longrightarrow Fe_3O_4 \longrightarrow FeO$的变化，当$\phi = 0.7$时，产物为单相的$Fe_3O_4$，其比表面积最小；而当$\varphi = 1.6$时，产物为无定形态铁氧化物与碳纳米片，比表面积较大，且为分级介孔结构。

③ 纳米材料的物相和形貌对其电化学性能有很大影响。相对于$\phi = 0.5$和$\phi = 1.2$的产物，$\phi = 0.7$的产物作为锂离子电池负极材料具有较高的可逆比容量和稳定性（1 $A \cdot g^{-1}$的电流密度下循环500次比容量稳定在750.2 $mA \cdot h \cdot g^{-1}$），这是因为Fe_3O_4具有较高的导电率，能够增强充放电过程中的电子导电率，提高电子转移能力；而且产物具有分级介孔结构，能够提供大量活化位，在一定程度上提高了Li^+的传输效率。同时，可以缓解充放电过程中的体积变化。另外，$\phi = 1.6$产物电极的可逆比容量不高，但电化学稳定性极好，这主要归功于其无定形态铁氧化物与碳组分和纳米片状结构，电化学反应机制为Li^+插入/脱出，在充放电过程中，不会引起活性物质结构的剧烈变化，从而提高电极的循环稳定性。

5 无定形态纳米铁氧化物与碳复合物制备及电化学性能研究

5.1 引　言

近年来，铁氧化物（$\alpha-Fe_2O_3$，$\gamma-Fe_2O_3$，Fe_3O_4，FeO等）由于具有理论比容量高（~1000 $mA\cdot h\cdot g^{-1}$）、储量丰富成本低、环境友好无污染等一系列优点，被认为是最有可能替代石墨作为锂离子电池负极的理想材料之一。然而，铁氧化物在脱嵌锂过程中，会产生巨大的体积变化，导致活性物质粉化破裂，比容量急剧衰减；同时，本征较差的电子导电率也会降低其高倍率充放电容量。此外，铁氧化物在使用过程中，首次不可逆容量损失较大，严重地制约了其实际应用。研究结果表明，纳米化和复合化是目前改善铁氧化物锂电性能最常用的手段，因为当铁氧化物材料的尺度减小至纳米量级时，其比表面积变大，增加了活性物质与电解液的接触面积，提高了界面处锂离子（Li^+）的流通量；同时，纳米结构缩短了Li^+和电子在体相内的传输距离，提高了Li^+和电子的扩散效率。而将纳米铁氧化物与碳材料复合，会使其电子导电率提高，加快电子的转移速率；同时，碳材料的加入能够在一定程度上缓解充放电过程中的体积变化，有助于维持结构的完整性，提高电化学稳定性。此外，根据4.4节得到的结论可知，无定形态结构的电化学反应机制为Li^+的插入/脱出，而非锂与铁氧化物的转化机制，在充放电过程中，不会引起活性物质结构的剧烈变化，从而提高电极的循环稳定性。因此，设计制备无定形态的纳米铁氧化物与碳复合物是优化铁氧化物负极材料电化学性能的最佳方法，这样，不仅可以提高其可逆比容量，还能够改善其循环性能和倍率性能。

本章利用溶液燃烧合成法，以硝酸铁为氧化剂、甘氨酸为燃料、葡萄糖为碳源，在惰性气氛中，通过调节葡萄糖的添加量，一步制得无定形态的纳米铁氧化物与碳复合物，并对其进行了系统的结构表征，当该材料作为锂离子电池的负极材料时，具有优异的电化学性能。

5.2 实验方法

实验原料包括：九水合硝酸铁［$Fe(NO_3)_3 \cdot 9H_2O$］，红褐色结晶体；甘氨酸（$C_2H_5NO_2$），白色结晶体；一水合葡萄糖（$C_6H_{12}O_6 \cdot H_2O$），白色结晶体。以上原料均由天津光复化工有限公司提供，纯度为分析纯。实验仪器包括：FL-1型可控温电炉，BS223S型精密电子天平，GSL型管式炉。

溶液燃烧合成制备无定形态纳米铁氧化物与碳复合物的步骤如下：按照一定的比例称取硝酸铁、甘氨酸和葡萄糖，将称好重量的原料置于50 mL的烧杯中，加入适量的去离子水，用玻璃棒搅拌，使各种原料充分溶解，形成均匀混合溶液，置于可控温电炉上加热，加热温度约为300 ℃。加热初期，随着水分不断蒸发，溶液发生浓缩并开始冒泡，继续加热，浓缩物逐渐形成黑色凝胶，待凝胶冷却后，取出放入石墨烧舟中；然后，将石墨烧舟放入管式炉内，通入高纯度氮气，升温至300 °C，升温速率为10 °C/min，保温时间为1 h；最后，在流通的氮气氛保护下，自然降温至室温，即可得到无定形态纳米铁氧化物与碳复合物。

通过差热仪（Rigaku DT-40，TG-DSC）分析溶液在加热过程中的吸热和放热特性；通过X-射线粉末衍射仪（Rigaku D/max-RB12，XRD）鉴定产物的物相和晶型，测试条件为Cu靶，Kα（$\lambda = 0.1541$ nm）；通过X-射线光电子能谱仪（ESCALAB 250，XPS）进一步确定产物的元素化合价；通过拉曼光谱仪（Renishaw inVia，Raman）测试产物中的碳元素结晶程度；用场发射扫描电子显微镜（FEI Quanta 450）、透射电子显微镜（TEM Tecnai F30）及原子力显微镜（Dimension Icon-AFM）观察产物的微观结构；采用比表面积分析仪（QUADRASORB SI-MP）测试粉末的比表面积。

电化学性能测试：溶液燃烧合成产物作为活性物质，炭黑（Super P）作为导电剂，聚偏二氟乙烯（PVDF）作为黏结剂，按照质量比60∶20∶20制作锂离子电池的负极材料。将上述原料充分研磨混合后，加入少量N-甲基吡咯烷酮（NMP），继续混合均匀制成浆料；然后，用刀片均匀地将浆料涂到铜箔上，真空干燥箱内120 ℃干燥12 h后，在200 $kg \cdot m^{-2}$的压力下压制成圆片（d = 14 mm）。在通有氩气的真空手套箱内，将电极组装成CR2023型扣式电池。其中，含有1 $mol \cdot L^{-1}$ $LiPF_6$ 的EC/DMC（1∶1质量比）作为电解液，金属锂片作为对电极。将封装好的CR2023扣式电池静置一段时间后，对其进行电化学性能测试。该电池的恒电流充放电测试在LAND 测试系统上进行，电压范围为0.01 ~ 3.0 V（vs. Li^+/Li），测试环境温度保持在25 ℃左右。循环伏安曲线的测试在CHI618D电化学工作站上进行，扫描电势范围为0.01 ~ 3.0 V(vs. Li^+/Li)，扫描速率为0.5 $mV \cdot s^{-1}$。

5.3 无定形态纳米铁氧化物与碳复合物的制备

在溶液燃烧过程中，燃料与氧化剂在加热浓缩形成凝胶的过程中，会形成中间过渡络合物，而葡萄糖作为有机碳源，加入燃烧体系中会改变络合物的分子结构和类型，从而对燃烧产物的组分和形貌产生影响。因此，为了得到结构与性能良好的无定形态纳米铁氧化物与碳复合物，设计了四种不同葡萄糖添加量的溶液燃烧体系：$Fe(NO_3)_3 \cdot 9H_2O$(11.8 g)，$C_2H_5NO_2$(6.26 g)，$C_6H_{12}O_6 \cdot H_2O$（0.5，1.0，1.5，2.0 g），在本章中分别表示为G = 0.5，1.0，1.5，2.0。具体制备过程如图5-1所示：将既定配比的硝酸铁、甘氨酸和葡萄糖置于烧杯中，加入适量去离子水配置成均匀的混合溶液；然后，放在300 °C的可控温电炉上加热，大约几分钟后，溶液开始浓缩，并伴随大量水蒸气溢出；最后，将浓缩得到的凝胶转移至石墨烧舟中，在氮气流中300 °C下保温1 h，即可得到无定形态的纳米铁氧化物与碳复合物。

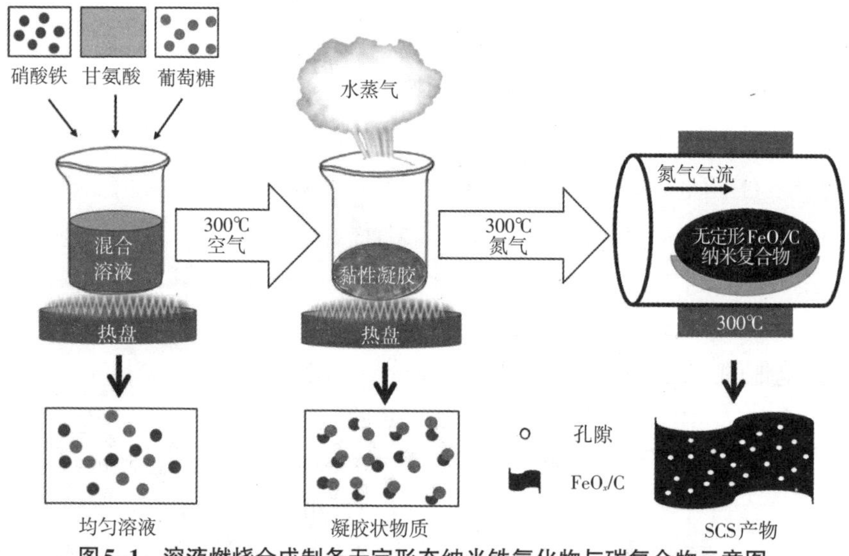

图5-1 溶液燃烧合成制备无定形态纳米铁氧化物与碳复合物示意图

5.3.1 葡萄糖添加量对溶液燃烧反应过程的影响

与第3，4章的结论相似，在持续加热过程中，加入了葡萄糖的均匀混合溶液也会逐渐形成凝胶，图5-2为不同葡萄糖添加量燃烧反应体系的凝胶在氮气气氛中以10 °C·min^{-1}的升温速率从50 °C加热到650 ℃得到的TG-DSC曲线，用来研究其燃烧反应机制。根据DSC曲线的形状，整个反应过程可以分为三个温度阶段。第一阶段（100～150 ℃）为水分蒸发过程，从图5-2可以看出，四种葡萄糖添加量的反应体系均在130 ℃左右出现较弱的吸热峰，这主要来自凝胶中的残余水分及化学束缚水的脱除。而随着温度升高，第二阶段（150～200 ℃）为放热反应过程，四种反应体系均在～170 ℃处出现了明显的放热峰，并且伴随着大量质量损失，说明硝酸铁和甘氨酸发生了剧烈放热反应。对比来看，葡萄糖添加量越多，该放热峰的强度越弱，宽度越大，对应着TG曲线上的质量损失越少，这可能是因为葡萄糖的加入减弱了硝酸铁与甘氨酸的放热反应强度。第三阶段（200～650 ℃）为碳化反应过程，从图中可以看出，四种反应

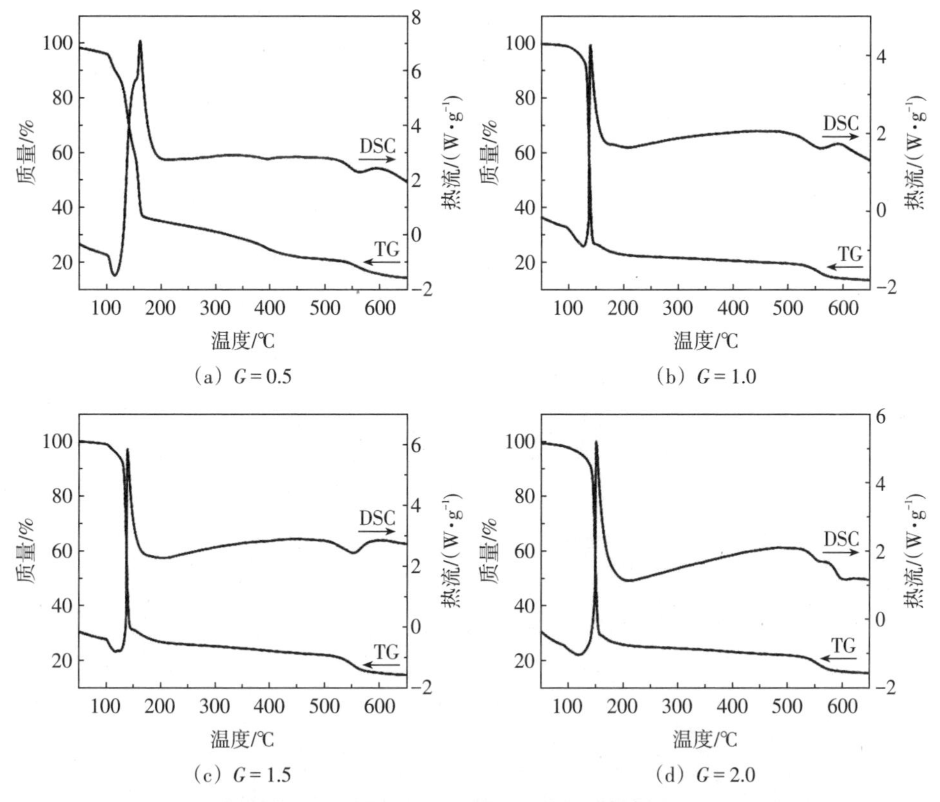

图5-2 不同葡萄糖添加量燃烧反应体系得到的凝胶的TG-DSC曲线图

体系均在～550 ℃处出现了微弱的吸热峰，并且在TG曲线中有轻微的质量损失，这主要归因于葡萄糖吸热分解，发生了碳化反应，如式（5-1）所示。

$$C_6H_{12}O_6 \longrightarrow 6H_2O + 6C \quad (5\text{-}1)$$

5.3.2 葡萄糖添加量对产物组分相态的影响

由上述讨论可知，葡萄糖的添加量会影响溶液燃烧反应机制，从而对燃烧产物的组分相态也会有一定的影响，图5-3为不同葡萄糖添加量反应体系溶液燃烧合成产物的XRD图谱。从图5-3中可以看出，$G=0.5$时，燃烧产物为晶形良好的Fe_3O_4（立方晶系，JCPDS card No.89-0691），其晶胞参数为$a=b=c=0.839$ nm，除Fe_3O_4的衍射峰外，该XRD图谱中再没有其他衍射峰出现，说明该反应体系经过溶液燃烧合成的产物为单相Fe_3O_4。随着葡萄糖添加量增多，$G=1.0$燃烧产物的XRD图谱中只在$2\theta=35.4°$，56.9°，62.5°附近能找到微弱的衍射峰，分别对应于晶态Fe_3O_4（JCPDS card No. 89-0691）的（311），（333），（440）晶面，说明该体系经过溶液燃烧反应会生成无定形态的产物，虽然其中有少许晶态Fe_3O_4，但很容易被无定形态产物覆盖住。而进一步增加反应体系中的葡萄糖添加量，$G=1.5$和$G=2.0$燃烧产物全部变成无定形态结构，在其XRD图谱中观察不到任何明显的Bragg衍射峰，表明产物为非晶态。这一结果说明，随着葡萄糖添加量的增加，燃烧产物由晶态结构逐渐变为非晶态结构，由5.3.1节的分析结果可知，葡萄糖的加入会减弱硝酸铁与甘氨酸的放热反应强度。同时，葡萄糖受热会分解生成无定形碳，该过程为吸热的碳化反应，会吸收燃烧反应释放出的热量，从而降低体系的反应温度，无法提供足够的铁氧化物结晶能，致使产物难以形成晶态结构。

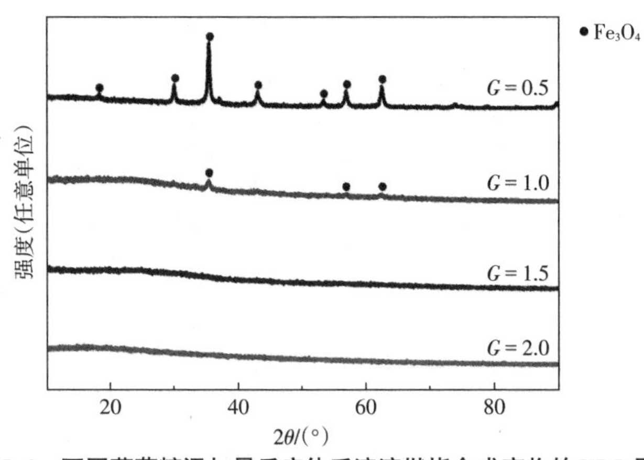

图5-3 不同葡萄糖添加量反应体系溶液燃烧合成产物的XRD图谱

为了进一步证实不同葡萄糖添加量反应体系溶液燃烧合成产物的物相组分，利用XPS对产物进行分析。图5-4为不同葡萄糖添加量反应体系的溶液燃烧合成产物的XPS全谱扫描图谱。从图5-4中可以观察到，以285，400，530，712 eV为中心的C1s，N1s，O1s，Fe2p特征峰，说明四种SCS产物中均存在C，N，O，Fe四种元素。对比来看，随着葡萄糖添加量增多，C1s和N1s的特征峰强度增加；相反，Fe2p特征峰的强度减弱，其对应的元素含量变化如表5-1所示。这一结果进一步说明了葡萄糖受热分解会生成无定形碳，葡萄糖量越多，碳化反应进行得越彻底，生成的无定形碳量越多，浮在铁氧化物表面使铁元素特征峰的强度变弱。同时，葡萄糖碳化的过程为吸热反应，降低了反应体系的热量，阻碍了铁氧化物的结晶过程，使产物倾向于生成无定形态结构，在氮气气氛保温的条件下，更容易捕获N原子，从而提高产物中的N含量。

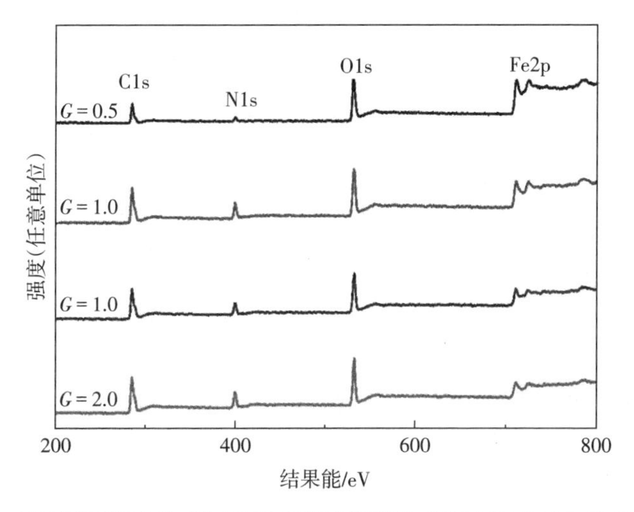

图5-4　不同葡萄糖添加量反应体系溶液燃烧合成产物的XPS全谱扫描图谱

表5-1　不同葡萄糖添加量反应体系溶液燃烧合成产物的XPS元素含量分析表

G	碳元素（原子百分比）	氮元素（原子百分比）	铁元素（原子百分比）
0.5	42.51	5.01	16.72
1.0	53.29	12.02	7.11
1.5	57.29	12.91	5.17
2.0	58.57	13.66	3.77

为了更好地说明产物中Fe元素的化合价态和离子比例，对Fe2p特征峰进行窄谱扫描并分峰拟合。如图5-5所示，将Fe2p特征峰分为四个峰，结合能

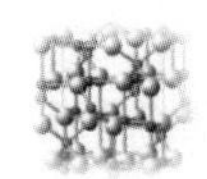

分别为709.2，711.1，722.4，724.5 eV，如5.3.2节所述，这四个峰又分别对应着Fe $2p_{3/2}$的Fe^{2+}电子状态、Fe $2p_{3/2}$的Fe^{3+}电子状态、Fe $2p_{1/2}$的Fe^{2+}电子状态和Fe $2p_{1/2}$的Fe^{3+}电子状态，说明四种燃烧产物中均存在Fe^{3+}和Fe^{2+}两种价态的Fe离子。第4章介绍过，Fe_3O_4的化学式还可以表示成$FeO·Fe_2O_3$，所以，它的Fe^{2+}/Fe^{3+}原子比例应为1：2或0.33：0.67，而在XPS图谱中，Fe^{2+}/Fe^{3+}的原子比例可以近似地量化为Fe $2p_{3/2}$的两个拟合分峰的相对面积比值。根据图5-5（a）中结合能为709.2，711.1 eV的两个拟合分峰，计算出其相对面积比值为~0.5，由此可知，$G=0.5$产物的物相确定是Fe_3O_4，这与上述XRD的分析结果相吻合。同样地，根据图5-5（b）（c）（d）中结合能为709.2，711.1 eV的两个拟合分峰，计算出其相对面积比值分别为~0.7，~0.8，~1.2，说明$G>0.5$燃烧产物中的Fe^{2+}较多，应为Fe_3O_4和FeO的混合物，而且随着葡萄糖添加量的增多，Fe^{2+}的比例增加，说明混合物中的FeO物相增加。

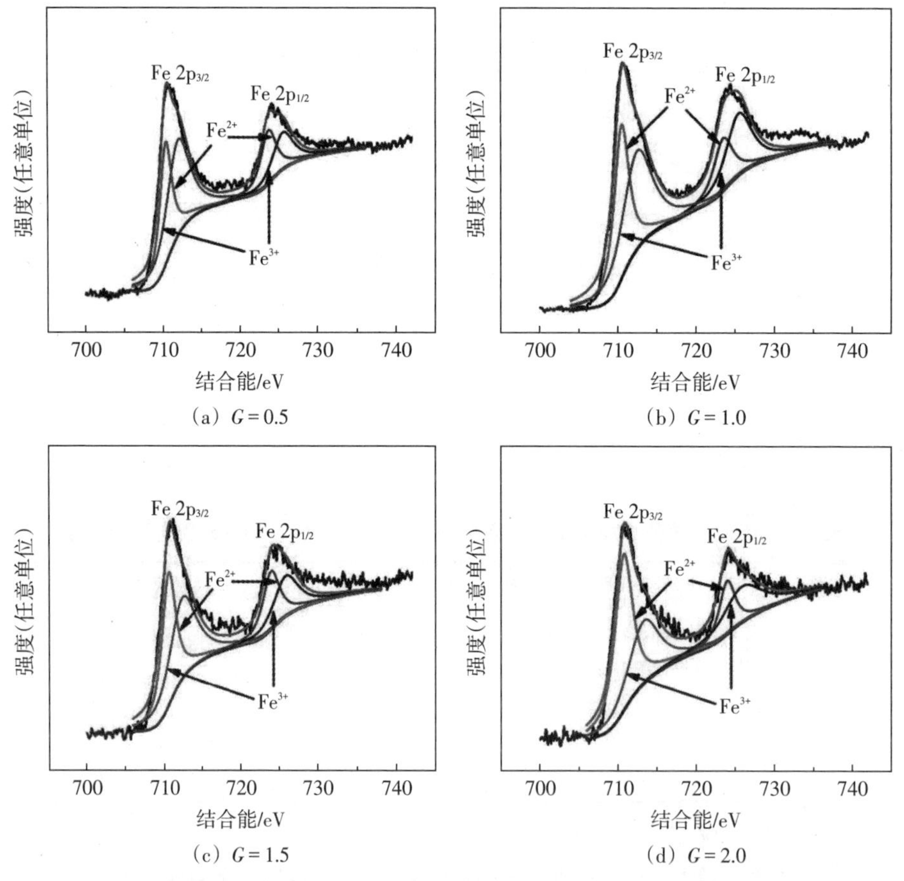

图5-5 不同葡萄糖添加量反应体系溶液燃烧合成产物的XPS窄谱扫描Fe2p图谱

由表5-1中的元素分析结果可知，四种SCS产物中均含有大量的碳元素，为了更好地证明产物中的碳为无定形态结构，对不同葡萄糖添加量反应体系的溶液燃烧合成产物进行了拉曼光谱表征，分析产物中碳的结晶程度随着葡萄糖添加量的变化。如图5-6所示，四种SCS产物的拉曼图谱中均存在两个明显的特征峰，分别位于~1350 cm^{-1}和~1580 cm^{-1}处，这两个特征峰分别代表着无序非晶碳（D峰）和有序石墨化碳（G峰），其强度的比值I_D/I_G越大，表示无序非晶碳所占的比例越大，产物越趋于无定形态。从图5-6中可以看出，随着葡萄糖添加量增多，D峰的强度慢慢超过了G峰，其比值I_D/I_G分别为~0.89，0.92，0.98，1.12，说明葡萄糖量越多，产物中碳的无定形程度越深，无定形碳量越多，从而进一步确定了四种SCS产物的组分和相态：$G=0.5$产物为晶态Fe_3O_4与无定形碳的混合物，$G>0.5$产物均为无定形态Fe_3O_4/FeO/C混合物，只是随着葡萄糖添加量增多，产物中FeO和C组分的比例增加。

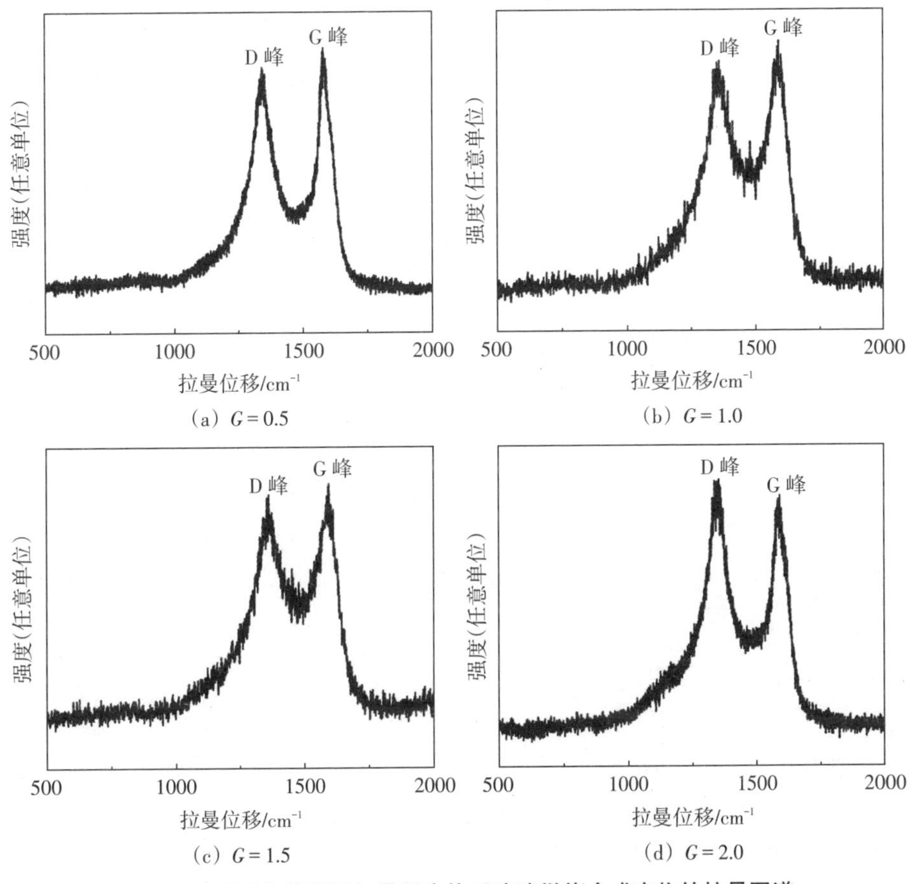

图5-6　不同葡萄糖添加量反应体系溶液燃烧合成产物的拉曼图谱

5.3.3 葡萄糖添加量对产物微观形貌的影响

从5.3.2节分析结果可知，燃烧体系中葡萄糖的添加量对溶液燃烧反应过程具有一定的影响；同时，随着葡萄糖量的增加，燃烧产物的组分和相态也会发生变化，而通过场发射扫描电子显微镜观察它们的微观结构，可以发现反应体系中的葡萄糖量对燃烧产物的微观形貌具有很大的影响。图5-7为不同葡萄糖添加量反应体系溶液燃烧合成产物的场发射扫描电镜照片。从图5-7可以看出，随着葡萄糖添加量增加，燃烧产物的形貌发生了明显变化。如图5-7（a）所示，$G=0.5$产物为具有珊瑚石状结构的块状微米级聚合物，其表面和内部均存在大量形状各异且大小不同的孔隙，放大观察倍数可以发现，该聚合物是由表面凹凸不平且团聚严重的多孔厚片组成，这可能是产物中Fe_3O_4的静磁现象与纳米效应共同作用的结果。随着葡萄糖添加量增加，如图5-7（b）所示，$G=1.0$产物的形貌更规则一些，呈现出多孔海绵状结构，表面和内部的孔隙多为近圆形，尺寸也更小一些，为纳米尺度级别，放大观察倍数，可以发现该海绵状结构的表面存在大量圆形球泡，尺寸小于1 μm，这可能是由于葡萄糖受热分解时会产生黏性胶状物质，使硝酸铁与甘氨酸燃烧反应过程中产生的气体无法顺利溢出，从而使一部分气体滞留在产物内部，形成球泡状结构。进一步提高葡萄糖的添加量，可以从图5-7（c）中观察到$G=1.5$产物呈3D泡沫状结构，内部由大量形状规则且尺寸均匀的球泡组成，放大观察倍数可以看到，该球泡尺寸小于1 μm，相互之间接触十分紧密，球壁表面光滑，说明葡萄糖量的增加会阻碍气体的溢出，并且因其交联状结构使得球泡紧密接触。当葡萄糖添加量增加至2.0 g时，如图5-7（d）所示，$G=2.0$产物的形貌除了有与$G=1.5$产物相似的3D泡沫状结构外，还包括表面十分光滑的薄片状结构，从相应的高放大倍数照片中可以看到，其球泡尺寸有大有小，变得不规则，而且多为闭合状态，说明葡萄糖量越多，从产物中溢出的气体越少，这些球泡紧密相连，聚合成片状结构，而当该片状结构的厚度小于一定尺寸时，它没有足够的空间使气体滞留在其中，从而形成表面光滑的薄片。由上述分析结果可知，随着葡萄糖添加量增多，硝酸铁与甘氨酸的放热反应程度减弱，产生的气体量变少；同时，葡萄糖受热产生的黏性胶状物容易阻碍气体的溢出，使燃烧产物中的球泡结构从无到有，更多地从开孔状态变为闭合状态。

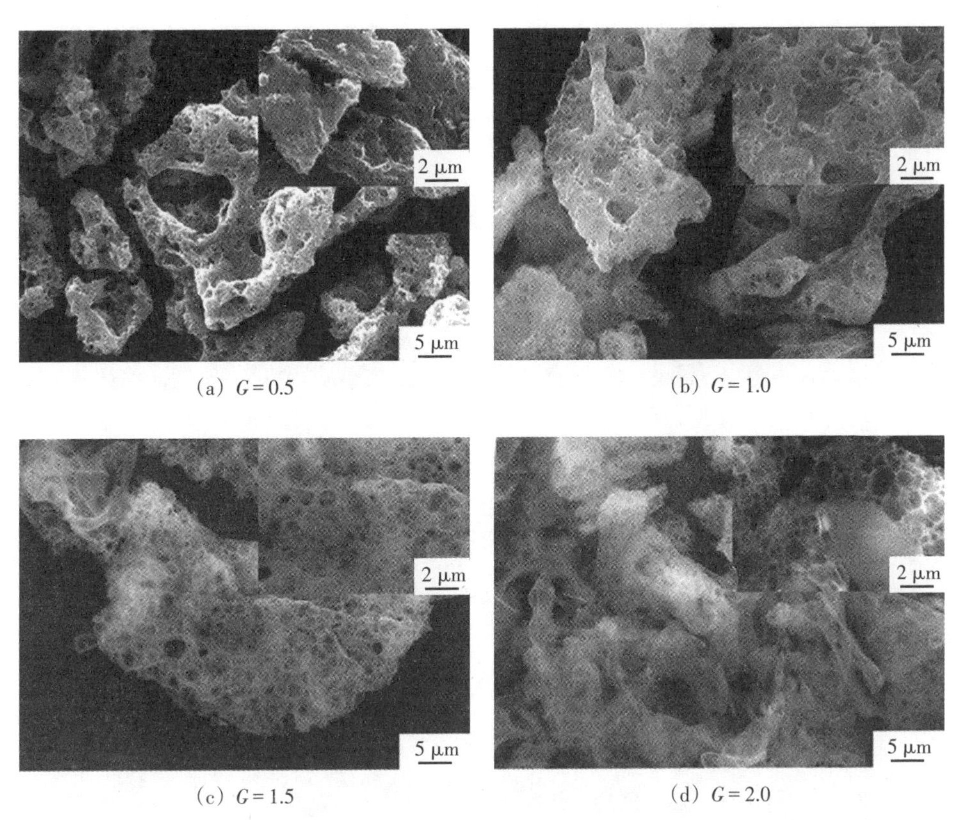

(a) $G=0.5$　　(b) $G=1.0$

(c) $G=1.5$　　(d) $G=2.0$

图5-7　不同葡萄糖添加量反应体系溶液燃烧合成产物的场发射扫描电镜照片（右上角插图为相应产物的高倍数照片）

接下来，为了确定产物中球泡的组成成分，对$G=1.5$产物进行了EDS元素分析，如图5-8所示，Fe，O，C，N元素均匀地分布在燃烧产物表面，说明每个球泡都是由这四种元素组成的，这主要归功于溶液燃烧法的液相混合优势，即原料在溶液中可以达到分子水平的混合，促使产物的组分均匀化。

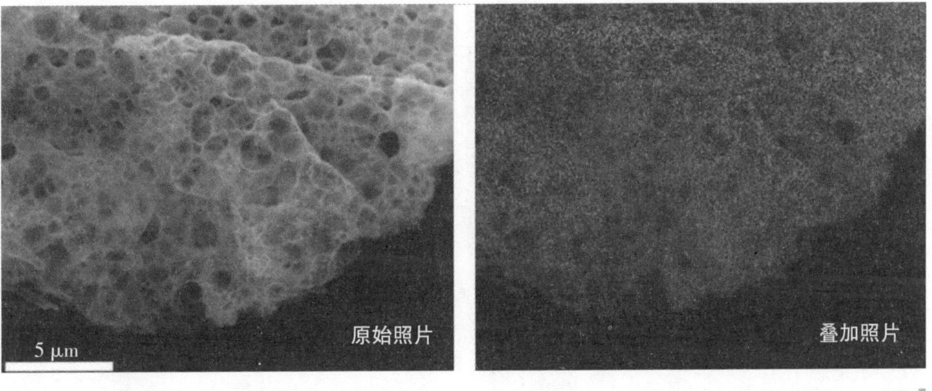

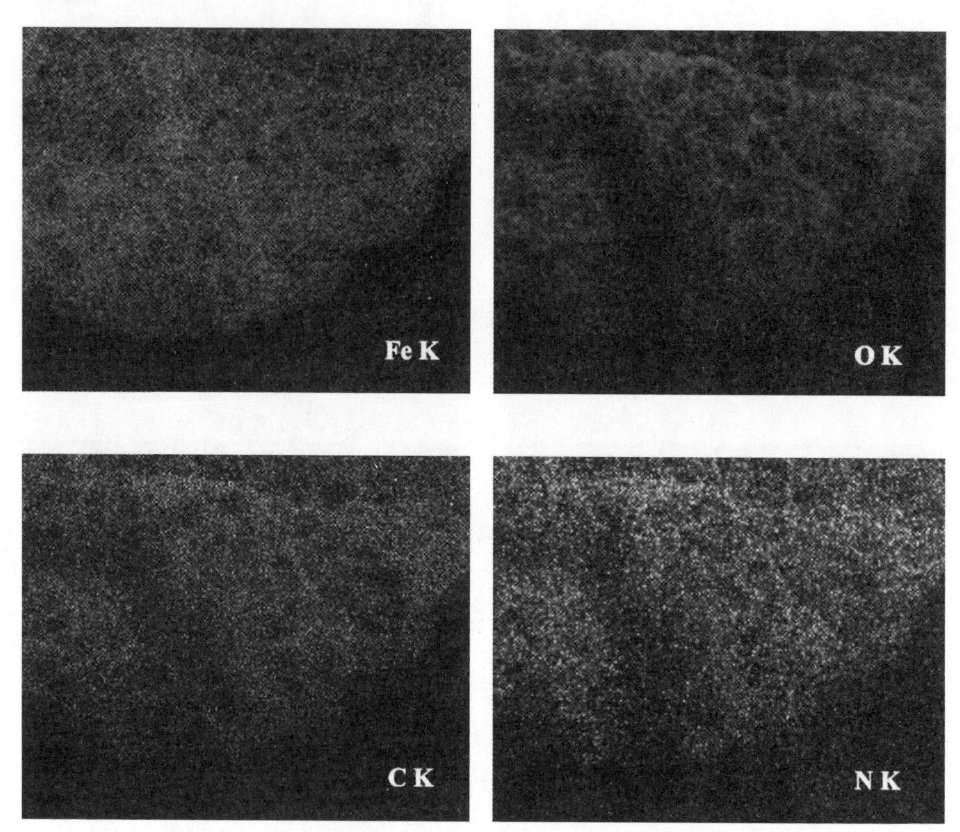

图5-8 $G=1.5$燃烧产物的场发射扫描电镜照片及能谱分析图

为了获得更多的微观结构和晶体学信息，利用透射电子显微镜对不同葡萄糖添加量反应体系溶液燃烧合成产物进行分析。如图5-9所示，左侧列为普通透射电镜照片，中间列为高分辨透射照片，右侧列为选区电子衍射照片。从图5-9（a）可以看出，$G=0.5$产物为由结晶性良好的纳米颗粒聚合而成的纳米片结构，颗粒尺寸小于100 nm，且接触紧密，但分散性较好，而从图5-9（b）的高分辨照片中可以看出，这些具有良好结晶性的纳米颗粒为Fe_3O_4，如图中圆圈部分所示，它们的尺寸和形状并不规则，由无定形碳相连接，形成纳米片状结构，这与图5-7（a）中的多孔厚片相对应。通过对单个颗粒进行电子衍射分析，如图5-9（c）所示，得到该产物的多晶衍射环，分别对应了Fe_3O_4的（220），（440），（311），（511），（422），（400）晶面，说明$G=0.5$产物的晶态组分为Fe_3O_4相，与上述XRD结果一致。随着葡萄糖添加量增多，从图5-9（d）中可以看出，$G=1.0$产物的形貌也为纳米片状结构，但其表面并不光滑，由大量交联状物质组成；同时，存在一些纳米级颗粒，这在其对应的高分辨照片图5-9（e）中更容易观察到，如图中圆圈部分所示，这些具有良好晶形的纳米颗粒尺寸只有5 nm左右，而且数量很少，无规律地镶嵌在无定形碳片上。因此，在XRD图谱中，$G=1.0$产物几乎呈无定形态结构。对该纳米片进行电子衍射分析，如图5-9（f）所示，发现没有规则的衍射环或衍射斑点出现，进一步证实了$G=1.0$产物的无定形态结构。进一步增加反应体系中的葡萄糖添加量，如图5-9（g）所示，$G=1.5$产物呈多孔球泡纳米片结构，即该纳米片是由大量纳米级别的3D球泡聚合而成，球泡的尺寸较为均匀，在500 nm左右，而且球壁表面十分光滑，接触紧密，这与图5-9（c）中的FE-SEM照片分析相吻合。进一步放大拍摄倍数，从其高分辨透射照片图5-9（h）中可以发现，该产物中观察不到明显的晶格条纹，相应地，如图5-9（i）所示，其选区电子衍射照片中也看不到规则的衍射环或衍射斑点，说明该产物为无定形态结构，与上述XRD结果相符。当反应体系中葡萄糖的添加量增加至2.0 g时，如图5-9（j）所示，$G=2.0$产物的形貌为结构良好的2D纳米薄片，该纳米片表面十分光滑，与图5-7（d）FE-SEM照片中的薄片状结构一致，这是由于产物中葡萄糖量较多，碳化分解生成大量无定形碳，从而阻碍了铁氧化物的结晶过程，产物更容易沿着碳片的方向生长，而当碳片的厚度小于一定尺寸时，它没有足够空间使燃烧反应释放的气体滞留在其中，因而形成表面光滑的纳米片。同样地，进一步放大拍摄倍数时，从其高分辨透射照片图5-9（k）中可以发现，该产物中观察不到任何明显的晶格条纹，相应地，如图5-9（l）所示，其选区电子衍射照片中也看不到规则的衍射环或衍射斑点，进一步证实了该产物为无定形态结构，与上述XRD结果相一致。

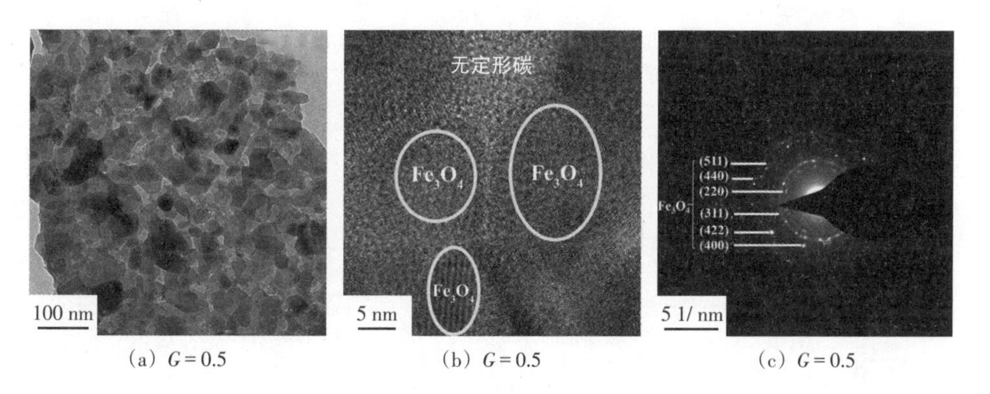

（a）$G=0.5$ （b）$G=0.5$ （c）$G=0.5$

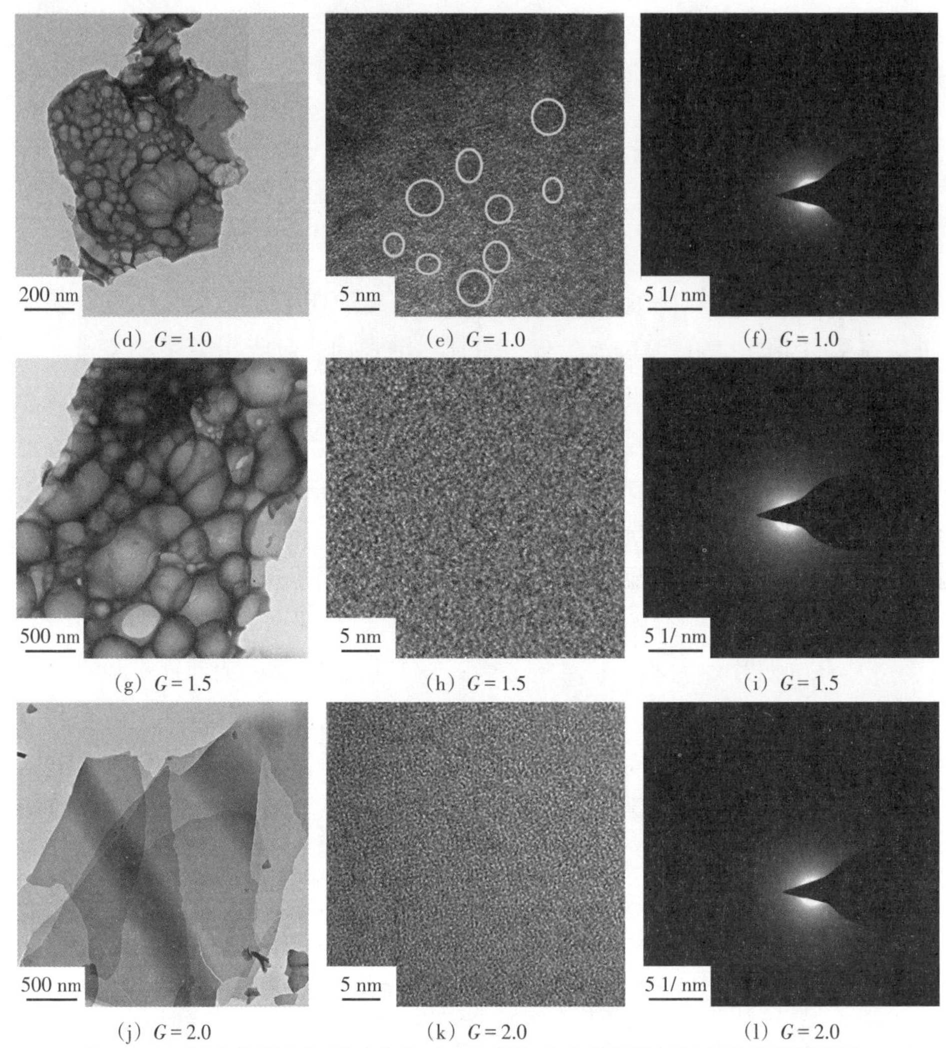

（d）$G=1.0$　（e）$G=1.0$　（f）$G=1.0$

（g）$G=1.5$　（h）$G=1.5$　（i）$G=1.5$

（j）$G=2.0$　（k）$G=2.0$　（l）$G=2.0$

图5-9　不同葡萄糖添加量反应体系溶液燃烧合成产物的透射电子显微镜照片、高分辨透射电镜照片和选区电子衍射照片

由上述TEM照片分析结果可知，四种不同葡萄糖添加量反应体系经过溶液燃烧合成得到的产物微观形貌均为纳米片状结构，为了探寻葡萄糖量对产物纳米片结构的影响，利用原子力显微镜对四种SCS产物进行了表征，如图5-10所示。图中右侧颜色渐变的条纹为纳米片的厚度标尺，颜色越深，代表左图中该颜色位置的纳米片越薄；相反，颜色越浅，代表左图中该颜色位置的纳米片越厚。从图5-10可以看出，四种SCS产物的形貌确实均为纳米片状结构，且随着葡萄糖添加量增多，其标尺范围越来越小，说明纳米片的厚度逐渐减小。具体来看，图5-10（a）显示$G=0.5$产物的形貌为多孔厚片，如深色箭头所示，该纳米片的厚度约为20 nm；同时，在纳米片上存在少量纳米颗粒，增加了纳米片的厚度，如浅色箭头所示，在27 nm左右。随着葡萄糖添加量增加，如图5-10（b）所示，$G=1.0$产物的孔隙尺寸相对变大，如深色箭头所示，其纳米片厚度有所降低，如浅色箭头所示，约为10 nm，明显比$G=0.5$产物的缩减了一半。进一步增加反应体系中的葡萄糖添加量，可以发现燃烧产物的纳米片厚度大幅下降，如图5-10（c）所示，$G=1.5$产物的纳米片厚度大约只有3 nm，但其表面依然存在尺寸为~500 nm的孔隙，这与图5-9（c）TEM照片中显示的尺寸为~500 nm的球泡相对应。当反应体系中葡萄糖的添加量增加至2.0 g时，如图5-10（d）所示，$G=2.0$产物的形貌为具有光滑表面的纳米片结构，而这些纳米片由于纳米效应的作用重叠在一起，如浅色箭头所示，多层纳米片叠加在一起的厚度约为2 nm，根据照片中的衬度分析，深色箭头位置可能是单层状态的纳米片，其厚度约为1 nm，小于$G=1.5$产物，由此可知，葡萄糖量越多，燃烧产物的纳米片厚度越小，当纳米片厚度小于1 nm时，无法提供充足的储存气体的空间，使纳米片表面变得光滑。

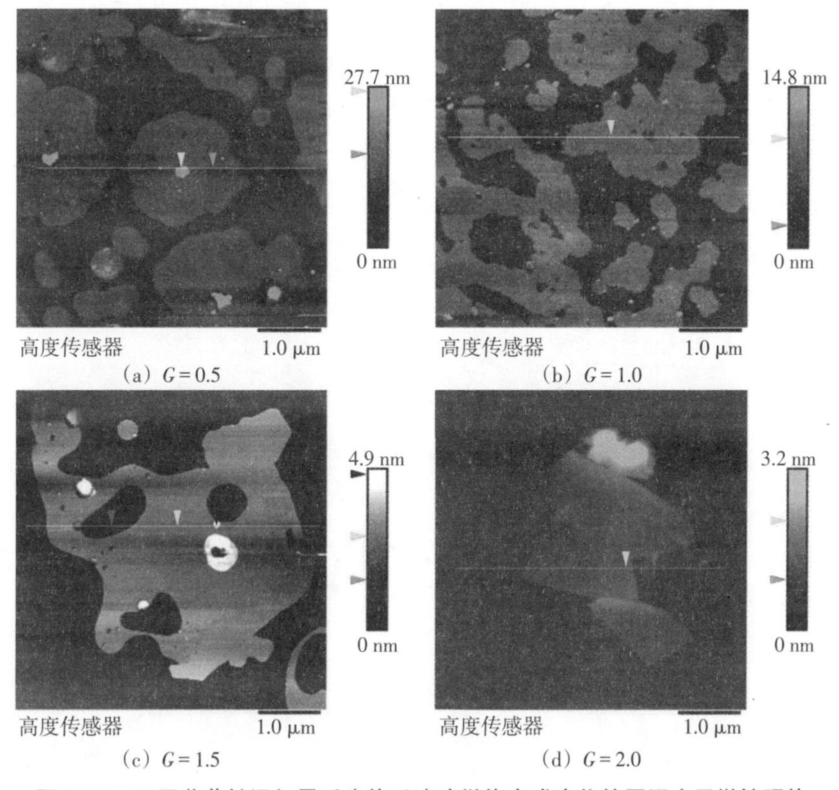

（a）$G=0.5$　（b）$G=1.0$　（c）$G=1.5$　（d）$G=2.0$

图5-10　不同葡萄糖添加量反应体系溶液燃烧合成产物的原子力显微镜照片

图5-11为不同葡萄糖添加量反应体系溶液燃烧合成产物的氮吸附-脱附等温线和相应的BJH孔径分布图。从图5-11可以看出，所有SCS产物的氮吸附-脱附曲线都属于典型的Ⅳ类曲线，说明它们都是介孔结构。对比来看，$G<2.0$的三种SCS产物的氮吸附-脱附等温线在相对压力处于中压（$0.45<P/P_0<0.8$）时，出现了明显的滞后环，属于H3型特征线，表明产物中富含介孔，为由片状粒子堆积形成的狭缝孔，这与FE-SEM和TEM照片中显示的多孔纳米片结构相吻合。而随着葡萄糖添加量增加，$G=2.0$产物的滞后回线属于H1型，滞后程度较小，说明其孔隙率较低。此外，对比四种SCS产物的BJH孔径分布图可知，随着葡萄糖量增多，产物中的孔径分布越来越离散：$G=0.5$产物的孔径分布较为集中，主要在4 nm左右，为典型的介孔结构；$G=1.0$产物的孔径分布在~2，~4，~12 nm处，范围变广；同样地，$G=1.5$产物的孔径分布在~2，~4，~5，~14 nm处，范围更广；最后，$G=2.0$产物的孔径分布十分离散，在~4，~7，~11，~14 nm处均有出现。这一结果说明了随着葡萄糖添加量增多，燃烧产物的孔径大小越来越不均匀，呈现分级介孔结构，而且孔径尺寸有变大的趋势。通常情况下，不均匀的分等级孔径结构有利于提高纳米材料的电化学性能，可以在充放电过程中为Li^+的传输和电子的转移提供通道；同时，也可以有效地缓解脱嵌锂过程中，活性物质的体积变化，从而提高其结构完整性和电化学稳定性。

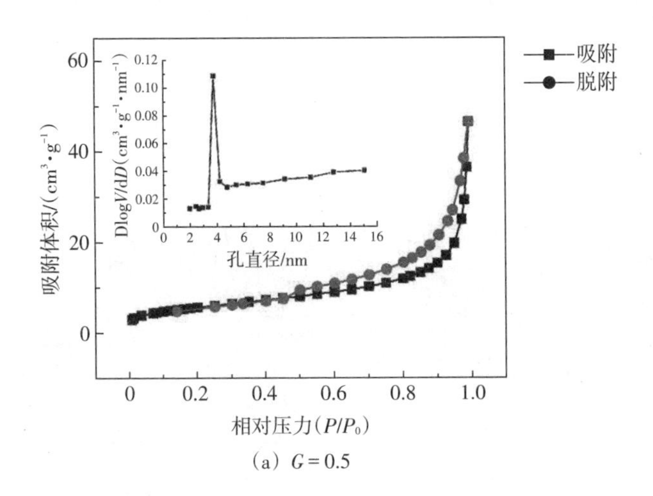

（a）$G=0.5$

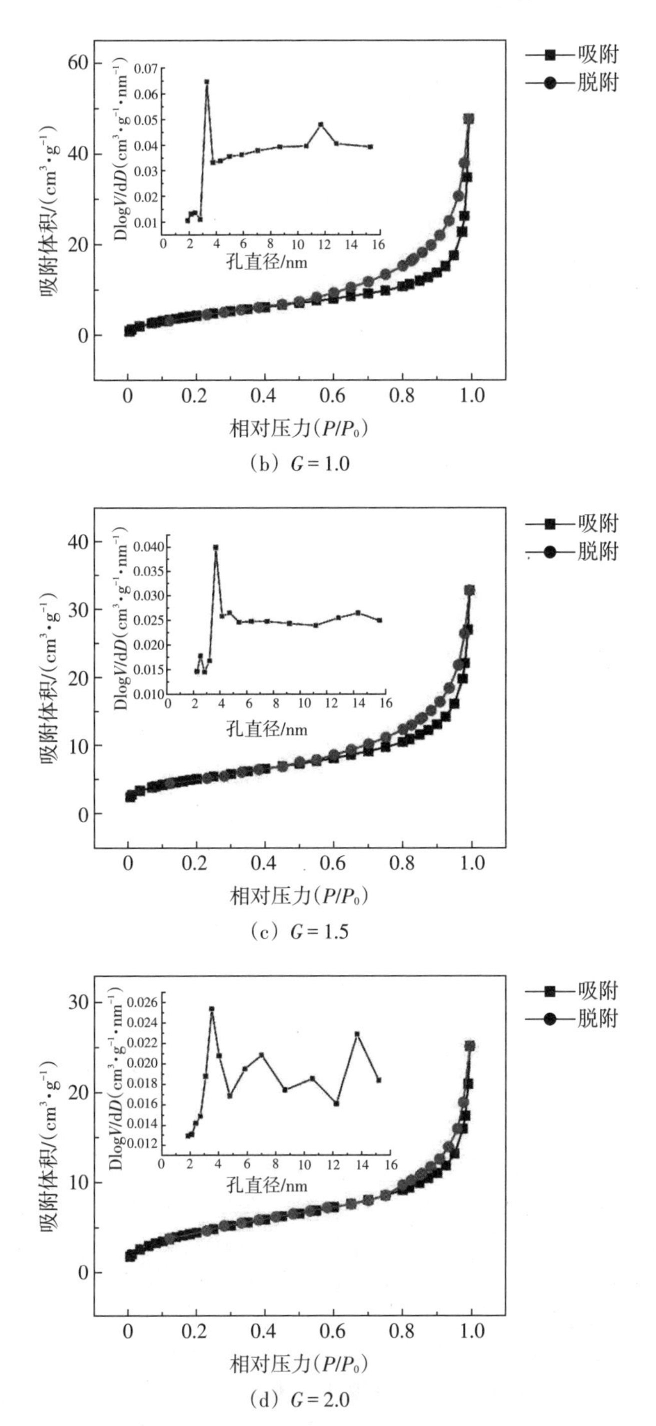

(b) $G=1.0$

(c) $G=1.5$

(d) $G=2.0$

图5-11 不同葡萄糖添加量反应体系溶液燃烧合成产物的氮吸附-脱附等温线图和相应的BJH孔径分布图（左上角插图）

5.4 无定形态纳米铁氧化物与碳复合物的电化学性能研究

图5-12为不同葡萄糖添加量反应体系的溶液燃烧合成产物作为锂离子电池负极材料在0.5 mV·s^{-1}扫描速率下，0.01～3.0 V（vs. Li$^+$/Li）电压范围内前五次循环的伏安曲线，用来探索它们的电化学反应机制。从图5-12可以看出，随着葡萄糖添加量增多，四种产物电极的曲线形状发生了变化，而且所有电极的第一次循环曲线和后面的四次循环曲线有着明显不同。如图5-12（a）所示，$G=0.5$产物在电极首次嵌锂过程中，在～0.3 V处出现了一个尖锐的还原峰，这个过程对应着Fe_3O_4被还原成具有极大活性的金属Fe单质及一些电解液的分解生成SEI膜的过程，如式（5-2）所示；而在首次脱锂过程中，在1.6～2.0 V电位之间出现了一个相对较宽的氧化峰，这对应于Fe^0被氧化成Fe_3O_4的过程，即式（5-2）的逆过程。与首次嵌锂过程相比，该氧化峰的积分面积要小于还原峰面积，说明首次循环过程中，由SEI膜造成了较高的不可逆容量。从第二次伏安循环开始，该产物电极的还原峰发生了明显改变，其位置右移至0.8 V左右，峰形也变宽了许多，如前两章电化学分析所述，这是由电极极化作用的减弱和活性物质结构的改变造成的。随着葡萄糖添加量增多，产物电极的伏安曲线上不再有尖锐的还原峰存在，如图5-12（b）所示，$G=1.0$产物电极在首次嵌锂过程中，只在～0.3 V处出现了一个十分微弱的还原峰，这是由于该产物中大部分都是无定形态结构，只存在少量晶态Fe_3O_4相，因而式（5-2）所示的反应十分微弱，在伏安曲线上只能显示出一点儿；而在首次脱锂过程中，可以观察到一个较宽的氧化峰，位于1.0～1.8 V电位之间，这对应着Fe^0被氧化成Fe_3O_4的过程；同样地，与首次嵌锂过程相比，该氧化峰的积分面积也小于还原峰面积，说明首次循环过程中，由SEI膜造成了不可逆的容量。从第二次伏安循环开始，该产物电极的还原峰位置也发生了右移，在～1.0 V电位处，而且峰形比首次循环的尖锐了一些，说明此时发生的是如式（5-3）、式（5-4）和式（5-5）所示的反应，即Li^+插入在无定形态的铁氧化物与碳中，形成$Li_xFe_3O_4$中间相和LiC_6的反应。进一步增加反应体系中的葡萄糖量，可以发现，$G=1.5$产物电极在首次嵌锂过程中几乎看不到明显的还原峰，如图5-12（c）所示，只能在0.8 V左右的电位处勉强观察到一个十分微弱的还原峰，说明可能还存在极少量的晶态Fe_3O_4相，

但由于该产物几乎都是无定形态结构，主要进行的都是Li^+插入过程，而非式（5-2）所示的氧化还原反应，因而几乎看不到明显的还原峰；同样地，在首次脱锂过程中，可以观察到一个较宽的氧化峰，位于1.0～1.8 V电位之间，这对应着Li^+从无定形态铁氧化物和碳中脱出的过程，如式（5-3）、式（5-4）和式（5-5）所示的逆过程。与前两个SCS产物不同的是，$G = 1.5$电极在首次循环过程中，氧化峰的积分面积与还原峰面积相差得并不大，说明由SEI膜造成的不可逆容量值较小，而且，虽然从第二次伏安循环开始，该产物电极的还原峰位置也发生了右移，但变化不大，说明其活性物质的结构未发生明显改变。当反应体系中葡萄糖的添加量增加至2.0 g时，如图5-12（d）所示，$G = 2.0$产物电极的伏安曲线上观察不到任何明显的氧化峰和还原峰，说明该反应过程不是典型的氧化还原反应，这是因为$G = 2.0$产物的无定形态程度更深，只能发生Li^+插入/脱出的过程，所以，不会出现氧化峰和还原峰。而从第二次循环开始，伏安曲线的积分面积变小了，说明该产物电极也发生了电解质分解产生SEI膜的过程，并且造成了不可逆的容量损失，但随着循环次数增加，伏安曲线几乎重叠在一起，说明电化学反应基本稳定了。

$$Fe_3O_4 + 8Li^+ + 8e^- \rightleftharpoons 3Fe + 4Li_2O \tag{5-2}$$

$$Fe_3O_4 + xLi^+ + xe^- \longrightarrow Li_xFe_3O_4 \tag{5-3}$$

$$Li_xFe_3O_4 + (8-x)Li^+ + (8-x)e^- \longrightarrow 4Li_2O + 3Fe \tag{5-4}$$

$$6C + Li^+ + e^- \rightleftharpoons LiC_6 \tag{5-5}$$

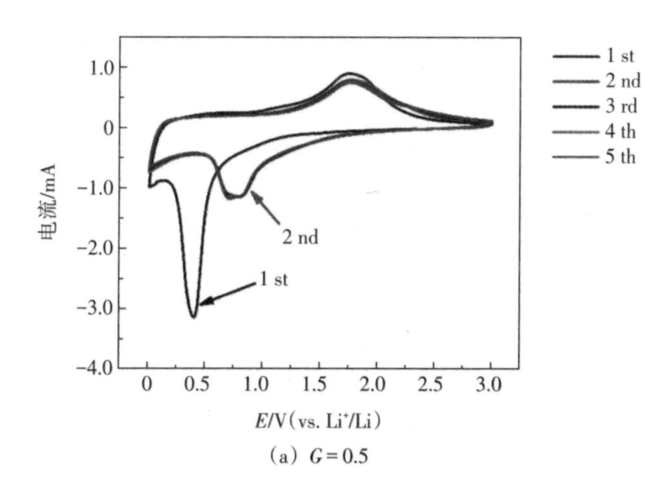

（a）$G = 0.5$

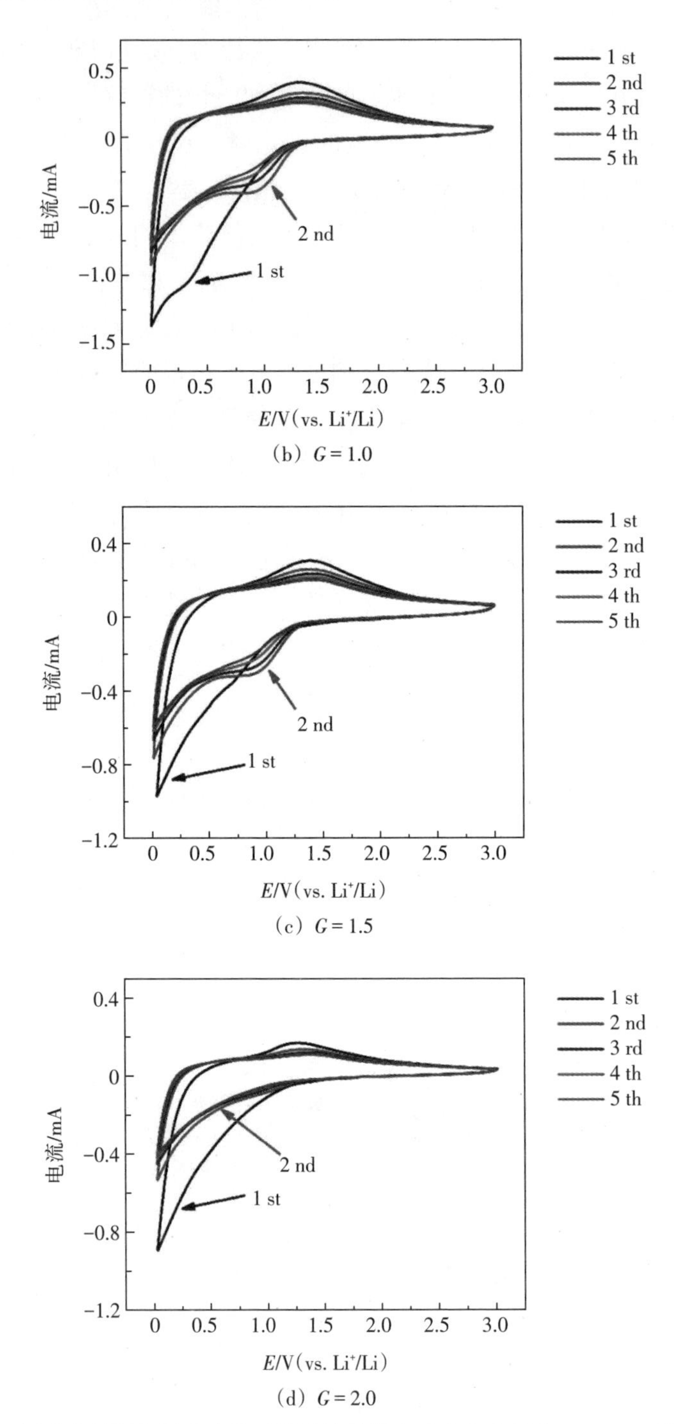

（b）$G=1.0$

（c）$G=1.5$

（d）$G=2.0$

图5-12　不同葡萄糖添加量反应体系的溶液燃烧合成产物电极在0.5 mV·s⁻¹扫描速率下，0.01～3.0 V（vs. Li⁺/Li）电压范围内的循环伏安曲线图

图5-13为不同葡萄糖添加量反应体系的溶液燃烧合成产物电极在0.01～3.0 V（vs. Li^+/Li）电压范围内，电流密度为0.1 $A\cdot g^{-1}$时的第1，2，10，50次充放电曲线。从图5-13（a）（b）（c）中可以看出，$G=0.5$，1.0，1.5产物电极的首次放电曲线在0.8 V左右都有一个明显的电压平台，对应着Li^+与Fe_3O_4反应生成单质Fe和非晶态Li_2O相的过程，如式（5-2）所示。但对比来看，反应体系中葡萄糖添加量越多，该电压平台的长度越短，角度也越倾斜，这是因为葡萄糖量越多，产物的无定形态结构越显著，其晶态Fe_3O_4相的含量越少，与Li^+发生氧化还原反应的可能性越小，从而电压平台越不明显。与此相呼应的是在图5-13（d）中的首次放电曲线上几乎观察不到电压平台，说明$G=2.0$产物中全部都是无定形相，不会发生氧化还原反应，这与图5-12的伏安曲线上没有氧化峰和还原峰的结果相一致。此外，从图5-13可以观察到，四种产物电极在首次充放电过程中，都具有较高的放电比容量和相对较低的充电比容量，说明首次循环产生了不可逆容量损失，这与图5-12的伏安曲线中首次脱嵌锂过程氧化峰的积分面积小于还原峰面积相对应，源于循环时SEI膜的产生。当对比不同葡萄糖添加量产物的首次充放电曲线时，如表5-2所示，可以发现，随着葡萄糖量增加，产物的初始放电比容量降低，最高的是$G=0.5$产物，为1852.8 $mA\cdot h\cdot g^{-1}$，这是因为该产物中含有理论比容量较高的Fe_3O_4相，而且，随着反应体系中的葡萄糖量增加，产物中无定形碳的含量增多，导致放电比容量降低。但是，对比四种产物电极的初始库仑效率可知，$G=1.5$产物电极的初始库仑效率最高，为79.5%，这是因为$G=1.5$产物中几乎没有晶态的Fe_3O_4相，在充放电过程中，主要进行的是Li^+插入/脱出过程，而不是氧化还原反应，不会造成活性物质结构的大幅度变化，使循环更稳定；然而，进一步增加葡萄糖添加量时，虽然产物的无定形态程度更深，但$G=2.0$产物电极的初始库仑效率却急剧下降，仅有47.9%，这是由于$G=2.0$产物为表面光滑的纳米片结构，孔隙率较低，无法为Li^+的传输和电子的转移提供足够通道，反而降低了Li^+在其产物结构中的插入和脱出能力，使大量Li^+钉扎在负极材料中。值得注意的是，从第二次循环开始，所有电极的放电比容量和充电比容量都会一步步降低，如前文所述，这是由活性物质的激活过程所致。但是，对比四种电极的循环曲线可知，随着葡萄糖添加量增多，电极比容量的衰减程度变小，$G=1.5$产物电极经过50次循环的可逆比容量值几乎没有改变，说明其充放电过程中的结构稳定性极强；同时，所有电极的库仑效率在第10次循环的时候已经达到～99%，说明SEI膜的稳定过程十分迅速。

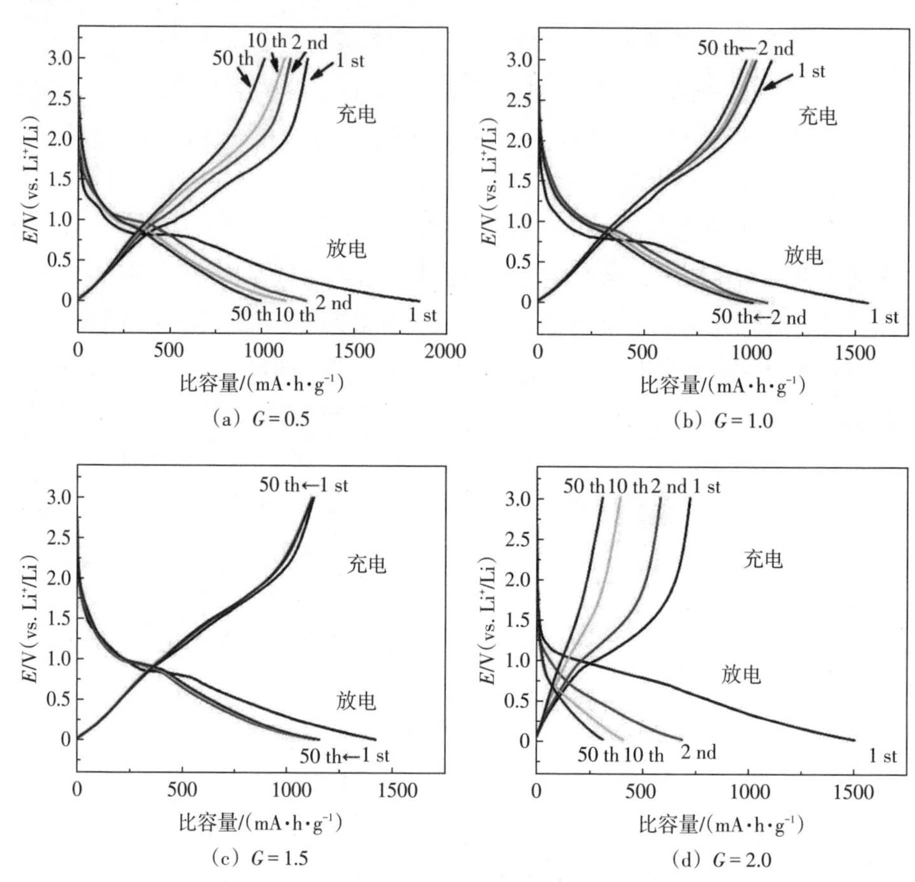

图5-13　不同葡萄糖添加量反应体系的溶液燃烧合成产物电极在电流密度为0.1 A·g⁻¹时的第1，2，10，50次恒电流充放电曲线图

表5-2　不同葡萄糖添加量反应体系的溶液燃烧合成产物电极在电流密度为0.1 A·g⁻¹时的初始充放电比容量和库伦效率

G	初始放电比容量/(mA·h·g⁻¹)	初始充电比容量/(mA·h·g⁻¹)	初始库仑效率/%
0	1852.8	1247.7	67.3
0.5	1561.5	1097.9	70.3
1.0	1417.9	1127.5	79.5
1.5	1504.6	721.3	47.9

图5-14为不同葡萄糖添加量反应体系的溶液燃烧合成产物电极和一些作为对比实验的电极在0.01～3.0 V（vs. Li^+/Li）电压范围内，电流密度为1 A·g⁻¹时循环500次的充放电比容量。首先，对四种葡萄糖添加量的SCS产物电极进行分析，从图5-14可以看出，G=0.5和G=1.0产物电极的比容量都呈现出先

下降后上升的状态，如前文所述，这是活性物质的激活过程和可逆SEI膜的分解过程共同作用的结果。对比来看，$G=0.5$产物电极在大约前100次循环时，比容量都在不停地下降，其放电比容量从初始的~1200 mA·h·g^{-1}跌至~300 mA·h·g^{-1}，而后，随着循环次数增加，比容量又不断升高，最终在第500次循环时达到892.9 mA·h·g^{-1}，可见，其比容量变化很大，说明在循环过程中，活性物质的结构变化剧烈，稳定性很差。这是由于$G=0.5$产物的物相主要为晶态的Fe_3O_4，在充放电过程中，与Li^+发生氧化还原反应，容易造成结构体积的变化，而且其形貌为纳米颗粒聚合而成的纳米片结构，经过多次充放电循环后，颗粒很容易碎化，造成严重的结构变化，因而，比容量变化较大。再来看$G=1.0$产物电极，虽然也呈现出比容量先下降后上升的现象，但其变化比$G=0.5$产物平稳了很多，在循环至第100次的时候，比容量趋于稳定。随着循环次数增加，比容量经过轻微的上升和下降，最后稳定在940.1 mA·h·g^{-1}，这是因为$G=1.0$产物中只存在少量的晶态Fe_3O_4相，在充放电过程中，不会与Li^+发生强烈的氧化还原反应，也就不会引起活性物质结构的剧烈变化，而且该产物为分级介孔的纳米片结构，为Li^+的传输和电子的转移提供了通道，并能在一定程度上缓解体积变化，提高电极稳定性。随着葡萄糖添加量增多，从图5-14可以看出，$G=1.5$和$G=2.0$产物电极的循环稳定性非常好，比容量在大约前50次循环时会缓慢下降，而后则稳定上升，最终在第500次循环时可逆比容量分别为1118 mA·h·g^{-1}和341.6 mA·h·g^{-1}，库仑效率也均到达~100%，说明其电极结构十分稳定，循环性很好。但对比两个电极可知，$G=2.0$产物电极的可逆比容量远远低于$G=1.5$产物电极，如前文所述，这是因为$G=2.0$产物为表面光滑的纳米片结构，孔隙率较低，无法为Li^+的传输和电子的转移提供足够的通道，反而降低了Li^+在其产物结构中的插入和脱出能力，使大量Li^+钉扎在负极材料中。为了进一步探寻$G=1.5$产物电极具有良好电化学性能的原因，设计了3种样品作为对比实验的电极，分别为通过溶液燃烧合成法制备出的晶态Fe_3O_4与无定形碳混合物（Fe_3O_4/C）电极（$G=1.5$配比的原材料溶液燃烧得到的前驱物在N_2中进行500 ℃热处理的还原产物）、无定形碳电极（以硝酸铵、甘氨酸和葡萄糖为原材料溶液燃烧得到的产物）和商用石墨电极。从图5-14中可以看出，Fe_3O_4/C电极的比容量在循环过程中波动较大，最终稳定在843.3 mA·h·g^{-1}，明显小于$G=1.5$产物电极，说明该产物中无定形态铁氧化物对容量保持率的重要性；而只有无定形碳的电极，其比容量在循环过程中十分稳定，从第10次循环到第500次循环的可逆比容量几乎没有变化，说明了无定形碳对电极稳定性的重要性。由于具备这两大要素，本实验中制备的$G=1.5$产物电极的可逆比容量远远高于商用石墨电极，而且循环稳定性也具有一定的可比性。

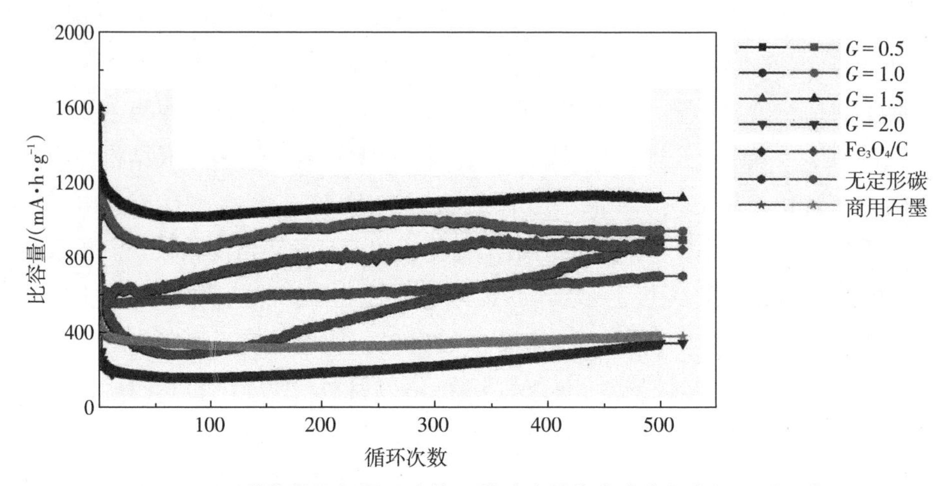

图5-14　不同葡萄糖添加量反应体系的溶液燃烧合成产物电极及对比电极在电流密度为1 A·g^{-1}时的循环性能

倍率性能是测试锂离子电池负极材料循环稳定性的又一个指标，为了进一步证实$G=1.5$产物电极的良好稳定性，对其进行了倍率循环测试，如图5-15所示，当电流密度逐步从0.1 A·g^{-1}增至0.2，0.5，1，2，5，10 A·g^{-1}时，电极对应的平均放电比容量逐步降低，分别为1256，805.6，580.7，450.7，295.5，125.7，67.4 mA·h·g^{-1}，需要说明的是，该电极的比容量在1 A·g^{-1}时的放电比容量只有450.7 mA·h·g^{-1}，远小于图5-14中的容量，这是因为此时电极只循环了40次，还处于电极激活过程，所以，比容量下降较快，会低于电极的正常容量；但经过80次循环后，当电流密度再次恢复到0.1 A·g^{-1}时，可以看到其放电比容量瞬间恢复到1100 mA·h·g^{-1}以上，并且最后20次循环的放电比容量始终稳定在~1130 mA·h·g^{-1}，由此可见，$G=1.5$产物电极具有良好的倍率性能，证明了其优异的循环稳定性。

由上述分析结果可知，$G=1.5$产物电极具有最高的初始库仑效率，最大的可逆比容量和最好的循环稳定性，这主要归功于其无定形态铁氧化物与碳的复合组分、3D泡沫状纳米片结构及分级介孔特征：① 产物中的铁氧化物提供了高的理论比容量，使电极具有高初始放电比容量。② 碳组分提供了高电子电导率，提高了电子的转移速率。③ 无定形结构促进了电极的电化学反应机制由氧化还原转化反应机制向Li^+的插入/脱出机制转变，从而在充放电过程中不会引起活性物质结构的剧烈变化，提高了电极的结构稳定性。④ 3D泡沫状纳米片结构不仅为电化学反应提供了大量活化位，而且缩短了Li^+的传输路径，从而提高了Li^+的运输效率和充放电过程中的插入/脱出能力，提高了库仑效率。⑤ 分级介孔结构为Li^+的传输和电子的转移提供了通道，加快了它们的移动速度。同时，其在缓解充放电过程中，体积变化方面起到了关键作用，提高了电极的循环稳定性。综上所述，本实验中制备的$G=1.5$产物作为锂离子电池负极材料具有很好的电化学性能，如表5-3所示，与目前文献中报道的铁氧化物负极材料相比，具有明显优势。

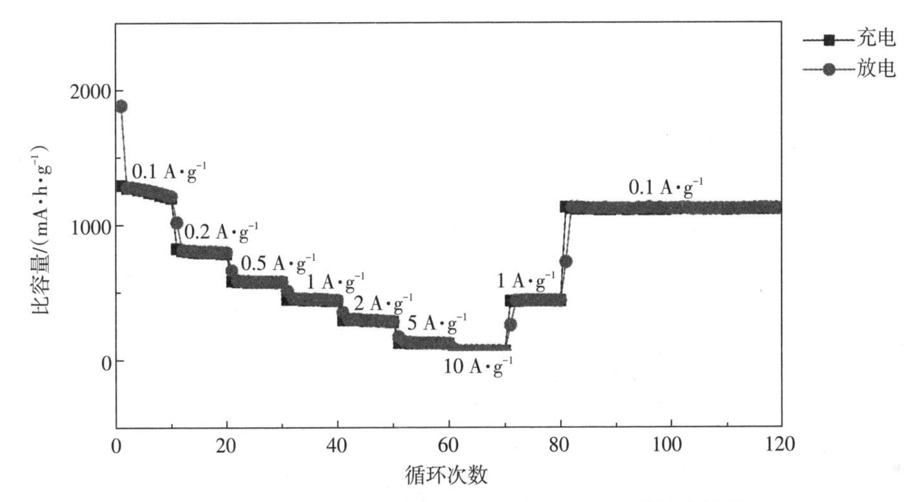

图5-15 $G=1.5$产物电极在不同电流密度下的倍率性能

表5-3 $G=1.5$产物电极与文献中报道的铁氧化物负极可逆比容量的对比

材料	可逆容量/(mA·h·g⁻¹)	电流密度/(A·g⁻¹)	参考文献
$G=1.5$ SCS产物	1118（500次循环）	1	本书研究
3D分级多孔α-Fe_2O_3纳米片	1001（1000次循环）	1	Adv. Energy Mater.(2015)
Fe_2O_3@壳聚糖	732（50次循环）	0.1	J. Am. Ceram. Soc.(2016)
α-Fe_2O_3/SWNT混合胶片	1100（100次循环）	0.1	J. Power Sources(2013)
多孔石墨烯@C/Fe_3O_4纳米纤维	872（100次循环）	0.1	Electrochim. Acta.(2017)

表5-3（续）

材料	可逆容量/($mA \cdot h \cdot g^{-1}$)	电流密度/($A \cdot g^{-1}$)	参考文献
Fe/Fe_3O_4/C纳米复合材料	755（100次循环）	0.1	Mater. Lett.(2016)
多孔Fe_3O_4/碳微球	746（300次循环）	1	Nano Res.(2017)
分层对偶Fe_3O_4/MoS_2纳米片	650（1000次循环）	5	Adv. Mater. Interfaces (2017)
三明治型石墨烯@Fe_3O_4点/非晶碳混合物	1055（200次循环）	0.2	Chem. Eng. J.(2017)
Fe_3O_4/C纳米片	647（100次循环）	0.2	J. Alloys Compd.(2017)

5.5 本章小结

本章采用硝酸铁作为铁源和氧化剂、甘氨酸作为燃料和还原剂、葡萄糖作为有机碳源，利用溶液燃烧合成在惰性气氛中一步制得无定形态的纳米铁氧化物与碳复合物。通过调节反应体系中葡萄糖的添加量，制备出不同组分相态和微观形貌的SCS产物，并对其进行了系统表征。最后研究了这些产物作为锂离子电池负极材料的电化学性能。主要结果如下。

① 通过改变葡萄糖的添加量，研究溶液燃烧合成体系反应机制的变化，发现葡萄糖的加入会减弱硝酸铁与甘氨酸的放热反应强度。同时，葡萄糖受热会分解，生成无定形碳，该过程为吸热的碳化反应，会吸收燃烧反应释放出的热量，从而降低体系的反应温度，无法提供足够的铁氧化物结晶能，致使产物难以形成晶态结构。因而，体系中葡萄糖含量越多，产物的无定形态程度越深。

② 该方法制得的SCS产物形貌均为纳米片状结构，但随着体系中葡萄糖添加量的增多，纳米片的厚度逐渐减小，表面的孔隙率降低，孔径分布越来越离散，当纳米片厚度在10 nm以下时，其表面为形状尺寸均匀的球泡结构。直至纳米片厚度小于1 nm时，其表面变得十分光滑。

③ 随着体系中葡萄糖添加量的增多，燃烧产物的无定形态程度加深，使电化学反应机制越来越趋向于Li^+的插入/脱出机制，能够缓解充放电过程中的结构变化，而同时具有无定形态铁氧化物与碳的复合组分、3D泡沫状纳米

片结构及分级介孔特征的$G = 1.5$产物，作为锂离子电池负极材料时，具有最高的可逆比容量和最好的循环稳定性，在1 $A \cdot g^{-1}$的电流密度下循环500次，可逆比容量依然能达到1118 $mA \cdot h \cdot g^{-1}$，远远优于目前的商用石墨负极，而且该产物电极与文献中报道的一些铁氧化物负极材料相比，也具有明显的优势。

6 纳米铁碳复合材料的制备及其电催化性能研究

6.1 引 言

纳米结构的金属铁具有高饱和磁化强度、高磁导率、高居里温度及很强的还原性和表面活性，常被用于磁记录材料、电磁波吸收、红外传感器、费托合成催化和污水处理等方面。但由于其化学反应活性很高，在空气中极易氧化，而且颗粒之间存在较强的静磁作用，容易团聚，所以，常常需要制备纳米铁与碳的复合材料来增强其空气稳定性和颗粒分散性。同时，碳的加入可以进一步提高纳米铁的催化活性，从而拓展了其在燃料电池阴极催化剂、光电化学反应催化剂等领域的应用。此外，由于纳米铁碳复合材料在酸性/碱性介质中都具有较高的催化活性、良好的电子导电性和优异的电化学稳定性，并且资源丰富、价格低廉、无毒性，作为燃料电池阴极氧还原反应（ORR）催化剂具有很广阔的应用前景，被认为是最有前途的Pt/C贵金属ORR催化剂的替代物之一。目前，制备纳米铁碳复合材料的方法主要有气相沉积法、高能球磨法、化学还原法、超声波激活法等。但是，这些方法的合成条件一般比较苛刻，有的对反应条件要求高，设备复杂，不易控制；有的产量低，不适合工业生产；有的原料来源不易获取，生产成本高。因此，寻找一种简单快捷、节能省时、成本低廉的制备方法来实现纳米铁碳复合材料的工业化生产是十分必要的。

本章将溶液燃烧合成法与碳热还原法相结合，以硝酸铁为氧化剂、甘氨酸为燃料、葡萄糖为碳源，在惰性气氛中，一步制得无定形态纳米铁氧化物与碳的复合物；然后，将该复合物作为前驱体，在流通的氮气气氛中进行碳热还原，安全、高效地制备出纳米铁碳复合材料。此外，研究了葡萄糖添加量、碳热还原温度对产物的组分和电催化性能的影响，选出最优条件，并解释其机理。

6.2 实验方法

6.2.1 纳米铁碳复合材料的制备方法

实验原料包括：九水合硝酸铁［$Fe(NO_3)_3\cdot 9H_2O$］，红褐色结晶体；甘氨酸（$C_2H_5NO_2$），白色结晶体；一水合葡萄糖（$C_6H_{12}O_6\cdot H_2O$），白色结晶体。以上原料均由天津光复化工有限公司提供，纯度为分析纯。实验仪器包括：FL-1型可控温电炉，BS223S型精密电子天平，GSL型管式炉。

溶液燃烧合成制备无定形态纳米铁氧化物与碳复合物的步骤同5.2节所述。以该复合物为前驱体，经过碳热还原反应制备纳米铁碳复合材料的步骤如下：首先，将研磨好的前驱体置于石墨烧舟中；然后，将石墨烧舟放入管式炉内，通入高纯度氮气，气流量控制在150 $mL\cdot min^{-1}$，以10 $°C\cdot min^{-1}$的升温速率升温至500～800℃，保温时间为1 h。最后，在流通的氮气气氛保护下，自然降至室温，即可得到纳米铁碳复合材料。

6.2.2 纳米铁碳复合材料的表征方法

通过X-射线粉末衍射仪（Rigaku D/max-RB12，XRD）鉴定产物的物相和晶型，测试条件为Cu靶，Kα（$\lambda = 0.1541$ nm）；通过X-射线光电子能谱仪（ESCALAB 250，XPS）进一步确定产物的元素含量和价态；通过拉曼光谱仪（Renishaw inVia，Raman）测试产物中的碳元素结晶程度；用场发射扫描电子显微镜（FEI Quanta 450）和透射电子显微镜（TEM Tecnai F30）观察产物的微观结构；采用比表面积分析仪（QUADRASORB SI-MP）测试粉末的比表面积。

6.2.3 纳米铁碳复合材料的电催化性能测试方法

电催化性能测试在CHI618D电化学工作站和PINE旋转圆盘电极上进行。测试使用三电极体系：Pt丝为对电极，饱和Ag/AgCl为参比电极，涂覆催化剂的玻碳电极（直径为5 mm）为工作电极。其与商用20% Pt/C电极相比较（质量分数为20%的Pt负载于Vulcan C，简称Pt/C，Alfa Aesar公司）。

首先，对玻碳电极进行预处理：依次用载有0.5，0.3，50 nm氧化铝抛光粉的麂皮对玻碳电极进行8字抛光；然后，分别用去离子水和无水乙醇进行超声清洗，吹干备用。

其次，对工作电极进行制备：取5 mg催化剂粉末，与100 μL质量分数为5%的Nafion溶液、900 μL无水乙醇配置成混合溶液；然后，用超声波细胞粉碎机（SK1200H，上海科学超声仪器有限公司）超声30 min，得到分散均匀的催化剂悬浮液；取10 μL悬浮液，用微量进样器滴涂在玻碳电极表面，之后将负载催化剂悬浮液的玻碳电极放入60 ℃的烘箱中干燥5 min即可。

再次，对电解质溶液进行配制：取0.67 g KOH（质量分数为85%）试剂溶解于100 mL去离子水中，配制成浓度为0.1 $mol\cdot L^{-1}$的KOH溶液，倒入五孔电解池中，测试前，向电解池中持续通入高纯氧气30 min，以保证电解质溶液处于O_2饱和状态。

最后，进行电催化性能测试：① 循环伏安曲线：测试电位范围为-0.8 ~ 0.2 V（vs. Ag/AgCl），扫描速率为50 $mV\cdot s^{-1}$，测试前，先将电极扫描循环20次，以保证电极稳定。② 线性扫描伏安曲线（LSV），测试电位范围为-0.8 ~ 0.2 V（vs. Ag/AgCl），扫描速率为10 $mV\cdot s^{-1}$，盘电极旋转速率分别为400，625，900，1225，1600，2025，2500 $r\cdot min^{-1}$；③ 电化学交流阻抗谱测试（EIS），初始电位为-0.2 V（vs. Ag/AgCl），频率范围为0.01 ~ 10^5 Hz。

6.3 溶液燃烧合成前驱体碳热还原制备纳米铁碳复合材料

在碳热还原反应过程中，葡萄糖作为碳源，对碳化产物的组分、结构及性能都具有非常重要的影响。同时，碳热还原反应条件和工艺参数对产物的影响也很关键。为了研究葡萄糖添加量和碳热还原温度对纳米铁碳复合材料的影响，将四种不同葡萄糖添加量（$G = 0.5$，1.0，1.5，2.0）反应体系经过溶液燃烧合成得到的产物作为前驱体，分别在500，600，700，800 °C的还原温度下氮气气氛中保温1 h，得到的碳热还原产物在本章中表示为xC-y。其中，$x =$ 0.5，1.0，1.5，2.0，为溶液燃烧体系中葡萄糖的添加量；$y = 500$，600，700，800，为碳热还原过程中的反应温度，如$G = 0.5$前驱体在500 °C下还原得到的产物表示为0.5C-500。下面对溶液燃烧体系中葡萄糖的添加量和碳热还原过程中的反应温度对产物组分和电催化性能的影响进行系统的研究。

6.3.1 葡萄糖添加量和碳热还原温度对产物组分的影响

图6-1为四种不同葡萄糖添加量反应体系溶液燃烧合成前驱体经过不同碳热还原温度处理后得到产物的XRD图谱。从图6-1可以看出，四种前驱体在500 °C下碳热还原时，得到的还原产物均为Fe_3O_4相，但是，随着葡萄糖含量增多，XRD图谱中Fe_3O_4的衍射峰强度变弱，说明产物中Fe_3O_4的结晶程度减小。如5.3.2节所述，反应体系中葡萄糖量越多，SCS前驱体越趋向于无定形态结构，而且无定形程度逐渐加深。因此，在相同的碳热还原条件下，还原产物的结晶度会变小。随着碳热还原温度升高，还原产物的物相经历了$Fe_3O_4 \longrightarrow Fe \longrightarrow Fe_3C$的变化，即$Fe_3O_4$先一步步被C还原成Fe，在C充足的条件下，Fe又被碳化成Fe_3C，如式（6-1）和式（6-2）所示。

$$Fe_3O_4 + 2C \longrightarrow 3Fe + 2CO_2 \tag{6-1}$$

$$3Fe + C \longrightarrow Fe_3C \tag{6-2}$$

此外，从图6-1中可以看出，溶液燃烧反应体系中葡萄糖添加量越多，这种变化趋势越明显，所需还原温度越低，变化程度也越深。如图6-1（a）所示，$G=0.5$前驱体在600 °C下碳热还原时产物依然为Fe_3O_4相，700 °C开始有Fe相生成，产物为Fe与Fe_3O_4混合相，进一步提高还原温度，其在800 °C时又出现了FeO相，产物为Fe/FeO/Fe_3O_4混合相；这是因为该前驱体本身为晶态的Fe_3O_4相，需要较高的还原温度才能生成Fe相，而且，由于其组分中碳含量较低，不足以将全部的Fe_3O_4还原成Fe，所以，产物只能为Fe与铁氧化物的混合相。再来看$G=1.0$前驱体，如图6-1（b）所示，其在600 °C下碳热还原时产物中就出现了Fe相，而且在700 °C时，XRD图谱中除Fe（立方晶系，JCPDS card No. 87-0721）的衍射峰外，再没有其他衍射峰出现，说明该还原产物为单相的Fe。进一步提高还原温度，其在800 °C时又出现了Fe_3C相（正交晶系，JCPDS card No. 89-7271）；同时，XRD图谱中在$2\theta=26.5°$附近能找到微弱的衍射峰，对应于石墨（六方晶系，JCPDS card No. 75-1621）的（002）晶面，说明1.0C-800产物为Fe/Fe_3C/石墨（graphitic carbon，GC）混合相，这是因为该前驱体组分主要为无定形态结构的铁氧化物和碳，在碳热还原相变过程中，不用经历晶态结构之间的转变，直接由无定形态转化为晶态的Fe_3O_4，从而加速了其Fe离子的还原和碳化过程。随着溶液燃烧反应体系中葡萄糖添加量增多，如图6-1（c）所示，$G=1.5$前驱体在600 °C下碳热还原时产物变成单相的晶态Fe，比$G=1.0$前驱体的温度降低了100 °C；而随着还原温度提高，其在700 °C时一部分Fe被碳化成Fe_3C，产物为Fe/Fe_3C混合相。进一步提高还原温度，在800 °C时又出现了石墨相；同时，XRD图谱中Fe的衍射峰强度减弱，产物为$Fe/Fe_3C/GC$混合相，这是因为该前驱体组分中几乎没有晶态的Fe_3O_4相，全部为无定形态结构的铁氧化物和碳，而且碳含量高于$G=1.0$前驱体，能够进一步促进还原产物在低温下进行Fe离子的还原和碳化过程。当溶液燃烧反应体系中葡萄糖添加量为2.0 g时，如图6-1（d）所示，$G=2.0$前驱体在碳热还原过程中不再出现单相的Fe，其在600 °C下碳热还原时产物为Fe/Fe_3C混合相，而随着还原温度升高，XRD图谱中Fe的衍射峰强度减弱，Fe_3C的衍射峰强度增强；直到800 °C时，还原产物为Fe_3C/GC混合相，Fe相完全消失，这是因为该前驱体组分全部为无定形态结构的铁氧化物和碳，而且，其碳含量和无定形程度都高于$G=1.5$前驱体，使碳热还原过程中Fe离子的还原和碳化反应强度更高。此外，对比四种SCS前驱体在800 °C碳热还原时的产物可以发现，除碳含量较少的$G=0.5$前驱体外，其他三种前驱体的还原产物中均含有石墨相，而且随着葡萄糖量增多，XRD图谱中石墨的衍射峰强度变低，说明碳的结晶度减弱，石墨化程度减小，这是因为Fe在一定的温度下，对其附近碳的石墨化过程具有催化作用，产物中Fe的含量减少，碳的石墨化过程自然也就变缓慢了。另外，根据元素测试分析可知，四种SCS前驱体的碳热还原产物除XRD图谱中显示的晶态结构相外，都含有一定质量的碳元素，说明这些碳元素依然以无定形态结构存在于产物中，这些产物为铁、铁氧化物、碳化铁与无定形碳或石墨的复合物，每种产物的具体组分相态汇总于表6-1中。

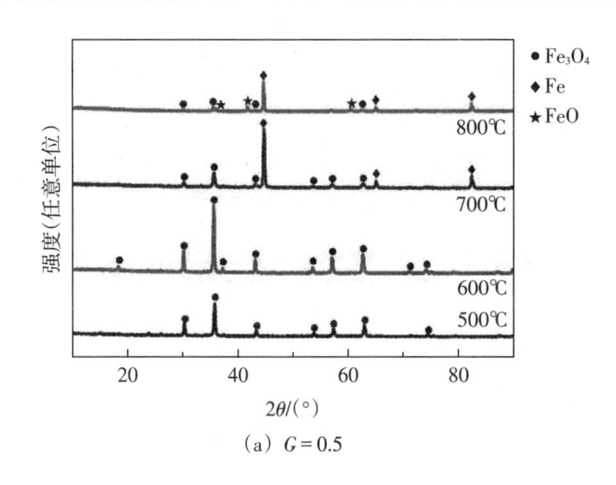

（a）$G=0.5$

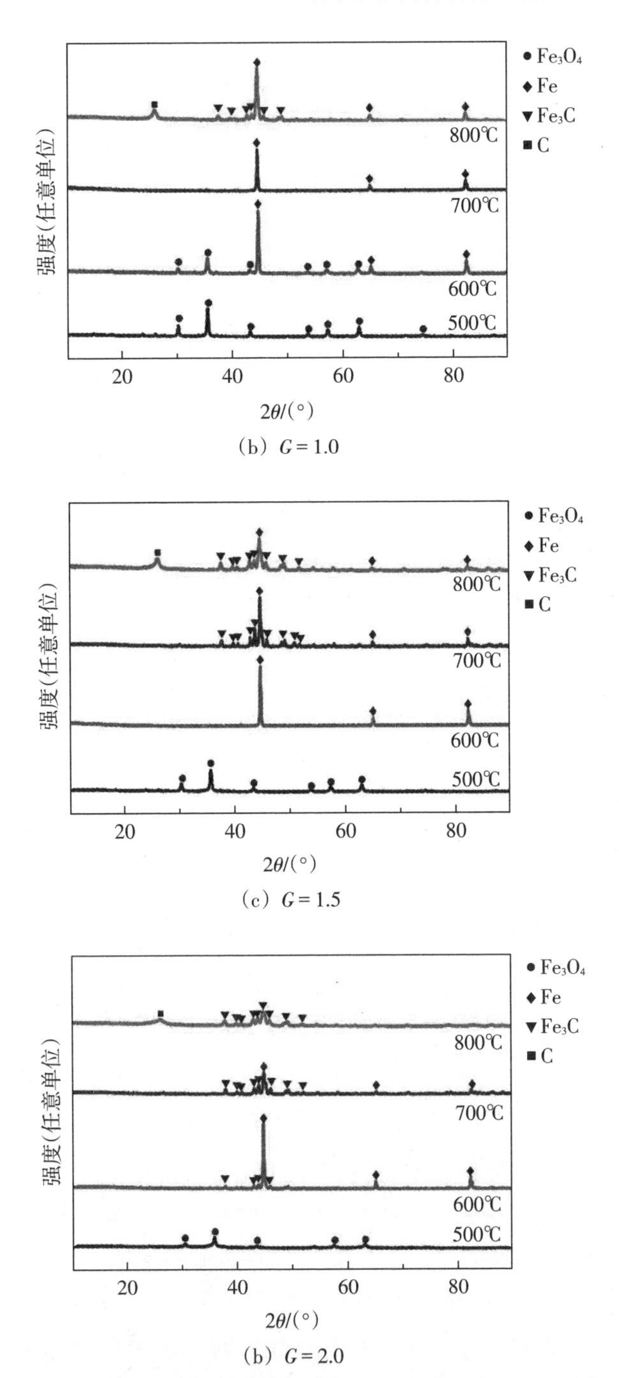

(b) $G=1.0$

(c) $G=1.5$

(b) $G=2.0$

图6-1 不同葡萄糖添加量反应体系溶液燃烧合成前驱体在不同碳热还原温度下得到产物的XRD图谱

表6-1　不同葡萄糖添加量反应体系溶液燃烧合成前驱体在不同碳热还原温度下得到的产物物相

G	500 °C	600 °C	700 °C	800 °C
0.5	Fe_3O_4/C	Fe_3O_4/C	Fe/Fe_3O_4/C	Fe/FeO/Fe_3O_4/C
1.0	Fe_3O_4/C	Fe/Fe_3O_4/C	Fe/C	Fe/Fe_3C/GC
1.5	Fe_3O_4/C	Fe/C	Fe/Fe_3C/C	Fe/Fe_3C/GC
2.0	Fe_3O_4/C	Fe/Fe_3C/C	Fe_3C/Fe/C	Fe_3C/GC

由上述分析结果可知，在前驱体的碳热还原过程中，碳化产物受到多种因素影响，例如，在溶液燃烧体系中，葡萄糖的添加量和碳热还原过程中的反应温度等。$G=1.5$前驱体在600 °C还原时，能够得到结晶性能良好的Fe/C复合物，与传统的碳热还原法相比，将溶液燃烧合成制备的纳米粉末进行碳化反应，在很大程度上降低了反应温度。这是因为在采用溶液燃烧合成制备的前驱体中，铁氧化物与碳分布均匀，接触紧密，且颗粒细小，大大地降低了反应过程中的扩散路径（传统的碳热还原法采用的原料的粒径较大，且接触不紧密，需要更高的反应温度和反应时间）；同时，前驱体为无定形态结构，具有较多的结构缺陷，反应活性高，从而大大地提高了碳热还原反应速率。

6.3.2　葡萄糖添加量和碳热还原温度对产物电催化性能的影响

本实验采用不同葡萄糖添加量反应体系溶液燃烧合成前驱体在不同碳热还原温度下得到的产物作为ORR催化剂，涂覆在玻碳电极上，制备成工作电极，以Pt丝为对电极、饱和Ag/AgCl为参比电极、0.1 mol·L^{-1}浓度的O_2饱和KOH溶液为电解质，利用旋转圆盘电极在电化学工作站上测试产物的电催化性能。

图6-2为不同葡萄糖添加量反应体系溶液燃烧合成前驱体在不同碳热还原温度下得到产物催化剂的伏安曲线。从图6-2中可以看出，当碳热还原温度为500 ℃时，四种产物催化剂的氧还原电位均在-0.45 V附近，但随着葡萄糖量增加，还原峰变得越来越弱；同时，其积分面积也越来越小，说明产物组分为Fe_3O_4/C时，其电催化氧还原反应的能力较弱，而且Fe_3O_4相的结晶能力越差，催化能力越弱。当碳热还原温度升高到600 °C时，四种产物催化剂的还原峰电位出现了先正移后负移的现象，如表6-2所示，电位从-0.464 V正移至-0.225 V，从对应产物的组分分析可知，Fe相含量越多，电位越正，相应的氧还原反应过电位越小，产物的催化能力越强。而当产物中出现Fe_3C相时，电位又

从-0.225 V负移至-0.329 V，说明Fe_3C相的存在减弱了产物的催化能力。进一步提高碳热还原温度，可以发现，四种xC-700产物催化剂的还原峰电位也出现了先正移后负移的现象，但是，当葡萄糖添加量为1.0 g时，其电位达到最正值，为-0.198 V，说明纯Fe/C相的过电位值最小，电催化氧还原反应的能力最强。而后，随着产物中Fe_3C相的出现，电极电位开始负移，进一步证实了Fe_3C相会减弱产物的催化能力。同样地，当碳热还原温度升高到800 °C时，四种产物催化剂的还原峰电位随着产物中Fe_3C相的增多而发生负移，最终电位衰减至-0.5 V左右，表明该产物催化剂几乎不具备电催化能力。

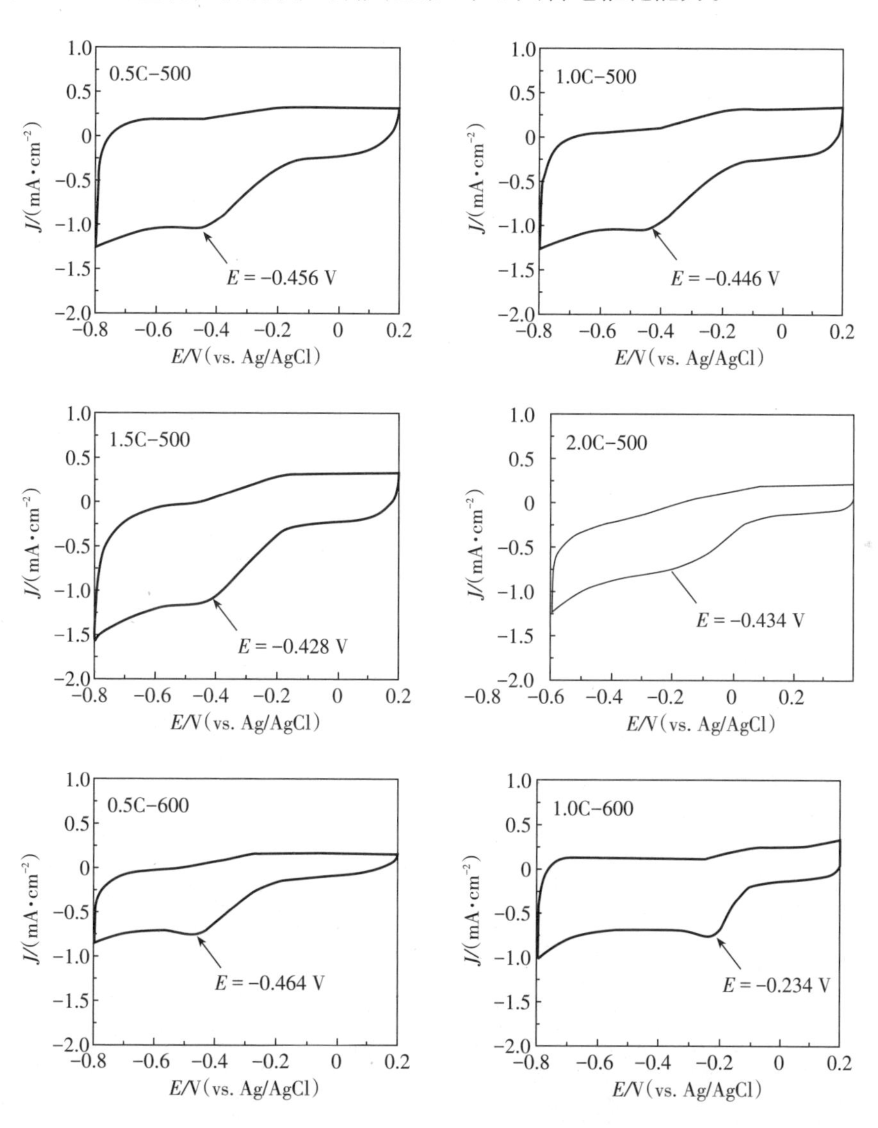

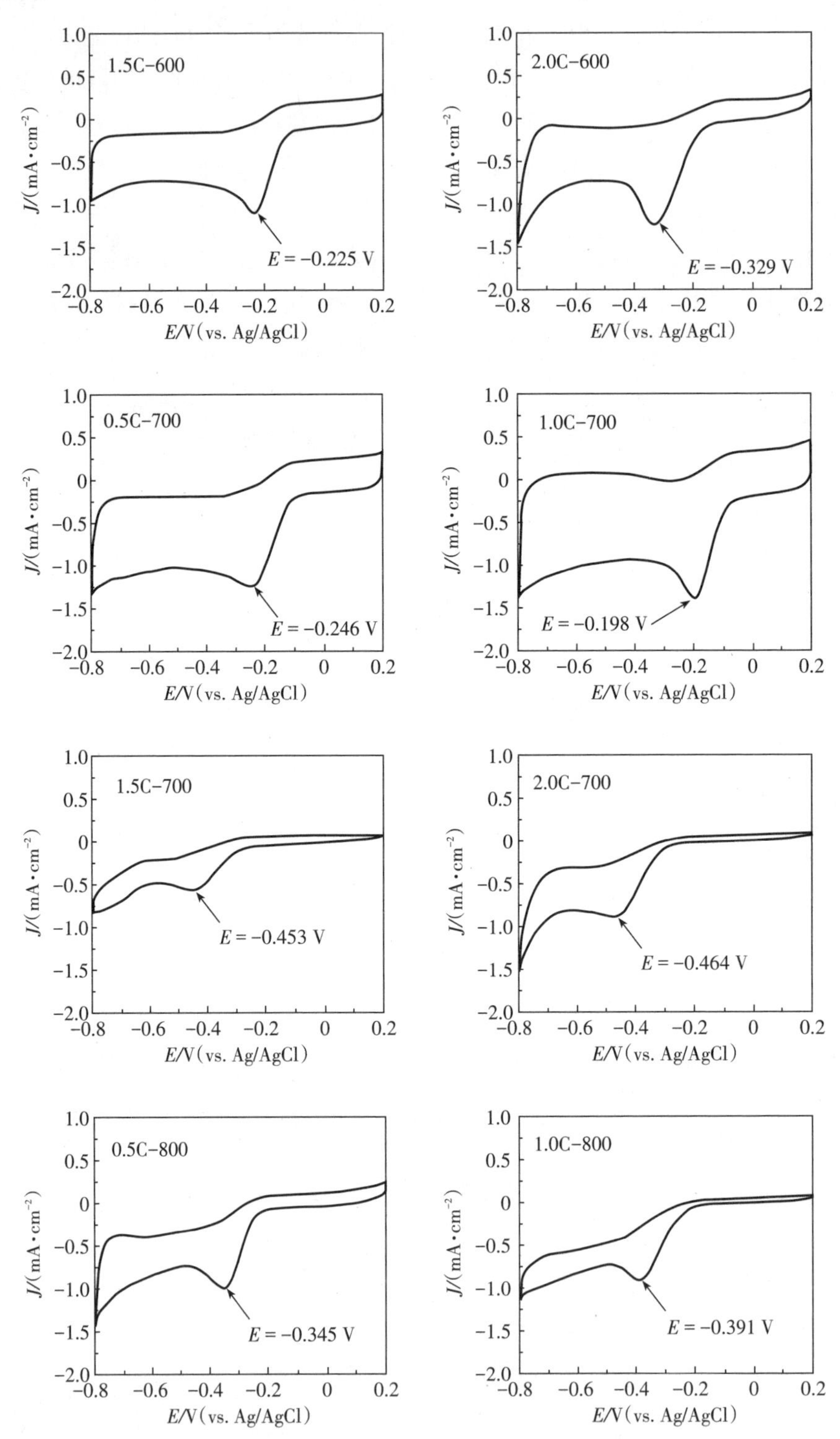
1.5C-600
E = −0.225 V
2.0C-600
E = −0.329 V
0.5C-700
E = −0.246 V
1.0C-700
E = −0.198 V
1.5C-700
E = −0.453 V
2.0C-700
E = −0.464 V
0.5C-800
E = −0.345 V
1.0C-800
E = −0.391 V
J/(mA·cm⁻²)
E/V(vs. Ag/AgCl)

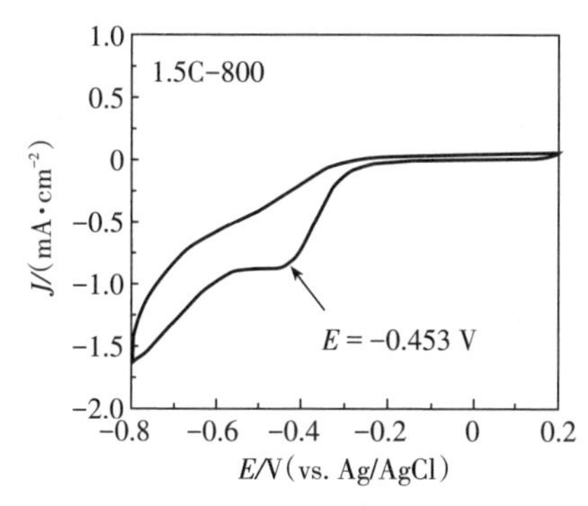

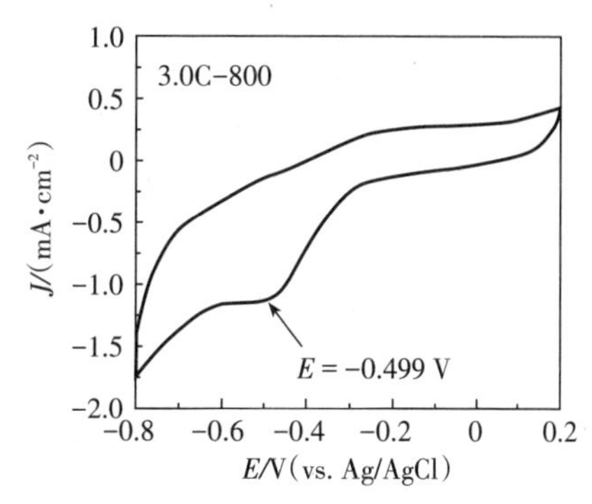

图6-2　不同葡萄糖添加量反应体系溶液燃烧合成前驱体在不同碳热还原温度下得到产物电催化剂的循环伏安曲线图

表6-2　不同葡萄糖添加量反应体系溶液燃烧合成前驱体在不同碳热还原温度下得到产物电催化剂的还原峰电位值　　单位：V

温度/℃	$G=0.5$	$G=1.0$	$G=1.5$	$G=2.0$
500	−0.456	−0.446	−0.428	−0.434
600	−0.464	−0.234	−0.225	−0.329
700	−0.246	−0.198	−0.453	−0.464
800	−0.345	−0.391	−0.453	−0.499

除此之外，起始电位和极限电流密度也是评定电催化剂性质的两个重要指标。通常认为，起始电位越正、极限电流密度绝对值越大，其电催化能力越强。如图6-3所示，比较了不同葡萄糖添加量反应体系溶液燃烧合成前驱体在不同碳热还原温度下得到产物催化剂的LSV曲线。从图6-3可以看出，四种碳热还原温度下的产物催化剂，随着葡萄糖添加量的变化，其起始电位的变化趋势与图6-2中伏安曲线的还原峰电位变化趋势相似，如表6-3所示，四种xC-500产物催化剂的起始电位均在−0.15 V左右，说明Fe_3O_4相的催化能力较差；1.0C-700产物催化剂的起始电位最高，为−0.028 V，说明Fe相的催化能力最强；四种xC-800产物催化剂的起始电位随着葡萄糖添加量的增多一步步负移，说明Fe_3C相会减弱产物的催化能力。接下来，根据LSV曲线中产物催化剂的极限电流密度的变化来探索产物的组分相态对其电催化性能的影响。首先，对比五种具有Fe_3O_4/C组分的产物催化剂，如表6-4所示，0.5C-600产物催化剂的极限电流密度值为−4.178 $mA\cdot cm^{-2}$，明显优于0.5C-500产物催化剂（−3.133 $mA\cdot cm^{-2}$）和2.0C-500产物催化剂（−2.668 $mA\cdot cm^{-2}$），说明产物

的结晶能力越强，其极限电流密度越大。其次，对比四种xC–700产物催化剂的极限电流密度可以发现，产物中Fe相越多，极限电流密度越大，同样是在Fe_3C相出现以后，极限电流密度开始变小，说明Fe相会增强产物的催化能力；相反，Fe_3C相会减弱产物的催化能力。再次，对比三种具有石墨相的产物催化剂，如表6–4所示，随着葡萄糖添加量增加，催化剂的极限电流密度减小，对应着产物中碳的石墨化程度可知，产物的石墨化程度越弱，电极的催化能力越弱。为了进一步验证该结论，选取不含有石墨相的1.5C–700（$Fe/Fe_3C/C$）产物和含有石墨相的1.5C–800（$Fe/Fe_3C/GC$）产物进行对比，发现这两种具有相同铁组分的产物催化剂的极限电流密度值并不相近，含有石墨相的1.5C–800产物催化剂的电流密度较大，说明产物的石墨化程度越强，其催化能力越强。

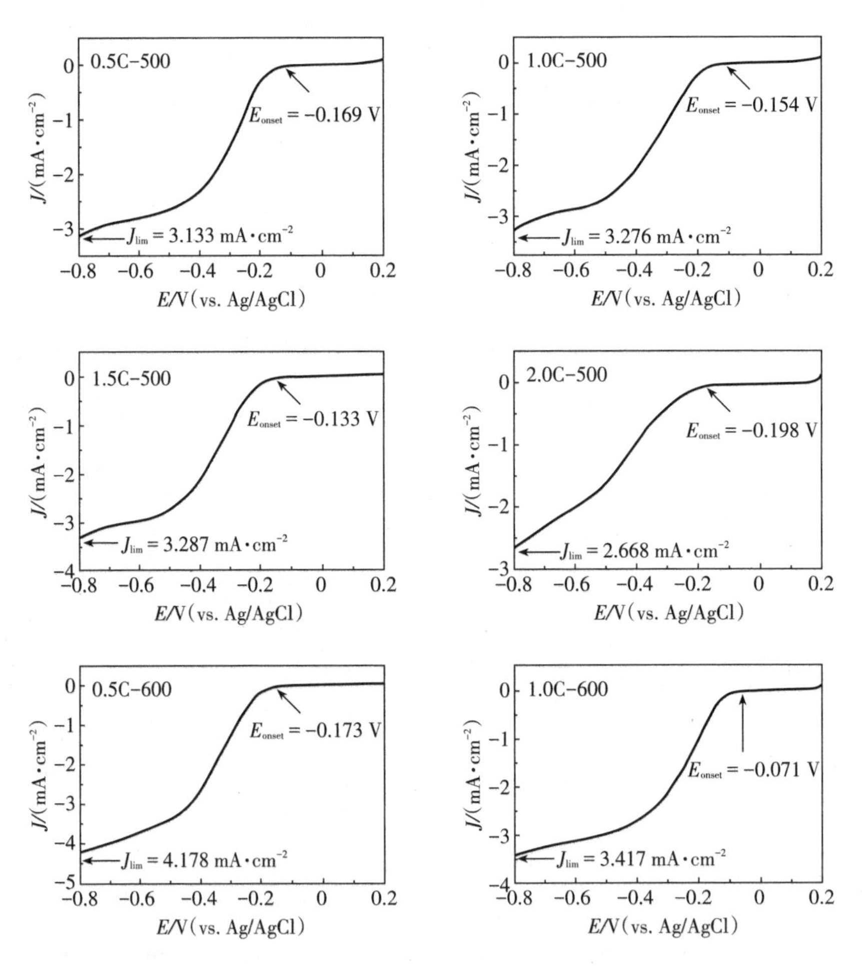

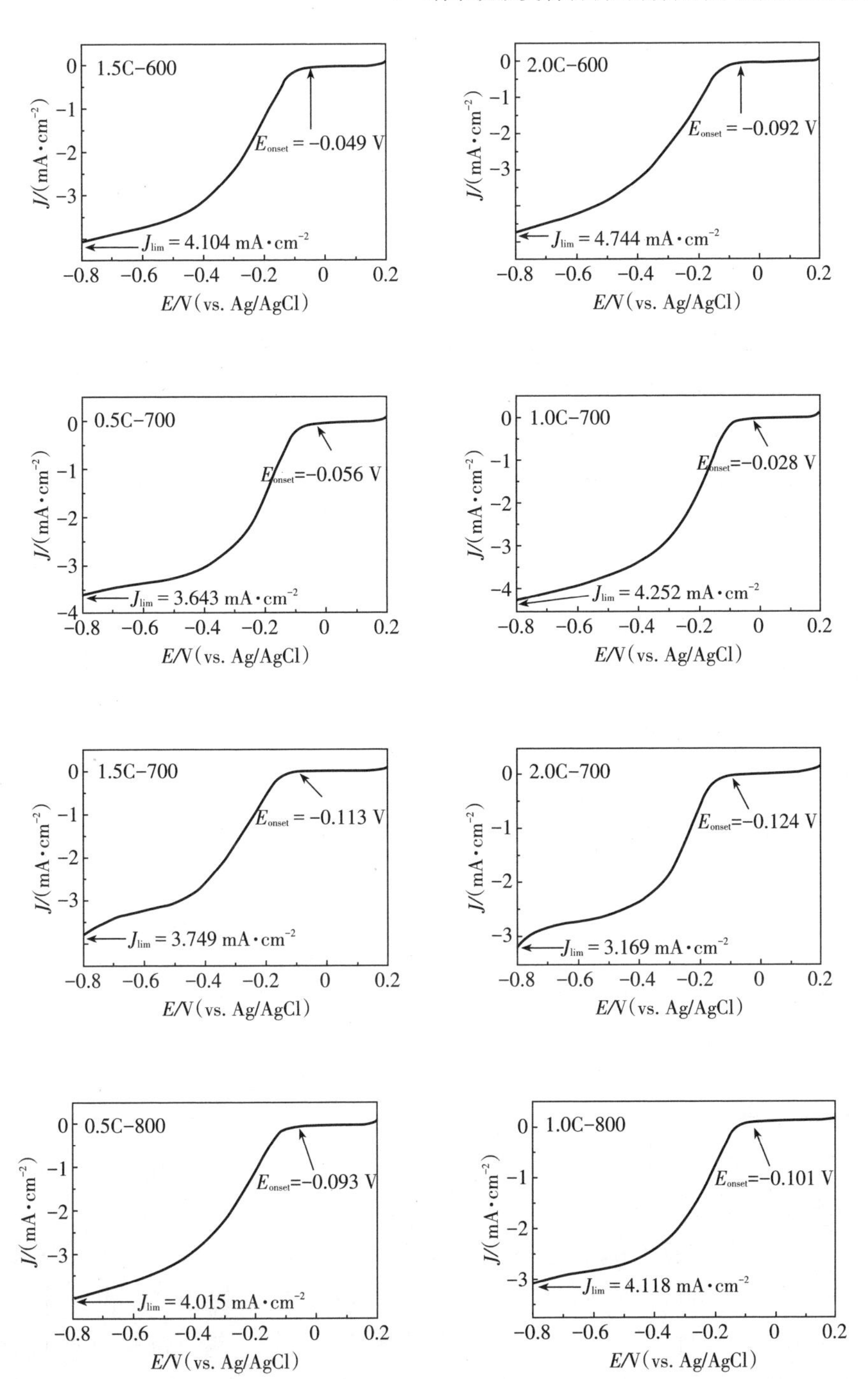
1.5C-600
E_{onset} = −0.049 V
J_{lim} = 4.104 mA·cm^{-2}
2.0C-600
E_{onset} = −0.092 V
J_{lim} = 4.744 mA·cm^{-2}
0.5C-700
E_{onset}=−0.056 V
J_{lim} = 3.643 mA·cm^{-2}
1.0C-700
E_{onset}=−0.028 V
J_{lim} = 4.252 mA·cm^{-2}
1.5C-700
E_{onset} = −0.113 V
J_{lim} = 3.749 mA·cm^{-2}
2.0C-700
E_{onset}=−0.124 V
J_{lim} = 3.169 mA·cm^{-2}
0.5C-800
E_{onset}=−0.093 V
J_{lim} = 4.015 mA·cm^{-2}
1.0C-800
E_{onset}=−0.101 V
J_{lim} = 4.118 mA·cm^{-2}
J/(mA·cm^{-2})
E/V(vs. Ag/AgCl)

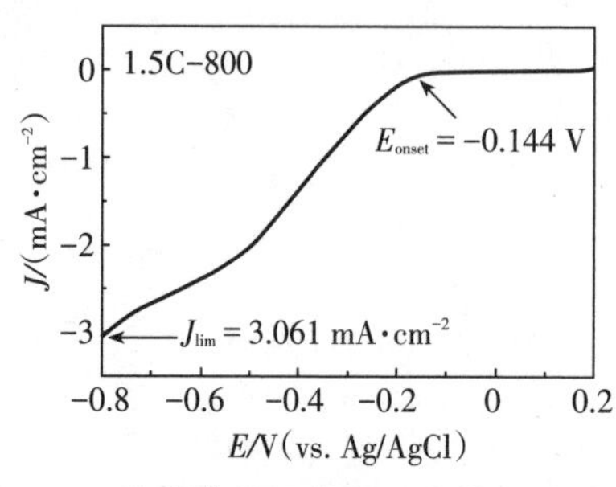

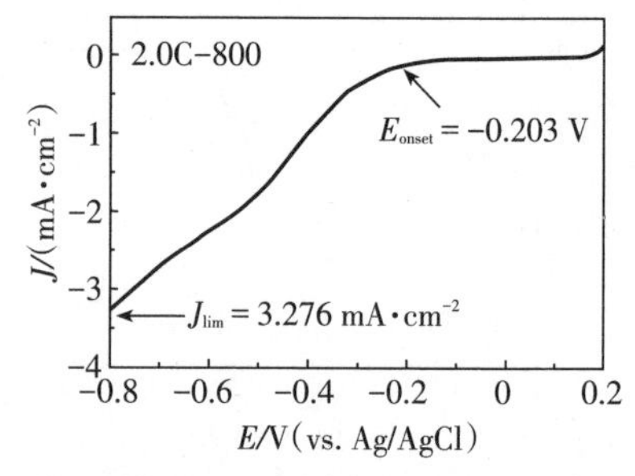

图6-3　不同葡萄糖添加量反应体系溶液燃烧合成前驱体在不同碳热还原温度下得到产物电催化剂的线性扫描伏安曲线图（电极旋转速率为1600 r·min^{-1}）

表6-3　不同葡萄糖添加量反应体系溶液燃烧合成前驱体在不同碳热还原温度下得到产物电催化剂的起始电位值　　单位：V

湿度/℃	G = 0.5	G = 1.0	G = 1.5	G = 2.0
500	−0.169	−0.154	−0.133	−0.198
600	−0.173	−0.071	−0.049	−0.092
700	−0.056	−0.028	−0.124	−0.144
800	−0.093	−0.101	−0.113	−0.203

表6-4　不同葡萄糖添加量反应体系溶液燃烧合成前驱体在不同碳热还原温度下得到产物电催化剂的极限电流密度值　　单位：mA·cm^{-2}

湿度/℃	G = 0.5	G = 1.0	G = 1.5	G = 2.0
500	−3.133	−3.276	−3.287	−2.668
600	−4.178	−3.417	−4.104	−4.774
700	−3.643	−4.252	−3.169	−3.061
800	−4.015	−4.118	−3.749	−3.276

由上述分析结果可知，产物中Fe相组分越多，结晶能力越强，石墨化程度越大，催化能力越好。但是，对比两个组分均为Fe/C复合物的产物催化剂（1.5C-600和1.0C-700）时，可以发现，其还原电位值、起始电位值和极限电流密度值均不相同。如图6-4（a）所示，1.0C-700产物催化剂的伏安曲线与1.5C-600产物催化剂的有所不同，前者还原峰更尖锐，峰电位值为-0.198 V，比后者正移了27 mV；同时，前者的还原峰积分面积也略大于后者，说明其电流密度较大，这一点在图6-4（b）中也得到了验证。1.0C-700产物催化剂的极限电流密度值为 -4.252 mA·cm^{-2}，其绝对值略大于1.5C-600产物催化剂的

极限电流密度，而且，从图6-4（b）中可以看出，1.0C-700产物催化剂的起始电位和半波电位都明显大于1.5C-600产物催化剂，说明其具有较强的电催化能力。此外，根据LSV曲线的线性区域拟合得到两种产物催化剂的Tafel斜率，如图6-4（c）所示，1.0C-700产物催化剂的斜率值为97 mV·dec^{-1}，明显小于1.5C-600产物催化剂的123 mV·dec^{-1}。一般认为，Tafel斜率越小，说明其催化活性越高。接着，对两种产物催化剂的阻抗值进行了测试，如图6-4（d）所示，在中高频区域，1.0C-700产物催化剂的半圆直径小于1.5C-600产物催化剂，表明前者具有较低的电荷传递阻抗（R_{ct}）和电解质电阻，更有利于电催化过程中的电子传输，因而，具有较强的电催化能力。综上所述，虽然两种产物具有相同的组分和相态，但是，1.0C-700产物催化剂的电催化性能明显优于1.5C-600产物催化剂，这可能是由于它们微观形貌不同造成的。接下来，对这两种产物的微观结构进行系统表征。

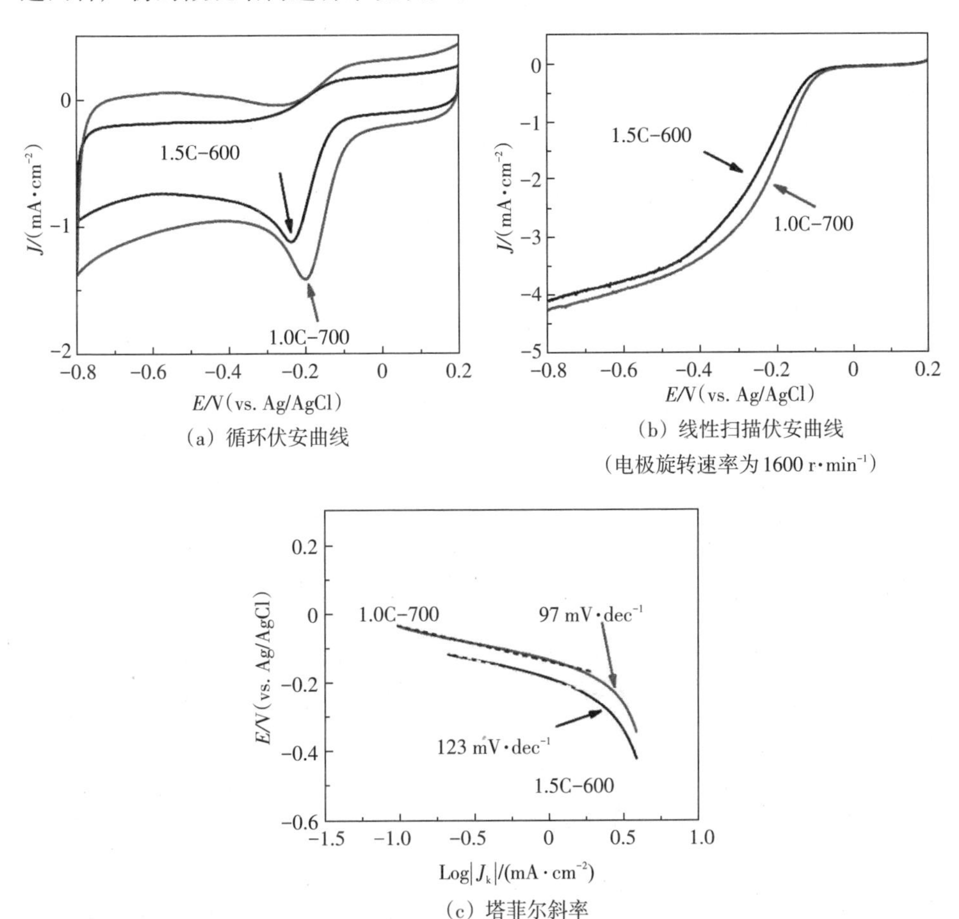

（a）循环伏安曲线

（b）线性扫描伏安曲线
（电极旋转速率为1600 r·min^{-1}）

（c）塔菲尔斜率

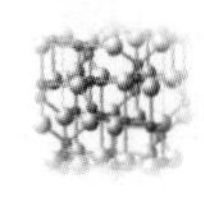

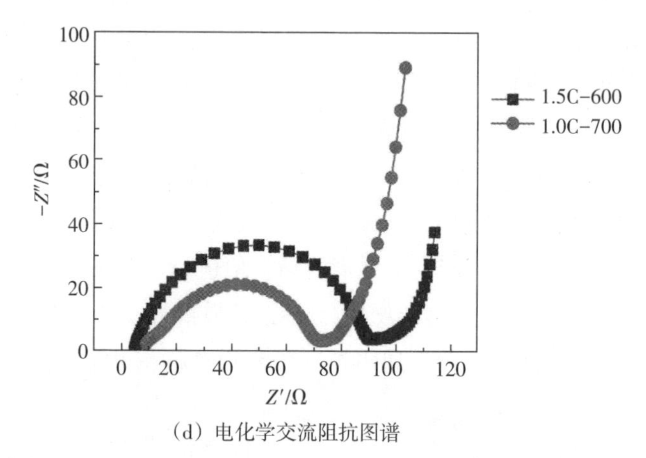

（d）电化学交流阻抗图谱

图6-4 1.5C-600和1.0C-700产物电催化剂的相关曲线和图谱

6.4 纳米铁碳复合材料的结构表征

图6-5为1.5C-600和1.0C-700两种产物在不同放大倍数下的场发射扫描电镜照片。如图6-5（a）（b）所示，1.5C-600产物为薄纱状结构，尺寸在微米级别，同时有大量颗粒和小孔分布在纱膜片上；1.0C-700产物为骨架状结构，尺寸也在微米级别，由大量颗粒聚合而成，颗粒之间存在孔隙。放大拍摄倍数，可以从图6-5（c）（d）中发现，1.5C-600产物的薄纱状结构实际上是由大量Fe纳米颗粒和无定形碳膜组成的，而且这些纳米Fe颗粒是均匀分布在无定形碳膜中的，形状较为规则；对比来看，在1.0C-700产物中，基本观察不到无定形碳的存在的，其骨架状结构完全是由形状规则、尺寸均匀的纳米Fe颗粒聚合而成，而且这些颗粒之间存在大量尺寸不均一的纳米级孔隙。进一步放大拍摄倍数，得到两种产物的高倍FE-SEM照片，如图6-5（e）（f）所示，1.5C-600产物中的纳米Fe颗粒实际上是被包覆在无定形态的碳膜内部，其形状为规则的近圆形，尺寸在20 nm左右；而1.0C-700产物中的纳米Fe颗粒尺寸相对较大，为~50 nm，这是因为该产物中碳量较少且还原温度较高，促使晶粒长大。

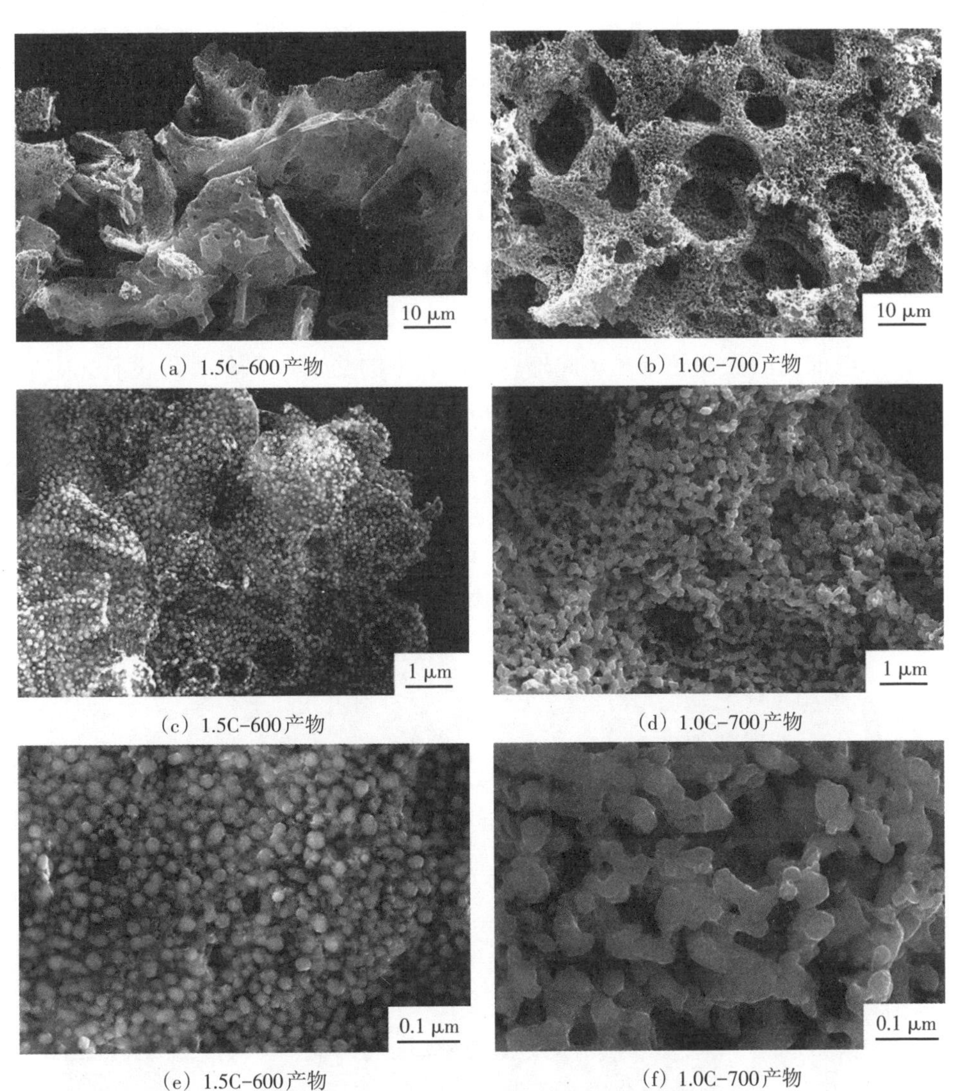

（a）1.5C-600产物　（b）1.0C-700产物

（c）1.5C-600产物　（d）1.0C-700产物

（e）1.5C-600产物　（f）1.0C-700产物

图6-5　不同放大倍数下的场发射扫描电镜照片

为了获得更多的微观结构和晶体学信息，利用透射电子显微镜对两种产物进行分析，如图6-6所示。从图6-6（a）（b）中可以看出，1.5C-600产物的形貌为聚合颗粒状结构，这些颗粒大小均匀并由透明状的薄膜连接在一起；而1.0C-700产物的形貌为多孔纳米骨架状结构，是由大量纳米颗粒堆簇而成的，这与上述FE-SEM结果相一致。放大照片的拍摄倍数，可以从图6-6（c）（d）中发现，1.5C-600产物中的纳米Fe颗粒为规则的近圆形，尺寸在20 nm左右，均匀地分散在无定形态纳米碳膜中，这些无定形碳不仅会抑制碳热还原过程中Fe晶粒的长大，同时，它还会包覆住一部分Fe颗粒，使其在电催化过程

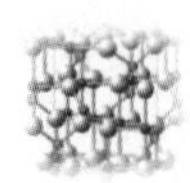

中无法与电解质溶液充分接触，减少催化活性位点，弱化产物的电催化能力。对比来看，1.0C-700产物中的纳米Fe颗粒尺寸相对较大，为~50 nm，这与上述FE-SEM结果相符合，而且从图6-6（d）中可以看出，这些纳米Fe颗粒由于纳米效应和静磁作用聚合在一起，但颗粒之间存在大量尺寸不均匀的孔隙，这可能是由碳热还原过程中生成的CO_2气体溢出造成的（如式6-1所示），这些孔隙的存在不仅提高了产物中颗粒的分散性，而且在电催化过程中，为电子的传输提供了大量通道，同时，有利于电极上气体的扩散，从而使产物电极拥有较高的电催化活性和稳定性。此外，该产物中的纳米Fe颗粒外部没有无定形碳包覆，颗粒完全裸露在外面，能够与电解质溶液充分接触，使1.0C-700产物具有较好的电催化性能。

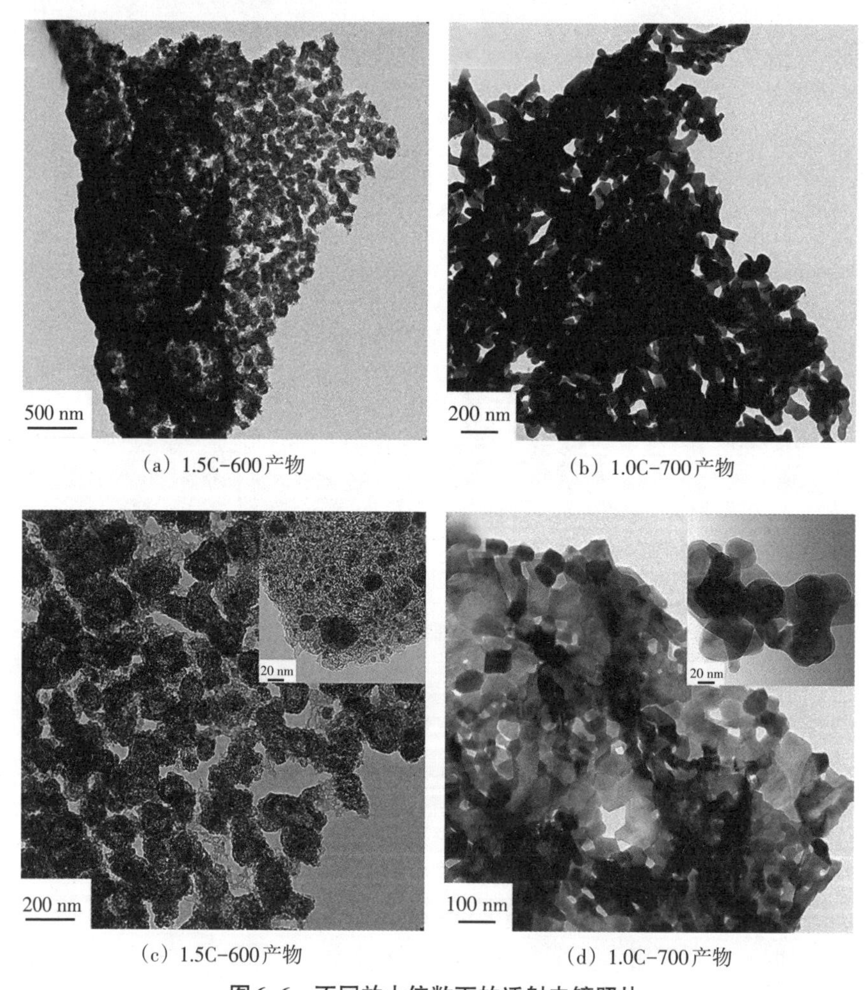

（a）1.5C-600产物　（b）1.0C-700产物

（c）1.5C-600产物　（d）1.0C-700产物

图6-6　不同放大倍数下的透射电镜照片

图6-7为1.5C-600和1.0C-700产物的氮吸附-脱附等温线和相应的BJH孔径分布图。从图6-7中可以看出，两种产物的氮吸附-脱附曲线都属于典型的Ⅳ类曲线，说明它们都是介孔结构。对比来看，图6-7（a）中1.5C-600产物的氮吸附-脱附等温线在相对压力处于中压（$0.45 < P/P_0 < 0.8$）时，出现了明显的滞后环，属于H3型特征线，表明产物中富含由片状粒子堆积形成的狭缝孔，这与该产物在FE-SEM和TEM照片中显示的多孔纳米片结构相吻合。同时，从图6-7（a）左上角的孔径分布插图中可以看出，该产物的孔径分布较为集中，在3 nm左右，为典型的介孔结构；再来看1.0C-700产物的孔隙结构，如图6-7（b）所示，该产物的滞后回线类型为H4型，从相应的BJH孔径分布图中可以看到，其孔径尺寸在～4，～6 nm处分别出现了两个明显的主峰，而在～10 nm处有一个较宽的弱峰，说明该产物的孔径尺寸不均匀，分布较宽，这与其FE-SEM和TEM照片中所述的颗粒之间存在大量尺寸不均匀的孔隙相一致。此外，采用BET方法可以计算得到两种产物的比表面积分别为81.758 $m^2 \cdot g^{-1}$（1.5C-600产物）和148.351 $m^2 \cdot g^{-1}$（1.0C-700产物），可以看出，后者的比表面积相对较大。一般情况下，拥有较高比表面积的分级介孔结构可以提高产物的电催化能力，因为，在电催化过程中，尺寸较小的孔隙可以为反应提供大量活性位点，而尺寸较大的孔隙可以为电子的传输提供便捷通道。同时，大的比表面积有利于电极上气体的扩散，加速ORR反应速率。因此，1.0C-700产物具有比1.5C-600产物更好的电催化性能。

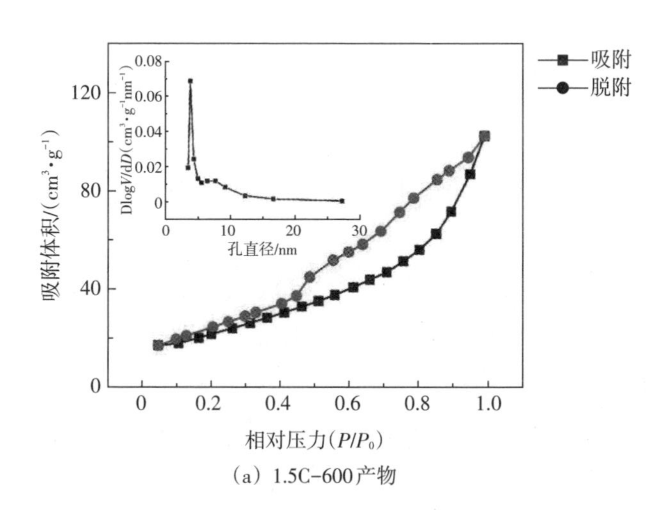

（a）1.5C-600产物

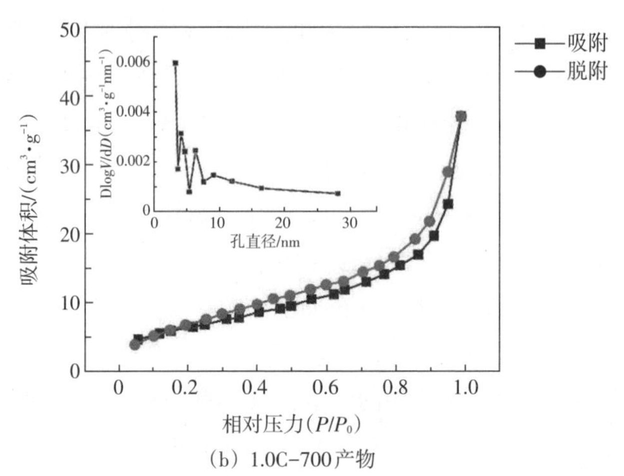

(b) 1.0C-700产物

图6-7 氮吸附-脱附等温线图和相应的BJH孔径分布图（左上角插图）

由6.3.1节中的XRD结果可知，1.5C-600和1.0C-700产物的物相均为纯Fe相，但对两种产物进行元素分析测试，检测结果表明，产物中除了Fe元素以外，还存在大量C和N元素。非贵金属ORR催化剂中的C—N键类型对其电催化性能具有很大影响。因此，为了进一步分析这两种产物中C，N元素的组分和价态，对其进行了XPS分析，如图6-8所示。其中，图6-8（a）为两种产物的XPS全谱扫描图谱，从图6-8可以观察到以285，400，530，712 eV为中心的C1s，N1s，O1s，Fe2p特征峰，说明两种产物中均存在C，N，O，Fe四种元素，对比来看，1.5C-600产物的XPS图谱中C1s特征峰强度明显高于1.0C-700产物，但是，其N1s特征峰的强度却很弱，说明1.5C-600产物具有较高的C含量，而1.0C-700产物具有较高的N含量，具体元素含量如表6-5所示。一般地，N原子在C中的掺杂类型主要有5种，如图6-8（b）所示，分别为吡啶型-N（pyridinic-N）、吡咯型-N（pyrrolic-N）、吡啶酮型-N（pyridine-N）、石墨型-N（graphite-N）及吡啶氧化物型-N（oxide-N）。其中，吡啶型-N通常处于石墨的边缘，在电化学反应过程中能够提供一个p电子给芳环的π系统，从而影响C的Lewis酸性；而石墨型-N可以接受邻近C转移过来的电子，降低邻近C的电子云密度，并反馈电子到相邻C的p_z轨道上，有利于C与O形成更强的键合，帮助O_2解离。因此，吡啶型-N和石墨型-N是最有利于ORR催化活性的C—N键类型。图6-8（c）（d）分别为1.5C-600和1.0C-700产物的XPS窄谱扫描N1s图谱，从图中可以看出，N1s的特征峰可以分成两个结合能为398.4，399.8 eV的分峰，分别对应吡啶型-N和吡咯型-N，说明这两种产物中均存在吡啶型-N和吡咯型-N类型的N原子。而在XPS图谱中，吡啶型-N和吡咯型-N的原子比例也可以近似地量化为两个拟合分峰的相对面积比值，根据图6-8（c）（d）中结合能为398.4，399.8 eV的两个拟合分峰，计算出其相对面积比值分别为~1.14和~1.26，说明1.0C-700产物中的吡啶型-N含量高于1.5C-600产物，这也是1.0C-700产物的电催化性能优于1.5C-600产物的原因之一。

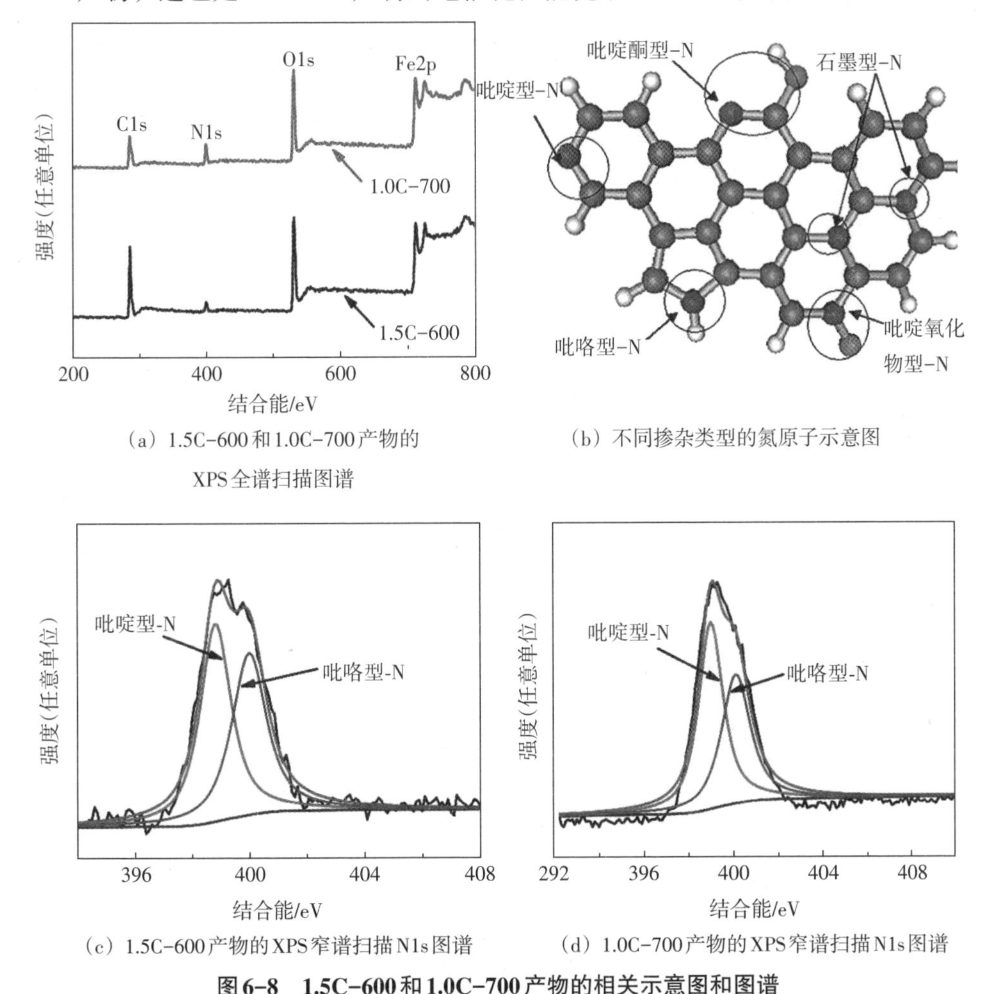

（a）1.5C-600和1.0C-700产物的XPS全谱扫描图谱

（b）不同掺杂类型的氮原子示意图

（c）1.5C-600产物的XPS窄谱扫描N1s图谱

（d）1.0C-700产物的XPS窄谱扫描N1s图谱

图6-8　1.5C-600和1.0C-700产物的相关示意图和图谱

表6-5　1.5C-600和1.0C-700产物的XPS元素含量分析表

	碳元素(原子百分比)	氮元素(原子百分比)	吡啶型-N（原子百分比）	吡咯型-N（原子百分比）
1.5C-600	52.8	4.9	2.60	2.28
1.0C-700	36.4	11.7	6.52	5.17

由表6-5可知，1.5C-600和1.0C-700产物中均含有大量C元素，但是，在

其XRD图谱中找不到相应的衍射峰，说明两种产物中的碳均以无定形态结构存在，为了进一步分析产物中碳的无定形态程度，对其进行了拉曼光谱表征，如图6-9所示。从图6-9中可以观察到，在两种产物的Raman图谱中均存在两个明显的特征峰，分别位于～1350 cm^{-1}和～1580 cm^{-1}处，如5.3.2节中所述，这两个特征峰分别代表无序非晶碳（D峰）和有序石墨化碳（G峰），其强度的比值I_D/I_G越大，表示无序非晶碳所占比例越大，产物越趋于无定形态。如图6-9（a）所示，1.5C-600产物的D峰强度高于G峰，其比值I_D/I_G约为1.07，而图6-9（b）中1.0C-700产物的D峰强度略低于G峰，其比值I_D/I_G约为0.91，这进一步证实了两种产物中的碳都以无定形态结构存在，但是由两者的I_D/I_G比值可知，1.0C-700产物中碳的结晶程度略高于1.5C-600产物，这是因为前者的碳含量较少，而且还原温度较高，Fe原子对周围碳的催化能力变强，因此，1.0C-700产物中碳的石墨化程度略高。由前文分析结果可知，产物的石墨化程度越强，电极的催化能力越强。因此，具有较高石墨化程度的1.0C-700产物电催化活性优于1.5C-600产物。

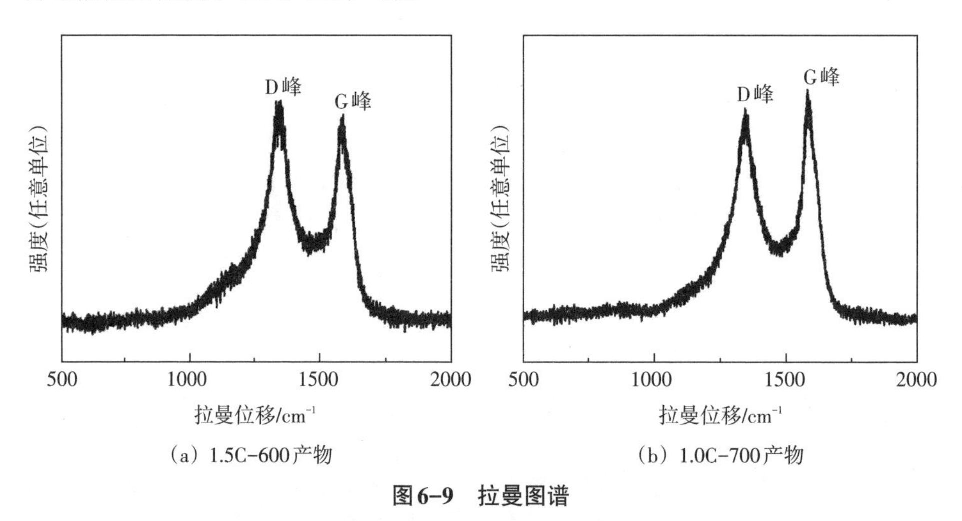

（a）1.5C-600产物　　（b）1.0C-700产物

图6-9　拉曼图谱

6.5　纳米铁碳复合材料的电催化性能研究

由上述分析结果可知，1.0C-700产物由于具有高纯度的Fe相、高比例的吡啶型-N和石墨碳组分，分级介孔骨架状结构及比表面积较大的特征，其作为ORR催化剂时具有较高的电催化活性。然而，将1.0C-700产物催化剂与商用的Pt/C催化剂比较时，发现其电催化能力还是略逊一筹。如图6-10（a）所示，1.0C-700产物催化剂的伏安曲线与商用Pt/C催化剂的不同，前者还原峰更弱一些，而且峰电位值为-0.198 V，比后者负移了50 mV，说明其发生氧还原反应的过电位较大，不利于反应的进行。同时，前者的还原峰积分面积也明显小于后者，说明其电流密度较小，这点在图6-10（b）中也得到了验证。图6-10（b）为催化剂在1600转速下得到的ORR极化曲线，从图中可以看出，1.0C-700产物催化剂的极限电流密度值（J_{lim}）为-4.252 mA·cm^{-2}，其绝对值小于商用Pt/C催化剂的极限电流密度（J_{lim} = -5.032 mA·cm^{-2}），而且，从图中还可以看到，1.0C-700产物催化剂的起始电位（E_{onset}）为-0.028 V，半波电位（$E_{1/2}$）为-0.235 V，而商用Pt/C催化剂的起始电位为0.139 V，半波电位为-0.149 V，可见，后者的两种电位均发生了正移，说明其氧还原反应的过电位较小，能量转换效率较高，催化活性更好一些。接下来，为了研究1.0C-700产物催化剂和商用Pt/C催化剂表面发生的ORR相关动力学信息，利用旋转圆盘技术对其表面氧还原反应进一步研究。图6-10（c）（d）分别为商用Pt/C催化剂和1.0C-700产物催化剂在O_2饱和的0.1 M KOH电解质溶液中，不同旋转圆盘电极的转速下测定的ORR极化曲线。从图中可以看出，当转速从400 r·min^{-1}增加到2500 r·min^{-1}时，两种催化剂的极限电流密度都随之增加，这是因为电极的旋转速度越大，通过电解液的强制对流交换而流向电极附近的本体溶液越多，可以给电极反应提供更多的氧反应剂，更有利于反应的进行。但是，对比来看，1.0C-700产物催化剂极限电流密度的增加速度明显小于商用Pt/C催化剂，表明其催化氧还原反应的能力相对较弱。

一般情况下，可以将催化剂的LSV曲线分为三个特征区域，即动力学控制区（-0.1 ~ -0.2 V）、混合动力区（-0.3 ~ -0.1 V）、扩散控制区（-0.3 V以下）。如果催化剂表面的ORR遵循表6-6中所示的反应途径，那么，可以在扩散控制区内选取不同电位，用Koutecky-Levich（K-L）曲线来计算电极反应过程中的电子转移数，从而判断催化剂上ORR的动力学过程。图6-10（c）（d）中的左上角插图分别为商用Pt/C催化剂和1.0C-700产物催化剂在-0.3 V电位下相应的K-L关系曲线，从图中可以看出，商用Pt/C催化剂的K-L曲线具有良好的线性关系，经计算其电子转移数目大约为3.92，说明其催化的ORR主要遵循4电子过程使O_2直接生成H_2O（式6-3）；而相比之下，1.0C-700产物催化剂的K-L曲线的线性关系拟合度略差，经计算其电子转移数目大约为3.37，说明其催化的ORR主要遵循2电子过程，即O_2会先以一个2电子转移过程生成HO_2^-中间产物（式6-4），然后，以一个2电子转移过程进一步还原HO_2^-生成H_2O（式6-5）或

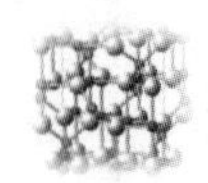

者发生歧化反应，使中间产物HO_2^-变为OH^-和O_2（式6-6），这种歧化反应会使氧还原反应的转移电子数减半，能量密度降低，从而降低O_2的还原效率。因此，1.0C-700产物催化剂的电催化活性低于商用Pt/C催化剂。

此外，根据LSV曲线的线性区域拟合得到了两种产物催化剂的Tafel斜率，如图6-10（e）所示，1.0C-700产物催化剂的斜率值为97 mV·dec^{-1}，明显大于商用Pt/C催化剂的64 mV·dec^{-1}。一般地，Tafel斜率越小，说明其催化活性越高。接着，又对两种催化剂的阻抗值进行了测试，如图6-10（f）所示，在中高频区域，商用Pt/C催化剂的半圆直径明显小于1.0C-700产物催化剂，表明前者具有较低的电荷传递阻抗（R_{ct}）和电解质电阻，更有利于电催化过程中的电子传输。因此，商用Pt/C催化剂具有更好的ORR催化活性。

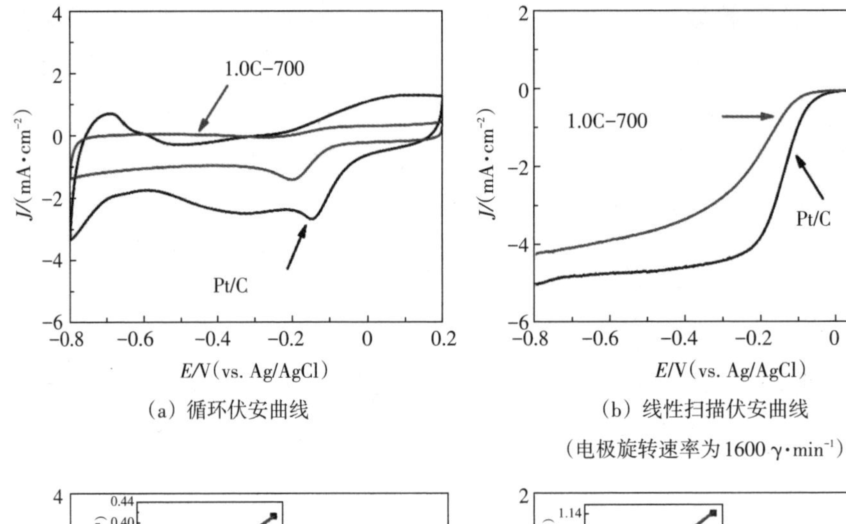

（a）循环伏安曲线

（b）线性扫描伏安曲线（电极旋转速率为1600 γ·min^{-1}）

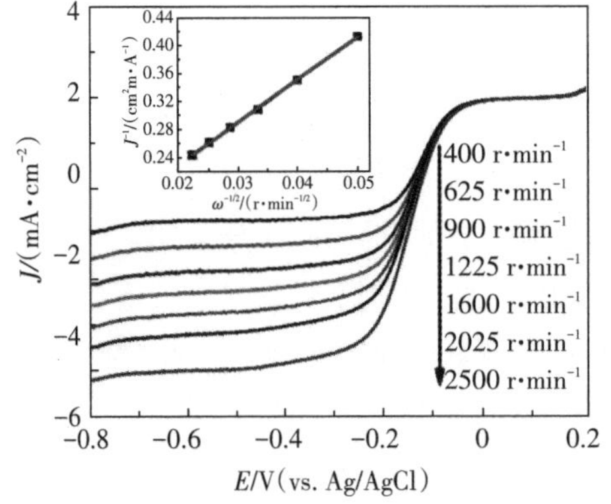

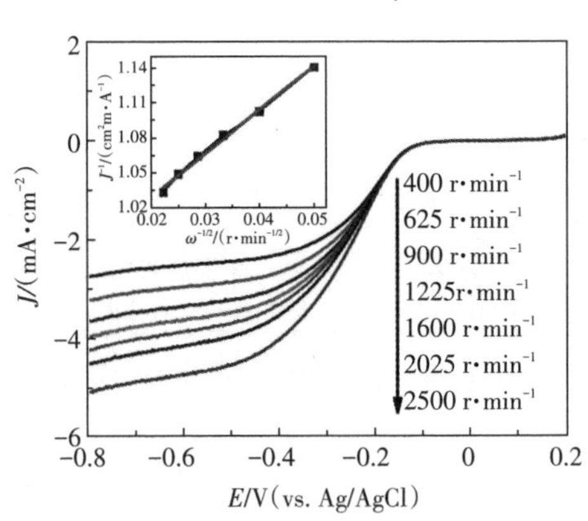

（c）商用Pt/C催化剂在不同转速下的线性扫描伏安曲线（左上角为LSN在-0.3 V电位下相应的K-L关系曲线）

（d）1.0C-700产物催化剂在不同转速下的线性扫描伏安曲线（左上角为LSV在-0.3V电位下相应的K-L关系曲线）

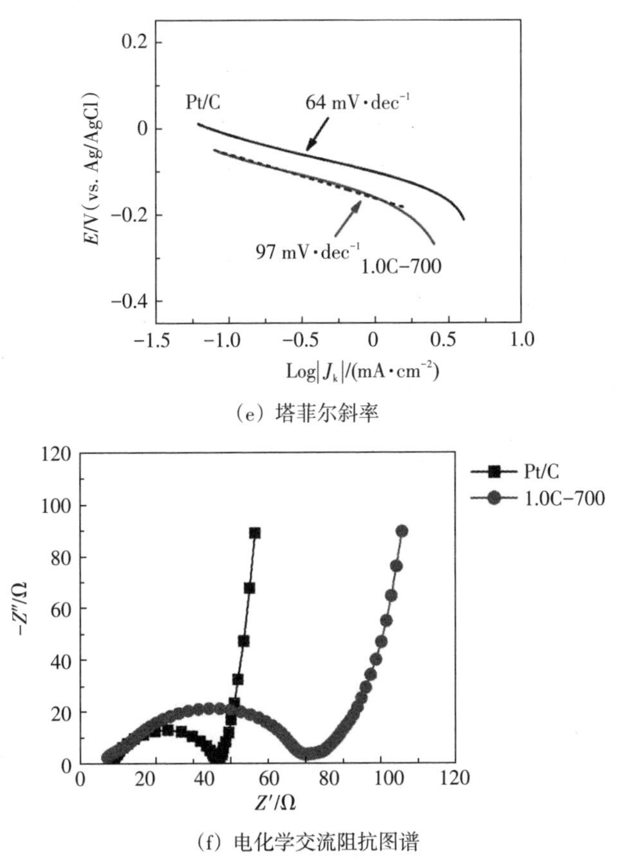

（e）塔菲尔斜率

（f）电化学交流阻抗图谱

图6-10　1.0C-700产物催化剂和商用Pt/C催化剂的

表6-6　碱性电解液中ORR反应途径

反应过程	序号
$O_2 + 2H_2O + 4e^- \longrightarrow 4OH^-$	6-3
$O_2 + H_2O + 2e^- \longrightarrow HO_2^- + OH^-$	6-4
$HO_2^- + H_2O + 2e^- \longrightarrow 3OH^-$	6-5
$2HO_2^- \longrightarrow 2OH^- + O_2$	6-6

综上所述，1.0C-700产物催化剂相较于商用Pt/C催化剂在电催化反应过程中表现出更大的过电位，更宽的混合动力控制区域、较差的极限电流密度和较大的电荷传递阻抗，说明其催化活性还有待进一步提高。除了Fe与Pt金属原子的电子构型不同以外，以下五种因素有可能也在一定程度上限制了1.0C-700产物的电催化能力：①产物中Fe纳米颗粒的平均尺寸为~50 nm，比商用Pt/C催化剂中的Pt纳米颗粒（~3.5 nm）大很多，可见，Fe粒子的表面能较

小，表面开放度较低，使得电催化活性变弱；② 产物中的Fe纳米颗粒存在团聚现象，也削弱了催化剂的催化活性；③ 产物的比表面积略小，孔隙结构不够丰富，不能为电子的转移和气体的扩散提供充足的可用通道；④ 产物中的含碳量较少，而且石墨化程度偏低，导电能力较差，使催化活性降低；⑤ 产物中只存在吡啶型-N，提供的催化活性位点较少，限制了催化剂的电催化能力。因此，设计制备一种具有较小晶粒尺寸，分散性良好，孔隙结构丰富且比表面积大，碳含量高且石墨化程度大，含有足够多吡啶型-N和石墨型-N的纳米Fe-C-N复合物，是进一步提高纳米铁碳复合材料电催化性能的有效途径。

6.6 本章小结

本章采用硝酸铁作为铁源和氧化剂，甘氨酸作为燃料和还原剂，葡萄糖作为有机碳源，利用溶液燃烧合成在惰性气氛中制备出无定形态的纳米铁氧化物与碳复合物，然后，以该复合物为前驱体，通过碳热还原法在氮气气氛中制得纳米铁碳复合材料。研究了葡萄糖添加量和碳热还原反应温度对产物组分相态和电催化性能的影响，主要结果如下。

① 随着葡萄糖添加量增多，碳热还原产物的结晶程度减弱，碳含量增加；同时，随着碳热还原温度的升高，还原产物的物相经历了$Fe_3O_4 \longrightarrow Fe \longrightarrow Fe_3C$的变化，而且葡萄糖量越多，这种变化速度越快，当还原温度升高至800 ℃时，产物中开始出现石墨相，组分为$Fe/Fe_3C/GC$的复合物；只有1.5C-600和1.0C-700产物的组分为纯Fe/C复合物。

② 对不同葡萄糖添加量和碳热还原温度的产物进行ORR电催化测试，发现产物中Fe相越多，催化剂的还原峰电位、起始电位和极限电流密度越大；相反，Fe_3O_4和Fe_3C相越多，催化剂的催化能力越差，但当800 ℃的还原产物中出现石墨相时，其极限电流密度有所增加；相比之下，具有纯Fe/C复合物组分的1.5C-600和1.0C-700产物催化剂，它们的电催化能力较好。

③ 虽然具有相同的组分，但由于微观结构不同，1.5C-600和1.0C-700产物催化剂的电催化性能有所不同。研究结果表明，1.0C-700产物的微观形貌为分级介孔骨架状结构，能够为反应提供大量活性位点和电子传输通道。同时，大的比表面积有利于电极上气体的扩散，使其具有较好的电催化活性。另外，1.0C-700产物组分中含有更多的吡啶型-N和更高的石墨化程度，因而，该催化剂的电催化活性优于1.5C-600产物催化剂。

④ 将性能最优的1.0C-700产物催化剂与商用Pt/C催化剂作比较，发现其在电催化反应过程中表现出更大的过电位、更宽的混合动力控制区域、较差的极限电流密度和较大的电荷传递阻抗，而设计制备一种具有较小晶粒尺寸，分散性良好，孔隙结构丰富且比表面积大，碳含量高且石墨化程度大，含有足够多吡啶型-N和石墨型-N原子的纳米Fe-C-N复合物，是进一步提高纳米铁碳复合材料电催化性能的有效途径。

7 分级多孔纳米Fe@C-N复合物的制备及其电催化性能研究

7.1 引 言

铁作为典型的过渡金属元素，由于具有未充满的价层d轨道和未成对的d电子结构，其化学性质十分活泼，在污水处理、化学吸附和催化还原等领域有着十分广阔的应用前景。尤其是纳米结构的金属铁，由于具有高表面结构开放度，在与反应物分子接触时，能够在空余的d轨道上形成各种类型的化学吸附键，使反应物分子被充分活化，从而降低了复杂反应的活化能，加快了反应速率。因此，纳米铁在催化反应方面具有一定的优势，作为电化学反应催化剂已被广泛研究报道，是目前最有前途的能够替代Pt/C材料作为ORR催化剂的非贵金属材料之一。然而，由于纳米铁具有很强的还原性和表面活性，在氧还原过程中极易与氧气反应形成铁氧化物，降低其氧还原催化活性，而碳包覆和氮掺杂是目前提高纳米铁氧还原活性最常用的手段。碳包覆的纳米铁颗粒结构能够有效地防止铁氧化物的生成，并且可以减弱电催化过程中电解液对单质铁颗粒的侵蚀；氮掺杂有利于提高催化剂的活性位点密度，并且可以提高碳的石墨化程度，有助于电流的传导和极限电流密度的增大。此外，在电催化反应过程中，大的比表面积和丰富的孔隙结构能够为催化剂提供高的活性表面积，为催化反应提供场所。其中，微孔有利于电解质离子的存储和累积，介孔能够提高电解质、反应物和产物的传输效率，大孔可以缩短缓冲离子从外部电解质到内部的扩散距离。因此，设计制备具有分级多孔结构的纳米Fe@C-N复合物是优化纳米铁电催化剂ORR催化活性的最佳方法。

本章将溶液燃烧合成法与碳热还原法、氢还原法结合，以硝酸铁为氧化剂，甘氨酸为燃料，葡萄糖为碳源，加入氯化钠和氯化锌作为造孔剂，在不同反应气氛中一步得到含有Na^+和Zn^{2+}的纳米FeO_x-C-N复合物，然后，将该复合物作为前驱体在流通的氮气与氢气混合气氛中进行碳热还原和氢还原反应，最后，将得到的产物依次在浓度为30%过氧化氢溶液和去离子水中进行反复清洗，安全、高效地制备出分级多孔纳米Fe@C-N复合物，并对其进行了系统的结构表征，发现该材料作为电催化剂时具有优异的ORR催化活性和稳定性。

7.2 实验方法

7.2.1 分级多孔纳米Fe@C-N复合物的制备方法

实验原料包括：九水合硝酸铁［$Fe(NO_3)_3·9H_2O$］，红褐色结晶体；甘氨酸（$C_2H_5NO_2$），白色结晶体；一水合葡萄糖（$C_6H_{12}O_6·H_2O$），白色结晶体；硝酸铵（NH_4NO_3），白色结晶体；氯化锌（$ZnCl_2$），白色结晶体；氯化钠（NaCl），白色结晶体。以上原料均由天津光复化工有限公司提供，纯度为分析纯。实验仪器包括：FL-1型可控温电炉，BS223S型精密电子天平，GSL型管式炉，HJ-6A数显恒温多头磁力搅拌器，DHG-9023A型电热鼓风干燥箱。

首先，按照一定的比例称取硝酸铵、硝酸铁、甘氨酸、葡萄糖、氯化锌和氯化钠，将称好重量的原料置于100 mL的烧杯中，加入适量的去离子水，用玻璃棒搅拌使各种原料充分溶解，形成均匀混合溶液，置于可控温电炉上加热，加热温度约为300 ℃。加热初期，随着水分不断蒸发，溶液发生浓缩并开始冒泡，继续加热，浓缩物逐渐形成黑色凝胶，待凝胶冷却后，取出放入石墨烧舟中。然后，将石墨烧舟放入管式炉内，分别通入高纯度氩气、氮气和氨气，升温至300 °C，升温速率为10 °C/min，保温时间为1 h，之后继续通入体积比例为1:1的氮气与氢气的混合气体，气流量控制在150 $mL·min^{-1}$，以10 $°C·min^{-1}$的升温速率升温至1000℃，保温时间为2 h，而后在流通的氮气氛保护下自然降温至室温，得到含有Na^+和Zn^{2+}的纳米FeO_x-C-N复合物。最后将该复合物浸泡在一定量的浓度为30%的过氧化氢溶液中，置于磁力搅拌器上，室温下搅拌12 h后静置片刻，待纳米粉完全沉淀后，倒掉上层清液，再将复合物浸泡在一定量的去离子水中，置于磁力搅拌器上，室温下搅拌2 h后静置片刻，待纳米粉完全沉淀后，倒掉上层清液，去离子水浸泡过程重复3次后，将剩余的纳米粉置于干燥箱中，60 °C下干燥12 h后，即可得到具有分级多孔结构的纳米Fe-C-N复合物。

7.2.2 分级多孔纳米Fe@C-N复合物的表征方法

通过X-射线粉末衍射仪（Rigaku D/max-RB12，XRD）鉴定产物的物相和晶型，测试条件为Cu靶，Kα（λ = 0.1541nm）；通过X-射线光电子能谱仪（ESCALAB 250，XPS）进一步确定产物的元素含量和氮元素的结构状态；通过拉曼光谱仪（Renishaw inVia，Raman）测试产物中的碳元素结晶程度；用场发射扫描电子显微镜（FEI Quanta 450）和透射电子显微镜（TEM Tecnai F30）观察产物的微观结构；采用物理吸附仪（ASAP 2460）测试粉末的孔隙结构和比表面积。

7.2.3 分级多孔纳米Fe@C-N复合物的电催化性能测试方法

电催化性能测试在CHI618D电化学工作站和PINE旋转圆盘电极上进行。测试使用三电极体系：Pt丝为对电极，饱和Ag/AgCl为参比电极，涂覆催化剂的玻碳电极（直径为5 mm）为工作电极，其与商用20% Pt/C电极相比较（质分数为20%的Pt负载于Vulcan C，简称Pt/C，Alfa Aesar公司）。

首先，对玻碳电极进行预处理：依次用载有0.5，0.3，50 nm氧化铝抛光粉的麂皮对玻碳电极进行8字抛光，然后，分别用去离子水和无水乙醇进行超声清洗，吹干备用。

其次，对工作电极进行制备：取5 mg催化剂粉末，与100 μL质量分数为5%的Nafion溶液、900 μL无水乙醇配置成混合溶液，然后，用超声波细胞粉碎机（SK1200H，上海科学超声仪器有限公司）超声30 min，得到分散均匀的催化剂悬浮液；取10 μL悬浮液用微量进样器滴涂在玻碳电极表面，最后将负载催化剂悬浮液的玻碳电极放入60 ℃的烘箱中干燥5 min即可。

再次，对电解质溶液进行配制：取0.67 g KOH（质量分数为85%）试剂溶解于100 mL去离子水中，配制成浓度为0.1 $mol \cdot L^{-1}$的KOH溶液，倒入五孔电解池中，测试前向电解池中持续通入高纯氧气30 min，以保证电解质溶液处于O_2饱和状态。

最后，进行电催化性能的测试：① 循环伏安曲线，测试电位范围为-0.8 ~ 0.2 V（vs. Ag/AgCl），扫描速率为50 $mV \cdot s^{-1}$，测试前先将电极扫描循环20次，以保证电极稳定。② 线性扫描伏安曲线（LSV），测试电位范围为-0.8 ~ 0.2 V（vs. Ag/AgCl），扫描速率为10 $mV \cdot s^{-1}$，盘电极旋转速率分别为400，625，900，1225，1600，2025，2500 $r \cdot min^{-1}$。③ 电化学交流阻抗谱测试

(EIS)，初始电位为-0.2 V(vs. Ag/AgCl)，频率范围为0.01 ~ 10^5 Hz。④ 计时电流曲线（i-t），初始电位为-0.2 V(vs. Ag/AgCl)，盘电极旋转速率为400 r·min^{-1}，测试时间为20000 s。⑤ 抗甲醇中毒能力测试，在计时电流模式下，初始电位为-0.2 V(vs. Ag/AgCl)，盘电极旋转速率为400 r·min^{-1}，测试400 s时向电解池中滴入5 mL甲醇溶液，然后，继续测试600 s。

7.3 分级多孔纳米Fe@C-N复合物的制备

由第6章结论可知，纳米铁碳复合材料中的碳含量和氮含量对其电催化性能具有非常重要的影响，同时，石墨化程度越高、吡啶型-N和石墨型-N含量越多，电催化剂的性能越好。因此，设计了三种不同硝酸铁添加量的溶液燃烧体系：NH_4NO_3(19.2 g)，$Fe(NO_3)_3\cdot 9H_2O$(0.5，1.0，2.0 g)，$C_2H_5NO_2$(7.5 g)，$C_6H_{12}O_6\cdot H_2O$(12 g)，分别表示为F = 0.5，1.0，2.0，这三种体系经过加热形成的凝胶又在不同反应气氛（Ar、N_2和NH_3）中燃烧得到无定形态的前驱体，在本实验中表示为xF-y，其中x = 0.5，1.0，2.0为溶液燃烧体系中硝酸铁的添加量；y = Ar，N_2，NH_3，为相应的溶液燃烧反应气氛，如F = 0.5反应体系在Ar中燃烧得到的前驱体可表示为0.5F-Ar。而向该前驱体中继续通入体积比例为1∶1的氮气与氢气的混合气体，1000℃下保温2 h，得到的还原产物则表示为0.5F-Ar-1000。下面，将对溶液燃烧体系中硝酸铁的添加量和反应气氛对产物组分、形貌和电催化性能的影响进行系统地研究。

7.3.1 硝酸铁添加量和溶液燃烧气氛对前驱体组分的影响

图7-1为三种不同硝酸铁添加量反应体系的凝胶在不同反应气氛中经过溶液燃烧合成得到前驱体的XRD图谱。从图7-1可以看出，九种前驱体均为无定形态结构，其XRD图谱中观察不到任何明显的Bragg衍射峰，表明产物为非晶态。这是因为原料中的硝酸铁添加量很少，反应体系中的氧化剂明显不足，因而，为了确保燃烧反应的顺利进行，又加入了一定量的硝酸铵来充当氧化剂，具体的反应方程式如式（7-1）所示。由于三种反应体系中的硝酸铁添加量都很少，即参与燃烧反应的铁离子量过少，因此，在三种无氧气氛中，原料发生氧化还原反应，生成铁氧化物的质量微乎其微，不足以在XRD图谱中显现出来。此外，由5.3.1节的分析结果可知，葡萄糖的加入会减弱硝酸铁与甘氨酸的放热反应强度，同时，葡萄糖受热会分解生成无定形碳，如式（7-2）

所示，该过程为吸热的碳化反应，会吸收燃烧反应释放出的热量，从而降低体系的反应温度，无法提供足够的铁氧化物结晶能，致使产物难以形成晶态结构。

$$NH_4NO_3 + Fe(NO_3)_3 + C_2H_5NO_2 \longrightarrow FeO_x + CO_x + H_2O + NO_x + NH_3 \quad (7\text{-}1)$$

$$C_6H_{12}O_6 \longrightarrow 6H_2O + 6C \quad (7\text{-}2)$$

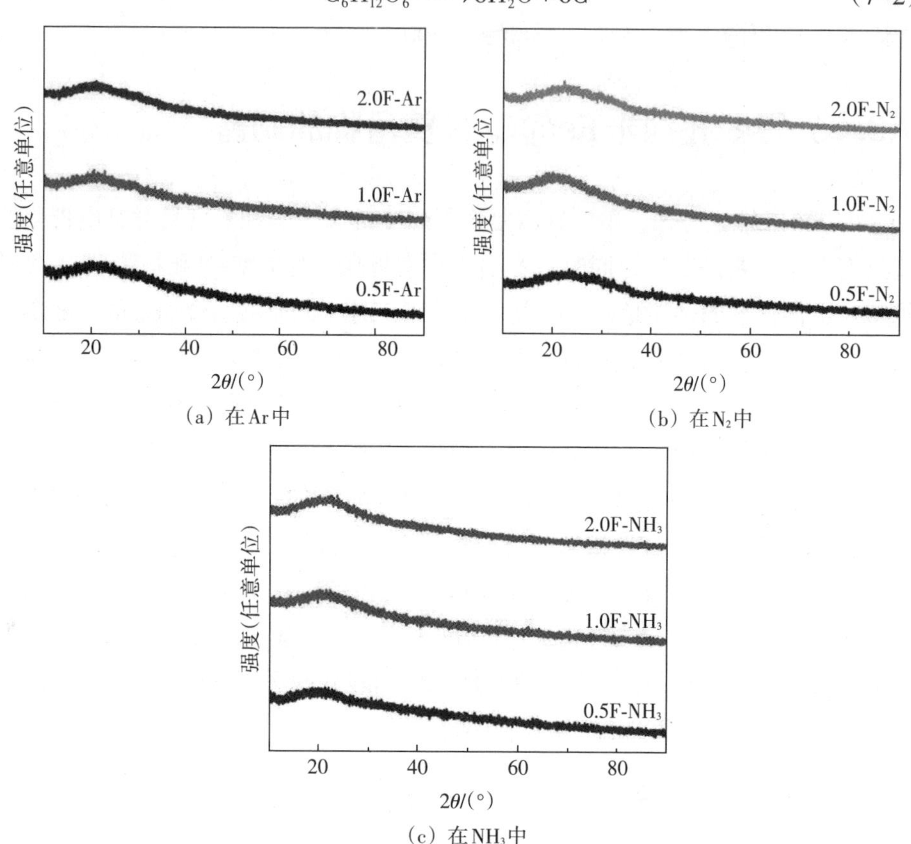

（a）在Ar中

（b）在N_2中

（c）在NH_3中

图7-1　不同硝酸铁添加量反应体系在不同气氛中燃烧合成得到前驱体的XRD图谱

为了进一步确定不同硝酸铁添加量的反应体系在不同气氛中燃烧合成得到前驱体的组分，利用XPS对其进行分析。图7-2为不同硝酸铁添加量反应体系分别在Ar，N_2，NH_3中溶液燃烧合成前驱体的XPS全谱扫描图谱。从图中可以观察到以285，400，530，712 eV为中心的C1s，N1s，O1s，Fe2p特征峰，说明九种SCS前驱体中均存在C，N，O，Fe四种元素。其中，C1s特征峰的强度很高，N1s和O1s特征峰的强度则相对较弱，而Fe2p特征峰的强度更弱，$F=0.5$时的三种前驱体XPS图谱中几乎观察不到该特征峰，说明它们含有很少量的氧化铁。根据XPS图谱的元素分析得到九种前驱体的具体元素含量（原子百分比）如表7-1所示。从表中可以看出，反应体系中的硝酸铁添加量越少，前驱体中的铁含量越少，而碳含量越多，这是因为在燃烧过程中硝酸铁与甘氨酸发生氧化还原反应会生成氧化铁，同时，葡萄糖受热分解会生成无定形碳。因此，硝酸铁添加量越少，反应生成的氧化铁越少，前驱体中铁含量占比越小，相应地，碳含量占比越大。此外，对比三种反应气氛可知，反应体系在NH_3中燃烧得到的前驱体，其氮元素含量明显高于另外两种反应气氛所得前驱体的氮含量，即使硝酸铁添加量不同，NH_3燃烧前驱体的氮含量依然能达到20%的原子分数以上，这可能是由于原料中包含大量硝酸铵，在燃烧反应过程中，硝酸根离子（NO_3^-）作为氧化剂会与还原剂甘氨酸发生氧化还原反应，铵根离子（NH_4^+）则会与甘氨酸中的氢氧根离子（OH^-）结合，生成NH_3和H_2O，如式（7-3）所示；而当反应气氛为NH_3时，根据化学反应平衡规律可知，式（7-3）的化学反应由于NH_3浓度过高，会更倾向于发生逆向反应，即生成更多的游离态NH_4^+。因此，该离子包含的N元素更容易嵌入在燃烧反应生成的前驱体中。

$$NH_4^+ + OH^- \rightleftharpoons NH_3 + H_2O \tag{7-3}$$

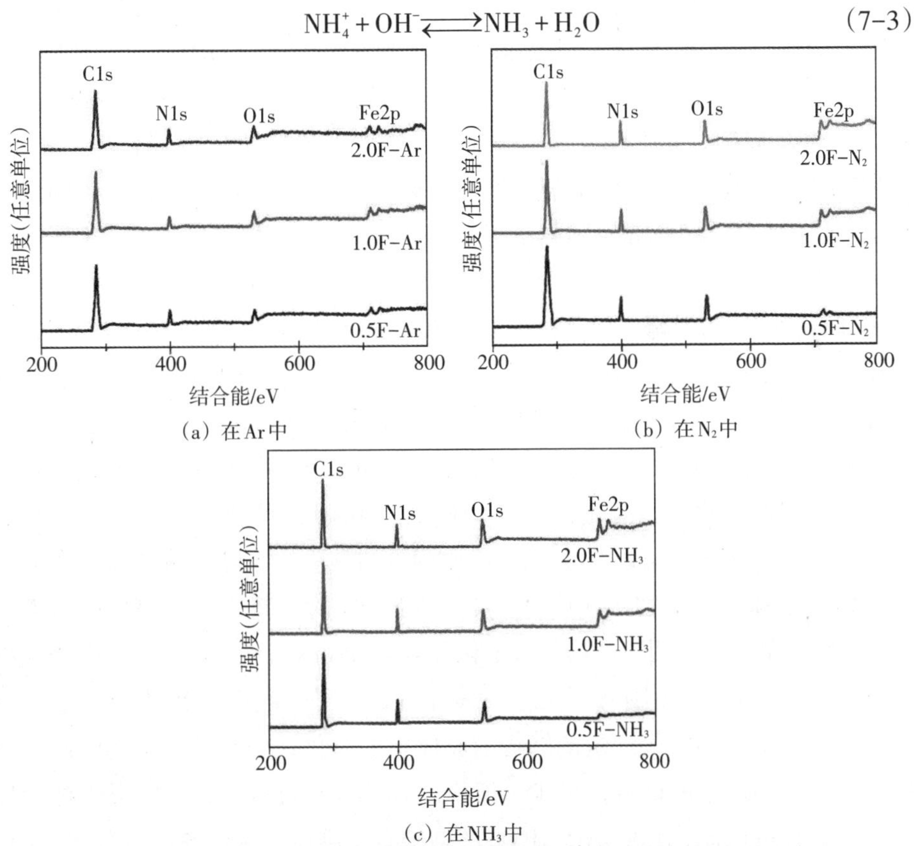

图7-2　不同硝酸铁添加量反应体系在不同气氛中燃烧合成得到前驱体的XPS全谱扫描图谱

表7-1　不同硝酸铁添加量反应体系在不同气氛中燃烧合成得到前驱体的XPS元素含量分析表

原子百分比	0.5F-Ar	1.0F-Ar	2.0F-Ar	0.5F-N_2	1.0F-N_2	2.0F-N_2	0.5F-NH_3	1.0F-NH_3	2.0F-NH_3
C	62.73	62.11	61.52	61.41	60.87	59.84	59.48	58.81	58.36
N	16.12	15.95	15.34	15.77	15.92	16.32	20.46	20.27	20.08
O	20.14	19.94	18.75	21.83	20.52	19.15	19.08	18.33	17.74
Fe	1.01	1.98	3.95	0.98	1.95	3.83	0.96	1.99	3.57

7.3.2　硝酸铁添加量和溶液燃烧气氛对产物组分结构的影响

将上述九种前驱体继续进行热处理过程，即通入体积比例为1∶1的氮气与氢气的混合气体，以10 ℃·min^{-1}的升温速率将温度升高至1000 ℃，保温2 h，即可得到九种不同组分的还原产物。图7-3为不同硝酸铁添加量和反应气氛的溶液燃烧合成前驱体经过1000 ℃热处理得到产物的XRD图谱。从图7-3可以看出，在不同反应气氛下，$F=0.5$体系得到的热处理产物均为Fe和Fe_3O_4的混合物，而$F=2.0$体系得到的热处理产物均为Fe和Fe_3C的混合物。此外，其XRD图谱中还可以观察到明显的石墨相衍射峰，这是由于在$F=0.5$的反应体系中，前驱体的铁元素含量较少，在热处理过程中，对其周边的无定形碳转化为石墨的催化能力有限，无法获得足够量的石墨。因此，其XRD图谱中观察不到石墨相的衍射峰；相反，在$F=2.0$的反应体系中，由表7-1可知，在不同反应气氛下得到的前驱体中铁元素含量较高，原子分数约为4%，在热处理过程中，对其周边的无定形碳转变为石墨的过程具有较强的催化作用，同时，前驱体中包含较多的无定形态氧化铁，其与无定形碳在高温下更容易发生碳热还原反应生成碳化铁。因此，$F=2.0$体系得到的热处理产物为Fe，Fe_3C与石墨的混合物。从图中可以看出，只有$F=1.0$的反应体系经过热处理能够得到单质Fe与石墨的混合物，并且当反应气氛为NH_3时，其XRD图谱中的石墨相衍射峰强度最高，说明该产物的石墨化程度最大。这可能是由于三种燃烧气氛$F=1.0$反应体系的前驱体中铁元素含量相近，原子分数均为2%左右。在高温条件下，一定量的氢气气氛能够将前驱体中的氧化铁全部还原成单质铁，而1.0F-NH_3前驱体中的碳含量最少，所以，在热处理过程中，无定形碳被催化为石墨的程度最深，1.0F-NH_3-1000产物中石墨碳所占全部碳的百分比最高，反映在其XRD图谱中的石墨衍射峰强度最高。

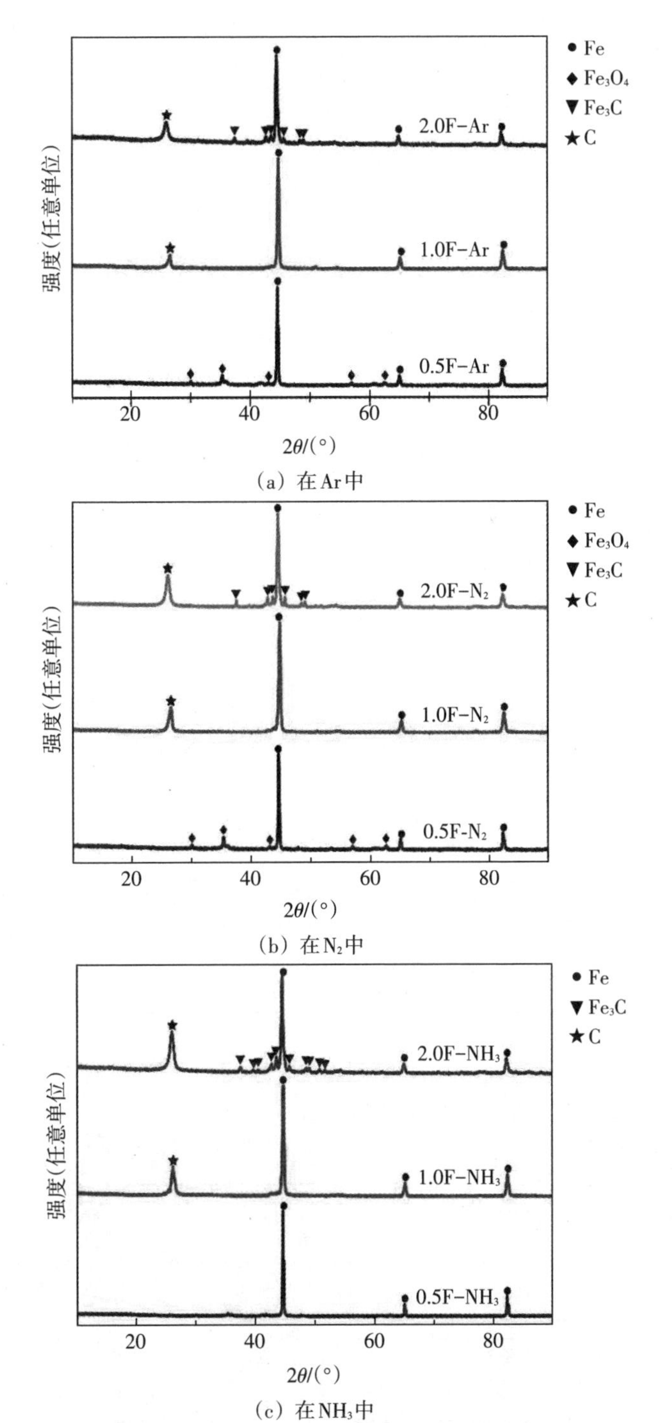

图7-3 不同硝酸铁添加量反应体系在不同气氛中燃烧合成前驱体，经过热处理得到产物的XRD图谱

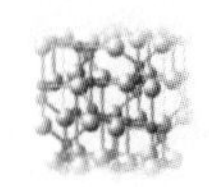

为了进一步确定不同燃烧气氛的$F=1.0$反应体系经过热处理得到的单质Fe与石墨混合物的结构成分与元素含量，利用XPS对三种产物进行分析，如图7-4所示。其中，图7-4（a）为三种产物的XPS全谱扫描图谱，从图中可以观察到以285，400，530和712 eV为中心的C1s，N1s，O1s，Fe2p特征峰，说明三种产物中均存在C，N，O，Fe四种元素。其中，C1s特征峰的强度很高，N1s特征峰的强度相对较弱，O1s和Fe2p特征峰的强度更弱，说明三种产物均含有较多的碳元素，少量的氮元素及微量的氧元素和铁元素，具体的元素含量（原子百分比）如表7-2所示。6.4节中介绍过，N原子在C中的掺杂类型主要有五种，分别为吡啶型-N（pyridinic-N）、吡咯型-N（pyrrolic-N）、吡啶酮型-N（pyridine-N）、石墨型-N（graphitic-N）及氧化物型-N（oxidized-N），其中，吡啶型-N和石墨型-N是最有利于ORR催化活性的C—N键类型。图7-4（b）（c）和（d）分别为1.0F＝Ar-1000产物、1.0F-N_2-1000产物和1.0F-NH_3-1000产物的XPS窄谱扫描N1s图谱，从图中可以看出，三种产物的N1s特征峰均可以分成四个结合能为398.4，399.8，401.2，403.5 eV的分峰，分别对应着吡啶型-N、吡咯型-N、石墨型-N和氧化物型-N，说明这三种产物中均存在吡啶型-N、吡咯型-N、石墨型-N和氧化物型-N原子，这四种类型的N原子含量（原子百分比）如表7-2所示。从表中可以看出，1.0F-NH_3-1000产物中含有更多的吡啶型-N和石墨型-N原子，这可能是由于该产物中包含的石墨碳较多，由第6章的图6-8（b）可知，吡啶型-N和石墨型-N原子分别位于石墨边缘处和石墨环连接处，因此，产物中的石墨碳越多，越有利于形成吡啶型-N和石墨型-N原子。

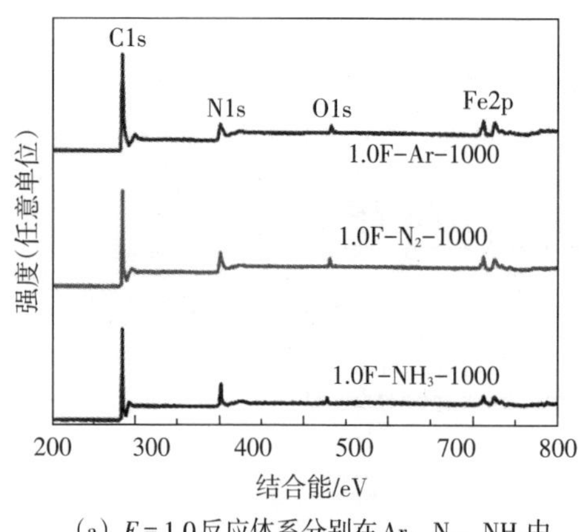

（a）$F=1.0$反应体系分别在Ar，N_2，NH_3中溶液燃烧合成前驱体的热处理产物的XPS全谱扫描图谱

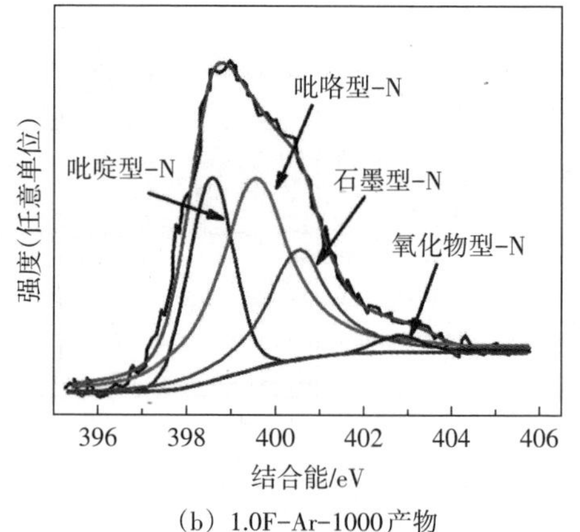

（b）1.0F-Ar-1000产物

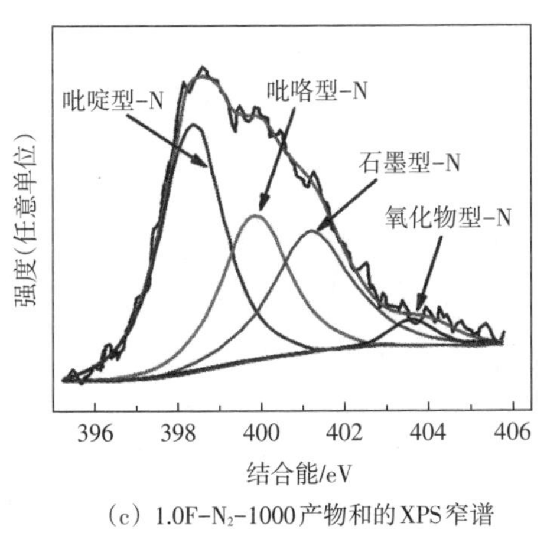

（c）1.0F-N_2-1000产物和的XPS窄谱扫描N1s图谱

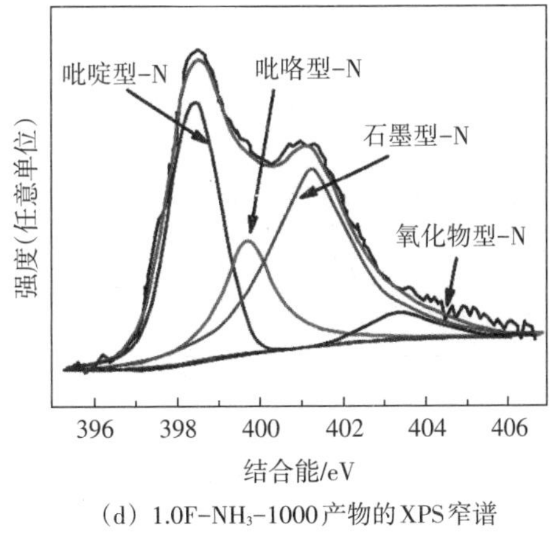

（d）1.0F-NH_3-1000产物的XPS窄谱扫描N1s图谱

图7-4　利用XPS对三种产物进行分析

表7-2　$F=1.0$反应体系分别在Ar，N_2，NH_3中溶液燃烧合成前驱体的热处理产物的XPS元素含量分析表

	C（原子分数）	O（原子分数）	Fe（原子分数）	N（原子分数）			
				吡啶型-N	吡咯型-N	石墨型-N	氧化物型-N
1.0F-Ar-1000	92.16	0.41	1.03	1.68	2.62	1.82	0.09
1.0F-N_2-1000	89.54	0.46	1.24	3.36	2.03	2.17	0.92
1.0F-NH_3-1000	87.23	0.39	1.67	3.59	1.94	4.18	0.78

由表7-2可知，三种产物的元素含量均以碳元素居首，占～90%的原子分数，为了进一步分析产物中碳的存在形式，对其进行了拉曼光谱表征，如图7-5所示。从图7-5中可以观察到，在三种产物的拉曼图谱中均存在两个明显的特征峰，分别位于～1350 cm^{-1}和～1580 cm^{-1}处，如5.3.2节中所述，这两个特征峰分别代表无序非晶碳（D峰）和有序石墨化碳（G峰），其强度的比值I_D/I_G越小，表示有序石墨化碳所占的比例越大，产物中的碳以石墨相态存在。根据图7-5（a）（b）（c）中两个特征峰的强度可以推算出1.0F-Ar-1000产物、1.0F-N_2-1000产物和1.0F-NH_3-1000产物的I_D/I_G比值分别为～0.58，～0.49和～0.45。可见，1.0F-NH_3-1000产物中碳的石墨化程度最深，这与图8-3中XRD的分析结果相吻合。

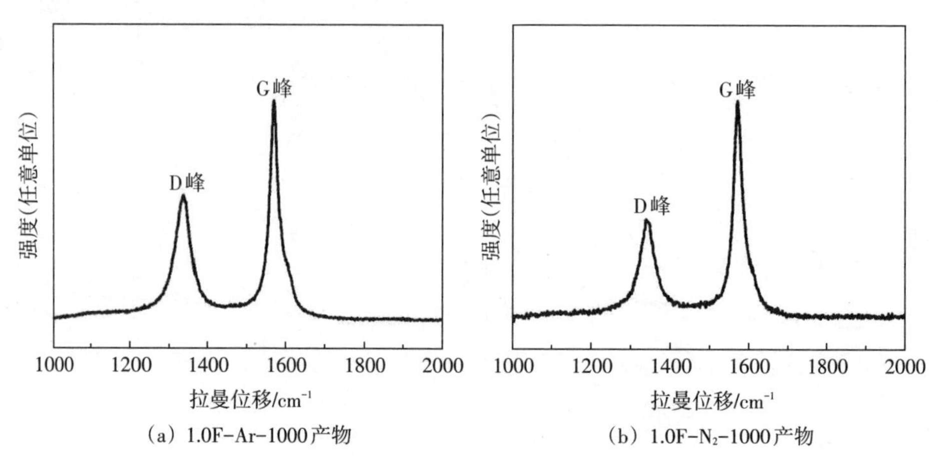

（a）1.0F-Ar-1000产物　　（b）1.0F-N_2-1000产物

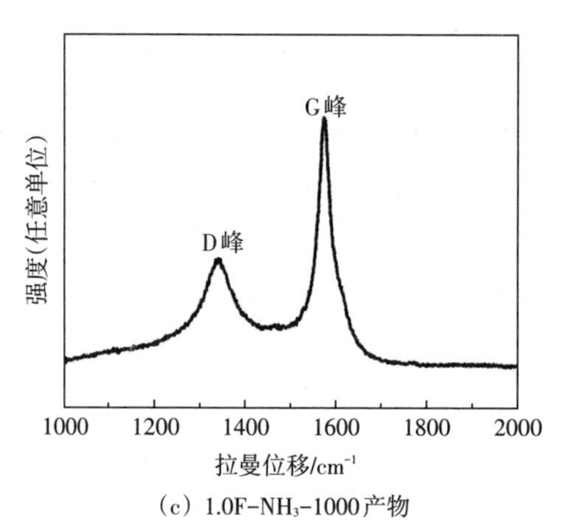

（c）1.0F-NH_3-1000产物

图7-5　拉曼图谱

从上述的产物组分分析结果可知，只有$F=1.0$反应体系的三种前驱体经过还原热处理过程能够生成组分为Fe-C-N的复合产物，并且燃烧反应气氛不同，产物的元素含量和石墨化程度也有所不同。接下来，就对三种燃烧反应气氛下的Fe-C-N复合产物的微观结构进行分析，图7-6为不同放大倍数下，三种产物的透射电镜照片和高分辨透射电镜照片。首先，从图7-6（a）（d）（g）中可以看出，三种产物均为纳米片状结构，这是可能由于三种反应体系中均含有大量葡萄糖，在溶液燃烧反应过程中，葡萄糖受热分解发生碳化反应，生成大量无定形碳片，引导燃烧产物沿着碳片方向生长。此外，在这些纳米片上还能够看到明显的、均匀分散着的、细小的纳米颗粒，这是因为在热处理过程中，单质铁出现结晶现象，晶粒逐渐长大并从无定形碳片内慢慢析出，形成均匀细小的纳米颗粒。放大拍摄倍数，从图7-6（b）（e）（h）中可以观察到，这些细小的纳米颗粒尺寸均为～10 nm，呈近球形，均匀地镶嵌在纳米片中，分散性良好，同时，在这些纳米颗粒的周围可以看到一些稀稀疏疏的小孔，说明热处理过程中产生了气体，促使产物内部形成孔隙结构。进一步放大拍摄倍数，得到三种产物的高分辨透射电镜照片，如图7-6（c）（f）（i）所示，这些纳米颗粒为单质铁，呈形状规则的近圆形结构，尺寸均一，在5～10 nm之间，其外部紧紧地包围着不同厚度的石墨层，近似于一种核壳结构的球形颗粒，单质铁为球核，石墨层为球壳，这种Fe@C颗粒均匀地镶嵌在多孔无定形碳片上，其中，无定形碳片起到支撑和连接的作用，使产物的结构更加稳定。对比三种产物的透射电镜照片，可以发现产物的结构没有发生明显的变化，均为嵌于多孔无定形碳片上的石墨包覆的单质铁纳米颗粒，颗粒的尺寸与形状也没有明显区别，均为小于10 nm的近球形结构，但是，对比颗粒周围的石墨层厚度，能够发现1.0F-NH_3-1000产物的石墨相晶格条纹更规整，条纹数目也更多，说明该产物的石墨化程度更深，这与图7-5中的担曼分析结果一致。因此，溶液燃烧反应气氛的变化对产物微观形貌无显著影响，但对产物石墨化程度的大小有一定的作用。

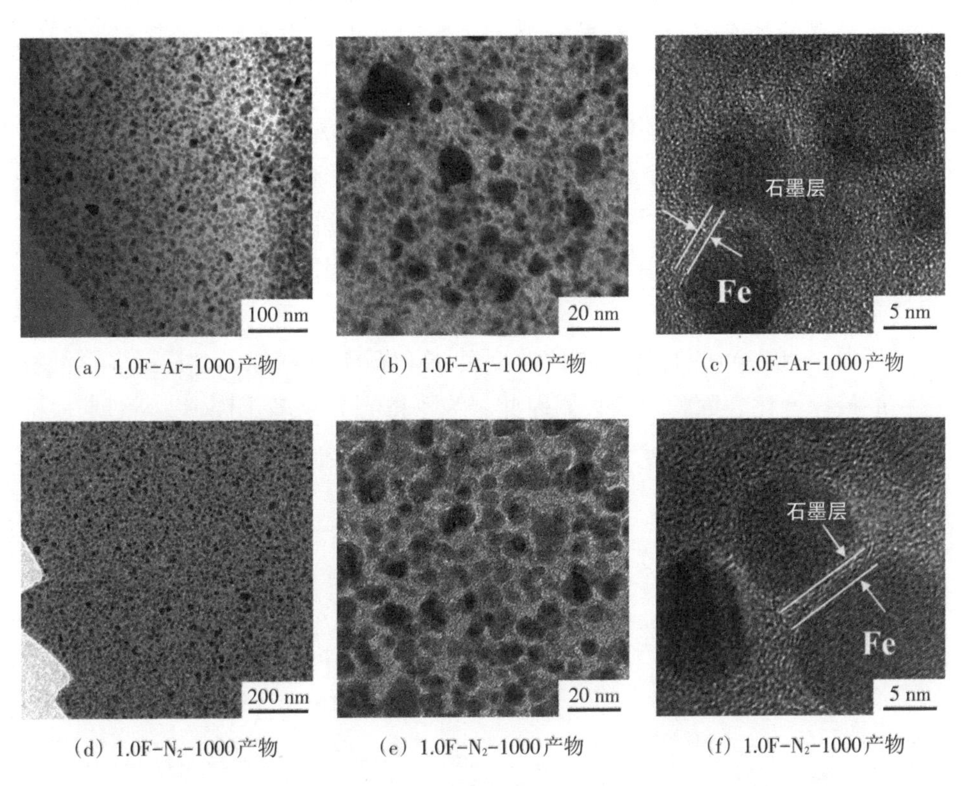

（a）1.0F-Ar-1000产物　（b）1.0F-Ar-1000产物　（c）1.0F-Ar-1000产物

（d）1.0F-N_2-1000产物　（e）1.0F-N_2-1000产物　（f）1.0F-N_2-1000产物

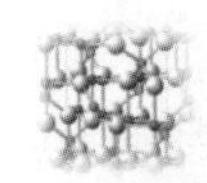

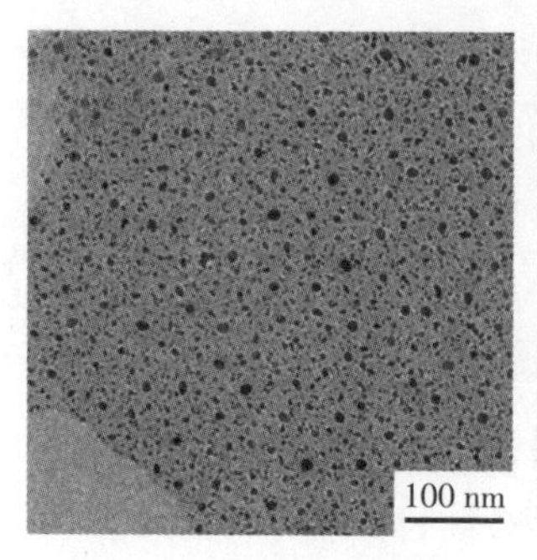

(g) 1.0F-NH_3-1000产物

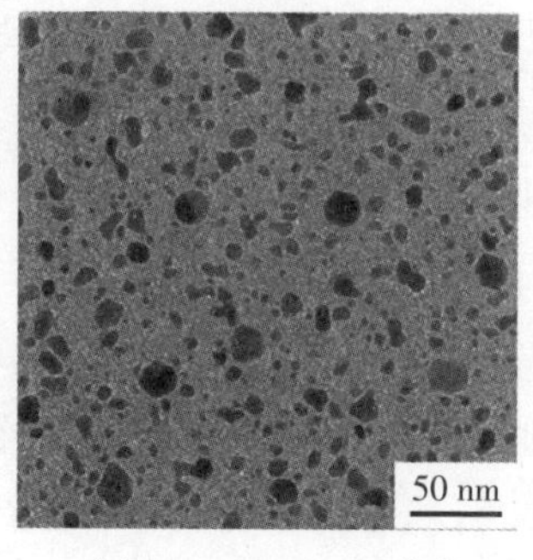

(h) 1.0F-NH_3-1000产物

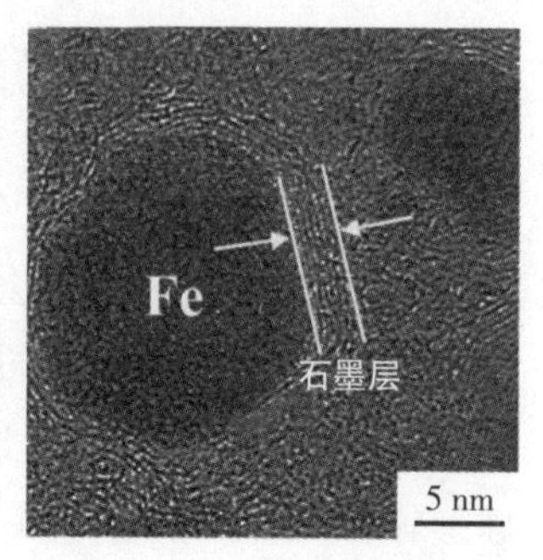

(i) 1.0F-NH_3-1000产物

图7-6　不同放大倍数的透射电镜照片和高分辨透射电镜照片

从透射电镜照片中可以看出，三种产物均为多孔结构，下面就具体分析一下溶液燃烧反应气氛对产物的孔隙类型和比表面积的影响。图7-7为三种产物的氮吸附-脱附等温线和相应的Barrett-Joyner-Halenda（BJH）孔径分布图。从图中可以看出，三种产物的氮吸附-脱附曲线都属于典型的Ⅳ类曲线，说明它们属于介孔结构，同时，它们的滞后回线类型均为H2型，说明都是由多孔吸附质或均匀粒子堆积孔造成的。从相应的BJH孔径分布图中可以看到，三种产物的孔径分布较为集中，在3 nm左右，为典型的介孔结构。此外，采用BET方法可以计算得到1.0F-Ar-1000产物、1.0F-N_2-1000产物和1.0F-NH_3-1000产物的比表面积分别为226.498，232.279，263.377 $m^2 \cdot g^{-1}$，可见，不同的反应气氛对产物孔隙结构类型的影响并不大，但产物的比表面积随反应气氛的变化会发生改变。由上述分析结果可知，不同气氛下，只有$F=1.0$反应体系的三种前驱体经过还原热处理过程能够生成组分为Fe-C-N的复合产物，其形貌均为嵌于多孔无定形碳片上的石墨包覆的单质铁纳米颗粒，其中，1.0F-NH_3-1000产物的吡啶型-N和石墨型-N原子含量最多，石墨化程度最深，比表面积也最大。因此，为了得到分级多孔Fe@C-N纳米片材料，将在1.0F-NH_3-1000产物的基础上，对其进行优化。

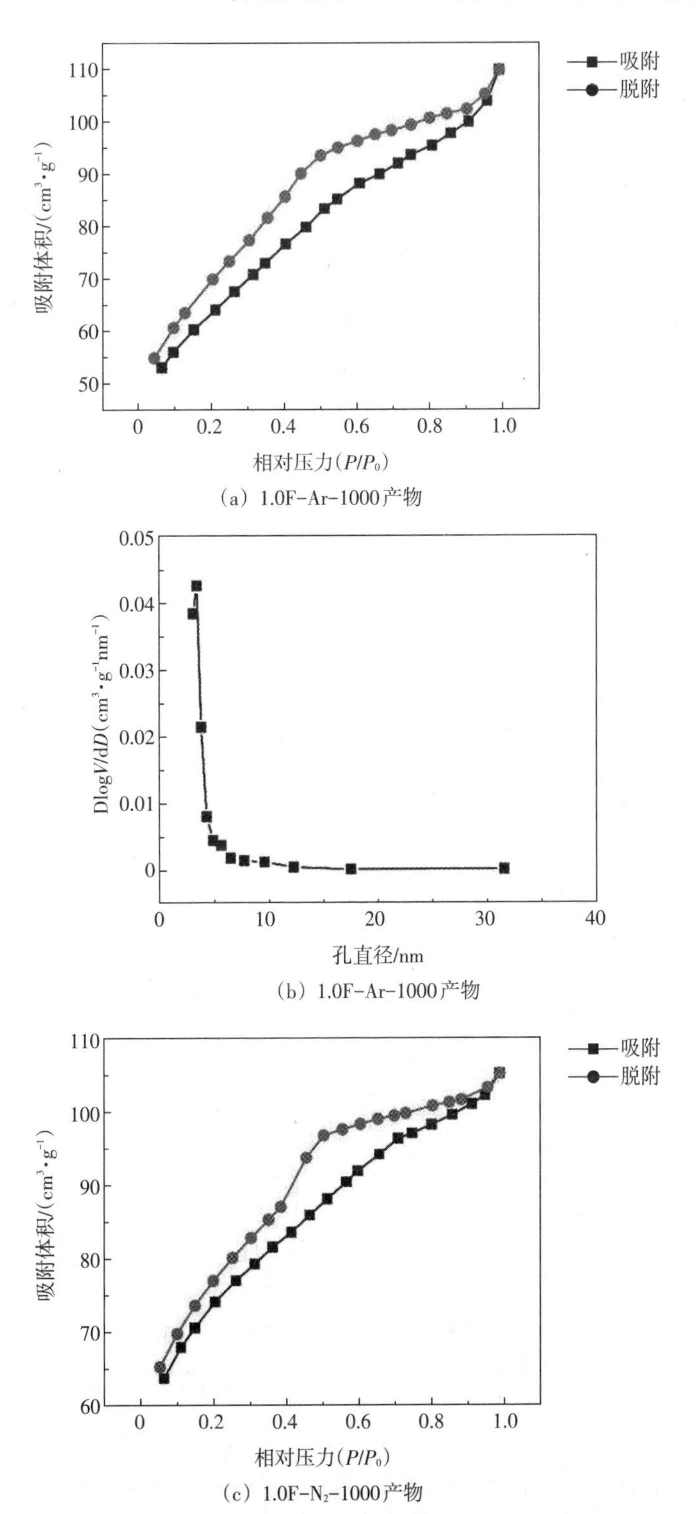

（a）1.0F-Ar-1000产物

（b）1.0F-Ar-1000产物

（c）1.0F-N_2-1000产物

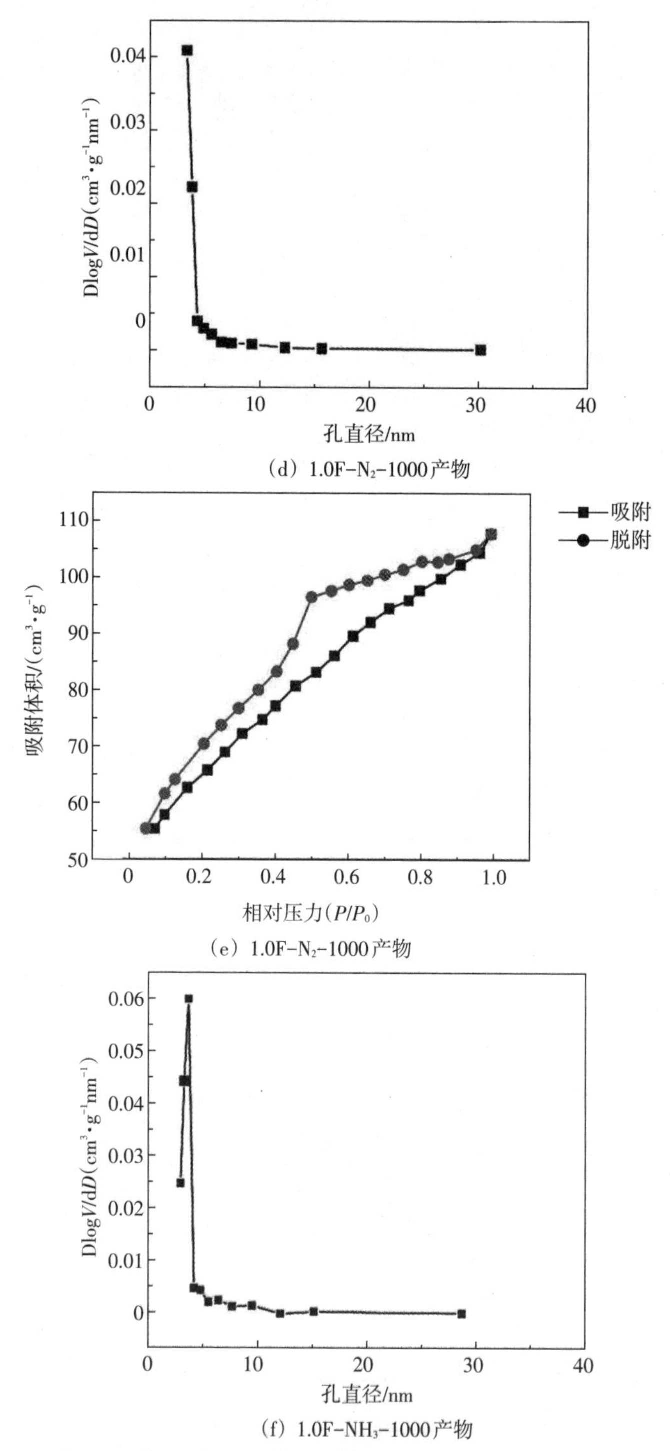

（d）1.0F-N_2-1000产物

（e）1.0F-N_2-1000产物

（f）1.0F-NH_3-1000产物

图7-7　氮吸附-脱附等温线图和相应的BJH孔径分布图

7.3.3　添加造孔剂和过氧化氢溶液的产物组分与形貌

在不影响1.0F-NH_3-1000产物组分的前提下，为了进一步增强产物中碳的石墨化程度，增大其比表面积，实现分级多孔结构的特征，在$F=1.0$反应体系的原料中加入了NaCl（0.15 g）和$ZnCl_2$（0.15 g）作为造孔剂，经过溶液燃烧合成和还原热处理过程后，将得到的产物依次在浓度为30%过氧化氢溶液和去离子水中进行反复清洗，目的是除去产物中多余的无定形碳和Na^+，Zn^{2+}离子，从而增强其石墨化程度和孔隙率。将经历该过程所得到的产物表示为1.0F-NH_3-1000-PC，接下来，对该产物的组分和形貌进行详细分析。

图7-8为1.0F-NH_3-1000-PC产物的XRD图谱和拉曼图谱。从图7-8（a）中可以看出，该产物的XRD图谱中除Fe（立方晶系，JCPDS card No. 87-0721）和石墨（六方晶系，JCPDS card No. 75-1621）的衍射峰之外，再没有其他衍射峰出现，表明该产物的物相是Fe和石墨的混合相，这与1.0F-NH_3-1000产物的物相相同，说明添加造孔剂和过氧化氢溶液对产物的物相没有影响。进一步分析产物的石墨相，对其进行拉曼表征，如图7-8（b）所示，该产物的拉曼图谱中存在两个明显的特征峰，即D峰（无序非晶态碳）和G峰（有序石墨化碳），分别位于~1350 cm^{-1}和~1580 cm^{-1}处，其强度的比值I_D/I_G约为0.31，说明产物中的碳主要以石墨相态存在。对比图7-5（c）中的特征峰强度可以看出，图7-8（b）中的D峰强度更弱一些，I_D/I_G的比值也更小一些，说明该产物的石墨化程度大于1.0F-NH_3-1000产物，添加造孔剂和过氧化氢溶液能够明显提高产物的石墨化程度。

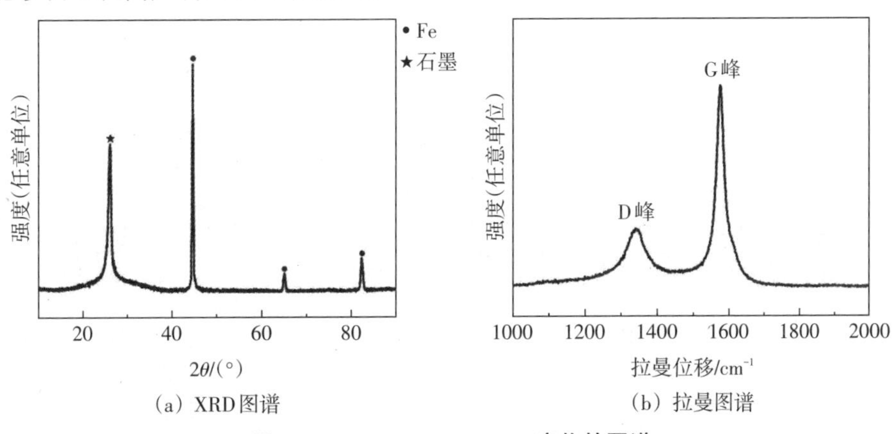

（a）XRD图谱　　（b）拉曼图谱

图7-8　1.0F-NH_3-1000-PC产物的图谱

为了进一步确定1.0F-NH_3-1000-PC产物的结构成分与元素含量，利用XPS对该产物进行分析，如图7-9所示。其中，图7-9（a）为1.0F-NH_3-1000-PC产物的XPS全谱扫描图谱，从图中可以观察到以285，400，530，712 eV为中心的C1s，N1s，O1s，Fe2p特征峰，说明该产物中存在C，N，O，Fe四种元素，其中，C1s特征峰的强度很高，N1s特征峰的强度相对较弱，O1s和Fe2p特征峰的强度更弱，说明该产物含有较多的碳元素，少量的氮元素及微量的氧元素和铁元素，具体的元素含量（原子百分比）如表7-3所示。对比7.3.3节中表7-2所示的1.0F-NH_3-1000产物的各元素含量可知，1.0F-NH_3-1000-PC产物中的碳元素含量降低，氧元素含量有所增加，这是因为产物经历过氧化氢溶液清洗后，大量非石墨态的无定形碳会被除去，同时，在铁的催化作用下，过氧化氢溶液会发生分解生成氧气，而产物的多孔结构会使部分氧原子滞留。因此，该产物中的碳元素含量降低，氧元素含量增多，铁元素和氮元素的总含量没有明显变化，但N原子在C中的掺杂类型有所不同。如图7-9（b）所示，1.0F-NH_3-1000-PC产物的XPS窄谱扫描N1s特征峰可以分成四个结合能为398.4，399.8，401.2，403.5 eV的分峰，分别对应着吡啶型-N、吡咯型-N、石墨型-N和氧化物型-N，说明产物中存在吡啶型-N、吡咯型-N、石墨型-N和氧化物型-N原子，这四种类型的N原子含量如表7-3所示。与1.0F-NH_3-1000产物相比，该产物中含有更多的吡啶型-N和石墨型-N原子，如前文所述，这可能是由于1.0F-NH_3-1000-PC产物中包含的石墨碳较多，而吡啶型-N和石墨型-N原子分别位于石墨边缘处和石墨环连接处。因此，产物中的石墨碳越多，越有利于形成吡啶型-N和石墨型-N原子。

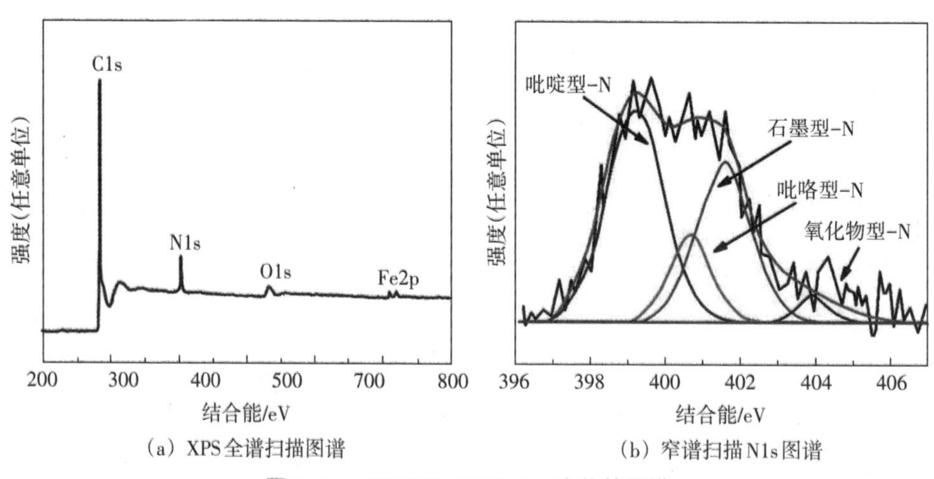

（a）XPS全谱扫描图谱　（b）窄谱扫描N1s图谱

图7-9　1.0F-NH_3-1000-PC产物的图谱

表7-3　1.0F-NH_3-1000-PC产物的XPS元素含量分析表

C（原子分数）	O（原子分数）	Fe（原子分数）	N（原子分数）			
			吡啶型-N	吡咯型-N	石墨型-N	氧化物型-N
84.26	1.57	1.63	4.75	1.64	4.33	0.67

接下来，将通过透射电子显微镜对1.0F-NH_3-1000-PC产物的微观结构进行分析。如图7-10（a）所示，该产物的形貌依然为纳米片状结构，并且在纳米片上能够看到明显的、均匀分散着的、细小的纳米颗粒。放大拍摄倍数，从图7-10（b）中可以看到，这些细小的纳米颗粒尺寸十分均匀，大约在10 nm左右，呈近球形，均匀地嵌在纳米片中，分散性很好，当对比图7-6中1.0F-NH_3-1000产物的TEM照片时，可以发现该产物中存在大量小孔，如图7-10（c）所示，这些小孔呈聚集状态，任意地分布在纳米颗粒周围并嵌于纳米片上，说明添加造孔剂能够明显地提高产物孔隙率，促进内部孔隙结构的生成。进一步提高拍摄倍数，得到相应的高分辨透射电镜照片，如图7-10（d）所示，在无定形态结构的纳米片上，存在大量尺寸均匀、形状规则的球形纳米颗粒，选择黄色方框内的单个颗粒进行观察，如图7-10（e）所示，该纳米颗粒为单质铁，呈形状规则的近球形结构，尺寸约为10 nm，外部紧紧地包围着厚度约为3 nm的石墨层，构成一种近似于核壳结构的球形颗粒。选取该颗粒左上方位置进行分析，如图7-10（f）所示，颗粒内部可以观察到十分清晰的晶格条纹，晶格间距约为0.203 nm，对应着单质铁的（110）晶面，说明该产物中铁的结晶性很好。从图7-10（f）中还可以看到，铁颗粒的外部紧密地包裹着数十条排列有序的晶格条纹，晶格间距约为0.339 nm，对应着石墨的（002）晶面，说明该产物中的铁颗粒对其周围碳发生石墨化转变的催化能力很强，产物中的石墨相含量较多，均匀地包覆在铁颗粒周围，形成完美的Fe@C核壳结构，这种结构在电催化过程中，能够有效地防止单质铁颗粒被电解液侵蚀，从而提高电极的催化稳定性。

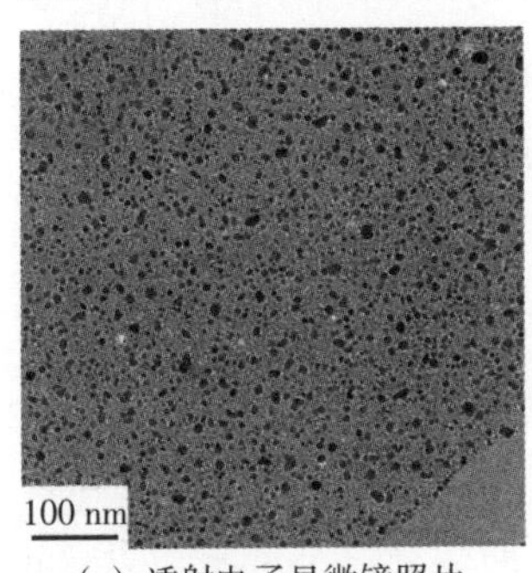

（a）透射电子显微镜照片

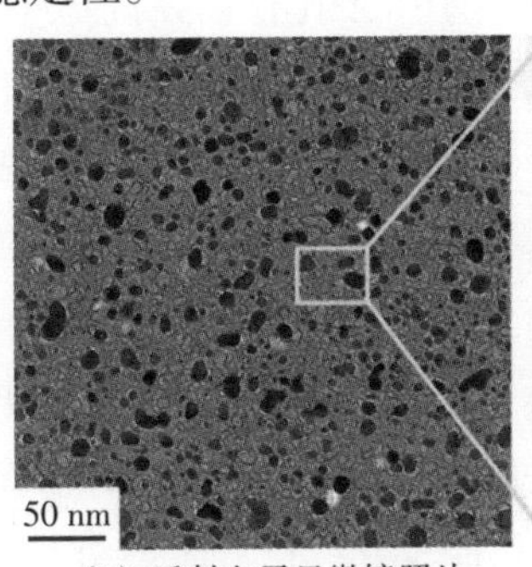

（b）透射电子显微镜照片

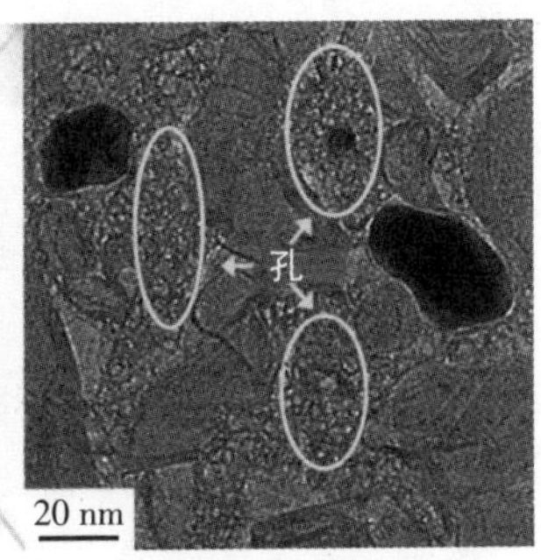

（c）透射电子显微镜照片

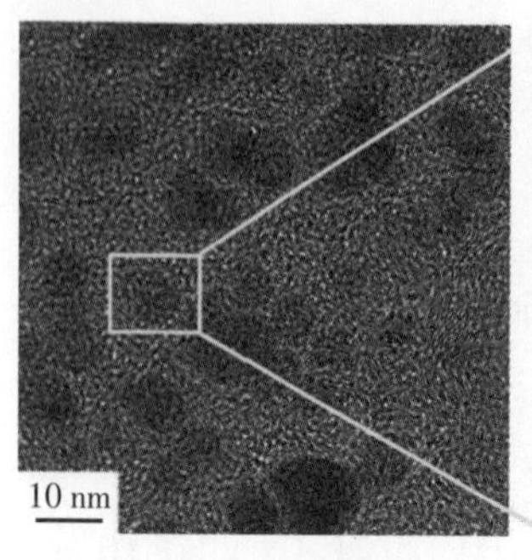

(d) 高分辨透射电镜照片

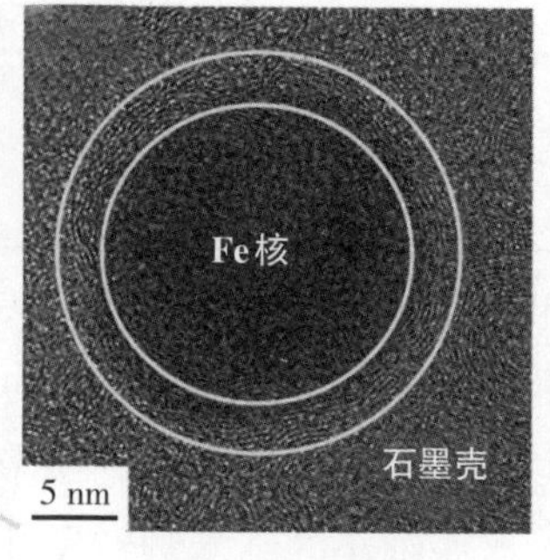

(e) 高分辨透射电镜照片

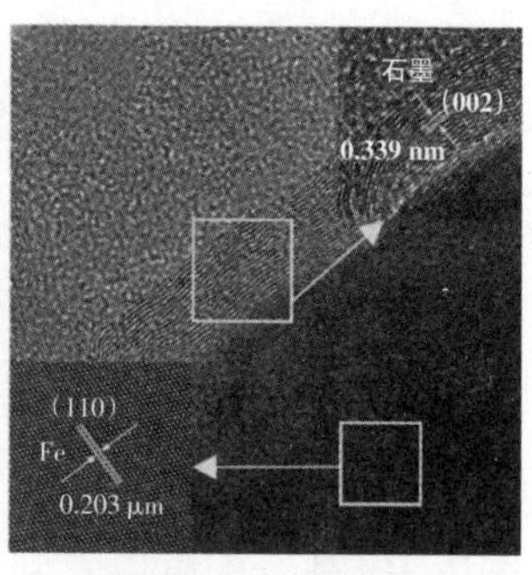

(f) 高分辨透射电镜照片

图7-10　1.0F-NH_3-1000-PC产物不同放大倍数下的照片

由上述TEM照片分析结果可知，1.0F-NH_3-1000-PC产物微观形貌是具有较高孔隙率的纳米片状结构，为了进一步确定该产物的纳米片厚度和孔隙结构，利用原子力显微镜和物理吸附仪对其进行表征，如图7-11所示。图7-11（a）和（b）分别是1.0F-NH_3-1000-PC产物中单层纳米片的原子力显微镜照片和厚度测量曲线，从图中可以明显看出，该纳米片上存在大量尺寸均匀细小的球形纳米颗粒（薄片上的亮斑处），这与TEM照片中的单质铁颗粒形貌相符合。这些铁颗粒虽然形状规则、尺寸均匀，但颗粒之间依然存在些许差别，使纳米片表面并不光滑，厚度也不均一，如图7-11（b）所示，该纳米片的厚度随着表面颗粒尺寸的变化呈现波动性变化，但其波动幅度并不大，在20～50 nm之间，平均厚度约为32.16 nm，说明该产物的片状结构确实在纳米范围内，进一步证实了其纳米片状结构形貌。接下来分析该产物的孔隙类型，图7-11（c）为1.0F-NH_3-1000-PC产物的氮吸附-脱附等温曲线，从图中可以看出，该曲线为Ⅰ和Ⅳ类型的混合曲线，其中，吸附曲线在低压时（$P/P_0<0.1$）呈现快速增长趋势，并在中低压范围内（$0.1<P/P_0<0.45$）出现吸附平台，说明产物中有微孔存在；当相对压力处于中高压范围时（$P/P_0>0.45$），吸脱附曲线出现了明显的滞后环，表明产物中存在介孔；而在高压下（$0.9<P/P_0<1.0$）等温线又出现了微弱的上升现象，证明样品中有大孔存在，由此可以推断，该产物中同时存在微孔（孔径<2 nm）、介孔（中孔，孔径在2～50 nm）和大孔（孔径>50 nm）这三种类型的孔隙。根据图7-11（c）中的氮吸附曲线，应用Density Functional Theory（DFT）计算得到1.0F-NH_3-1000-PC产物的孔径分布图，如图7-11（d）所示。从图中可以看出，该产物的孔径呈非均匀分布，其在0.44，0.89，1.23 nm位置处分别出现了两个窄的强峰和一个较宽的弱峰，说明产物中包含大量上述三种孔径尺寸的微孔；此外，该曲线在～3 nm和～70 nm

位置处也分别出现了一个明显的强峰和一个较宽的弱峰，说明产物中的介孔孔径分布较为均匀，并且出现了一定数量的大孔孔隙。经计算，该产物的全孔容积为0.64 $cm^3 \cdot g^{-1}$，平均孔径为4.8 nm，比表面积为478.57 $m^2 \cdot g^{-1}$，与1.0F-NH_3-1000产物相比，该产物的孔径分布范围更广，比表面积更大，说明添加造孔剂能够改变产物的孔径尺度，提高产物的孔隙率。在电催化过程中，微孔有利于电解质离子的存储累积，介孔能够提高电解质、反应物和产物的传输效率，与此同时，大孔有利于缩短缓冲离子从外部电解质到内部的扩散距离。因此，这种具有分级多孔结构的Fe@C-N纳米片材料在理论上应该具有优异的电催化能力，接下来，对其ORR催化活性进行测试。

（a）原子力显微镜照片

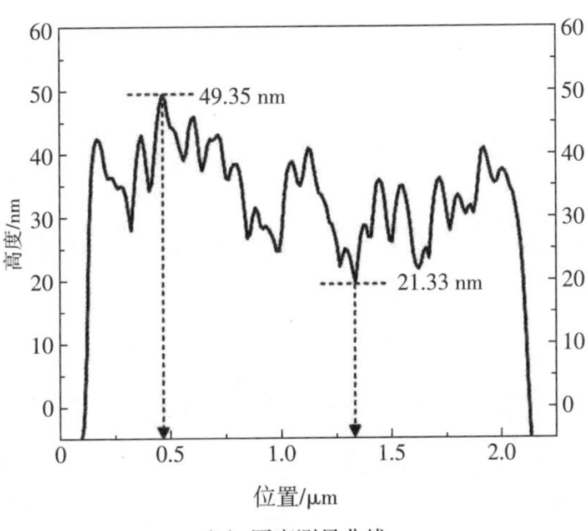

（b）厚度测量曲线

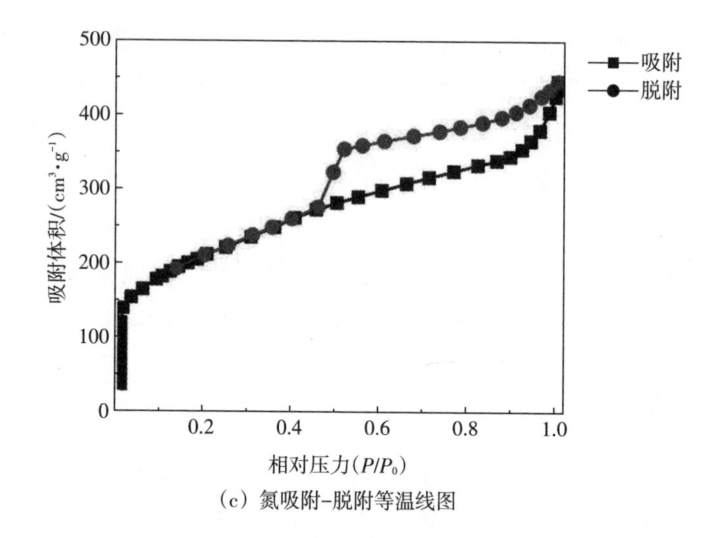

(c) 氮吸附-脱附等温线图

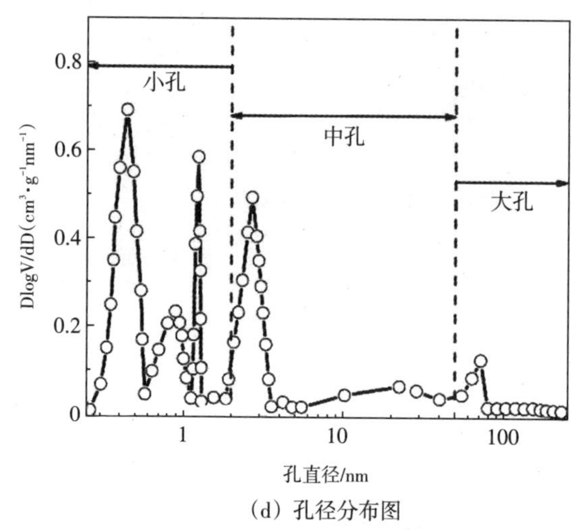

(d) 孔径分布图

图7-11　1.0F-NH_3-1000-PC产物的相关分析图

7.4　分级多孔纳米Fe@C-N复合物的电催化性能与机理研究

图7-12为分级多孔Fe@C-N纳米片作为ORR催化剂在0.1 M浓度的O_2饱和KOH溶液中的电催化活性测试曲线。图7-12（a）为分级多孔Fe@C-N纳米片催化剂和商用Pt/C催化剂的伏安曲线对比图，从图中可以看出，两种催化剂

均在电压负向扫描过程中出现了一个明显的还原峰，其中，分级多孔Fe@C-N纳米片催化剂的还原峰更尖锐一些，峰电位值约为-0.112 V，略大于商用Pt/C催化剂的-0.148 V氧还原电位值，说明其发生氧还原反应的过电位小于商用Pt/C催化剂，更利于反应的进行。同时，前者的还原峰积分面积也明显大于后者，说明其具有较大的电流密度值，这一点在图7-12（b）中两种催化剂的LSV曲线中也可以明显观察到。如图7-12（b）所示，分级多孔Fe@C-N纳米片催化剂的极限电流密度值（J_{lim}）为-5.407 mA·cm^{-2}，其绝对值大于商用Pt/C催化剂的极限电流密度（J_{lim}=-5.032 mA·cm^{-2}），而且，从图中还可以看到，分级多孔Fe@C-N纳米片催化剂的起始电位（E_{onset}）为0.169 V，半波电位（$E_{1/2}$）为-0.118 V，而商用Pt/C催化剂的起始电位为0.139 V，半波电位为-0.149 V。可见，相较于商用Pt/C催化剂，分级多孔Fe@C-N纳米片催化剂的起始电位和半波电位电位均发生了正移，说明其氧还原反应的过电位较小，能量转换效率较高，催化活性更好一些。

接下来，为了研究分级多孔Fe@C-N纳米片催化剂电极表面发生的ORR相关动力学信息，利用旋转圆盘技术对其表面氧还原反应做了进一步研究。图7-12（c）为分级多孔Fe@C-N纳米片催化剂在O_2饱和的0.1 M KOH电解质溶液中，不同旋转圆盘电极的转速下测定的ORR极化曲线。从图中可以看出，当转速从400 r·min^{-1}增加到2500 r·min^{-1}时，催化剂的极限电流密度随之增加，如6.5节中所述，电极的旋转速度越大，通过电解液的强制对流交换而流向电极附近的本体溶液越多，可以给电极反应提供更多的氧反应剂，更有利于反应的进行，其极限电流密度值越大。与图6-10（c）中商用Pt/C催化剂相同转速下的ORR 极化曲线相比，该催化剂每种转速下的极限电流密度值都更大一些，并且，其在扩散控制区出现了明显的扩散平台，说明在传质扩散过程中催化剂表面的电子转移速度较快，催化反应更趋近于4电子过程，这一点通过不同电位下的Koutecky-Levich（K-L）曲线可以计算得到。如图7-12（d）所示，分级多孔Fe@C-N纳米片催化剂在不同电位下的K-L曲线均具有十分良好的线性关系，揭示了该反应为动力学一级反应，经计算其在-0.2，-0.3，-0.4，-0.5 V电位下的电子转移数目n分别为3.83，3.92，3.97，3.88，说明该催化反应过程主要遵循的是4电子途径，即O_2获得4个电子直接生成H_2O的过程，这种一级反应过程不会生成多余的有害产物，降低电解质浓度或者破坏电极结构，能够保证ORR反应快速且持久地进行下去，从而提高催化效率。

另外，根据LSV曲线的线性区域拟合得到了分级多孔Fe@C-N纳米片催化剂和商用Pt/C催化剂的Tafel斜率，如图7–12（e）所示，分级多孔Fe@C–N纳米片催化剂的斜率值为67 mV·dec^{-1}，与商用Pt/C催化剂的64 mV·dec^{-1}十分接近。而在图7–12（f）的阻抗测试曲线中可以看到，在中高频区域，分级多孔Fe@C–N纳米片催化剂的半圆直径明显小于商用Pt/C催化剂，表明前者具有较低的电荷传递阻抗（R_{ct}）和电解质电阻，更有利于电催化过程中的电子传输。因此，本实验制备得到的分级多孔Fe@C–N纳米片催化剂具有更好的ORR催化活性。

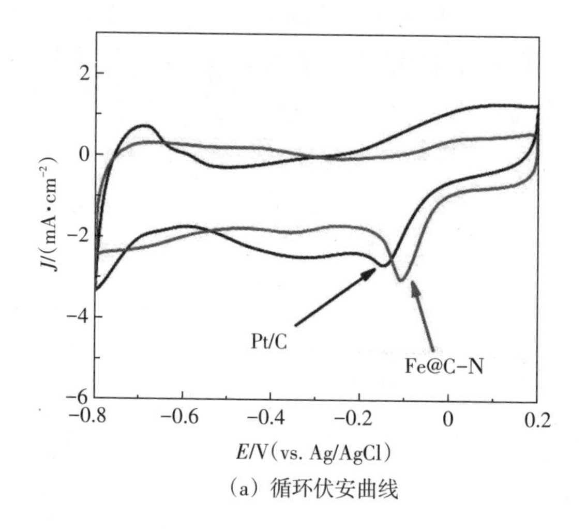

（a）循环伏安曲线

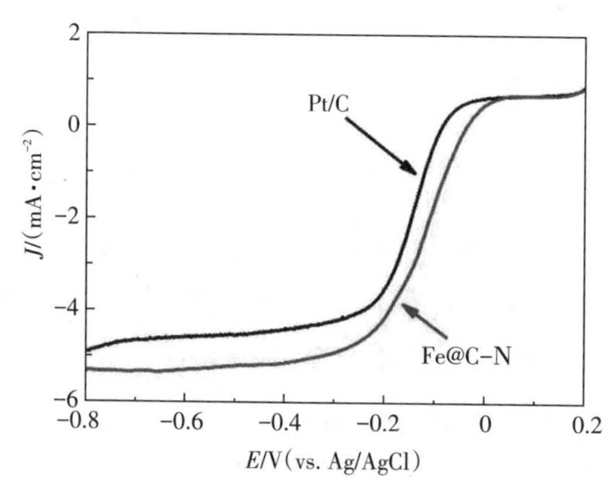

（b）线性扫描伏安曲线（电极旋转速率为1600 r·min^{-1}）；分级多孔Fe@C–N纳米片催化剂

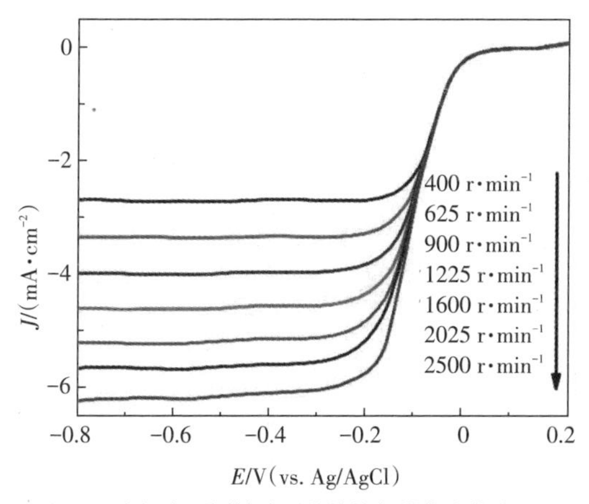

（c）在不同转速下的线性扫描伏安曲线

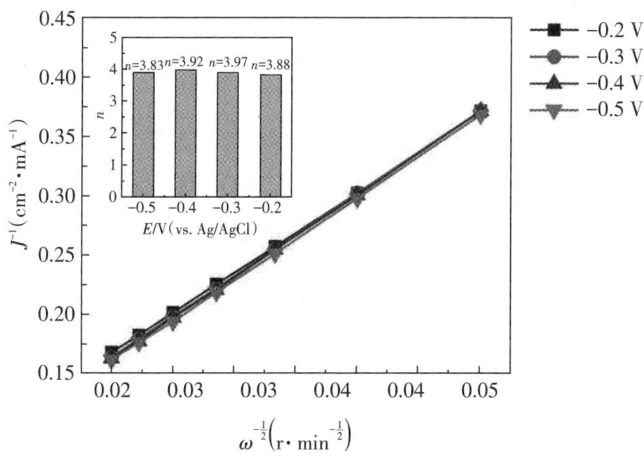

（d）不同电位下K-L关系曲线

（左上角为相应的电子转移数目柱状图）

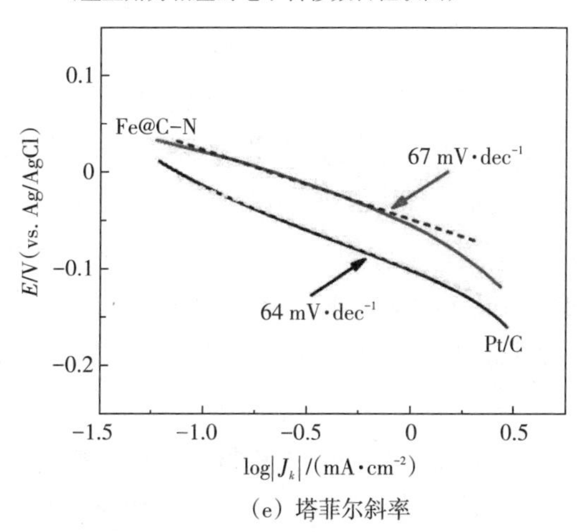

（e）塔菲尔斜率

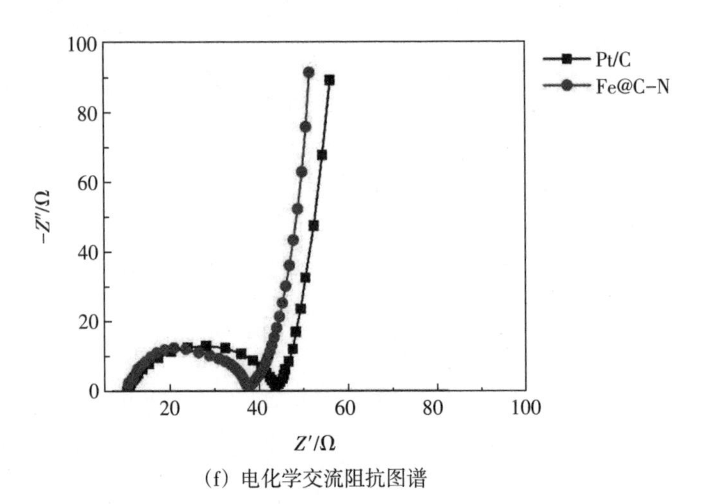

（f）电化学交流阻抗图谱

图7-12　分级多孔Fe@C-N纳米片催化剂和商用Pt/C催化剂的相关分析图

除此之外，稳定性也是评定催化剂电催化能力的重要指标。如图7-13（a）所示，在O_2饱和的0.1 mol·L^{-1} KOH电解液中，随着时间的推移，分级多孔Fe@C-N纳米片催化剂的电流-时间计时安倍响应表现出一个非常缓慢的衰减，经过2万s的测试后，其电流密度值仍然能够保持初始电流密度的76.49%；相比之下，商用Pt/C催化剂的电流密度则逐渐下降，经过2万s的测试后，其电流密度值只剩下最初值的47.68%，该结果表明，分级多孔Fe@C-N纳米片催化剂在碱性溶液中的稳定性比商用Pt/C催化剂好。另外，在燃料电池中，一些燃料小分子（如甲醇）会从阳极穿过质子交换膜进入阴极，引起阴极电催化剂中毒，导致催化活性下降甚至失活。理想的ORR催化剂应具有较好的甲醇耐受性，因此，对两种催化剂分别进行了抗甲醇中毒能力测试。同样地，在O_2饱和的0.1 mol·L^{-1} KOH电解液中通过计时安培法得到催化剂的恒电位计时电流曲线，经过400 s的测试后，在电解液中加入5 mL的甲醇溶液，然后，继续测试600 s，观察电流曲线的变化，判断催化剂的耐甲醇性。如图7-13（b）所示，加入甲醇后，商用Pt/C催化剂的电流密度出现明显的波动，迅速下降到最初值的63.25%，而分级多孔Fe@C-N纳米片催化剂的电流密度变化不大，保持了稳定的电流响应。由此可见，分级多孔Fe@C-N纳米片催化剂的抗甲醇中毒能力显著优于商用Pt/C催化剂，更适合作为直接甲醇燃料电池的阴极催化剂。

综上所述，本实验制备出的分级多孔Fe@C-N纳米片催化剂在ORR反应过程中表现出较小的过电位，较窄的混合动力控制区域、较高的极限电流密度

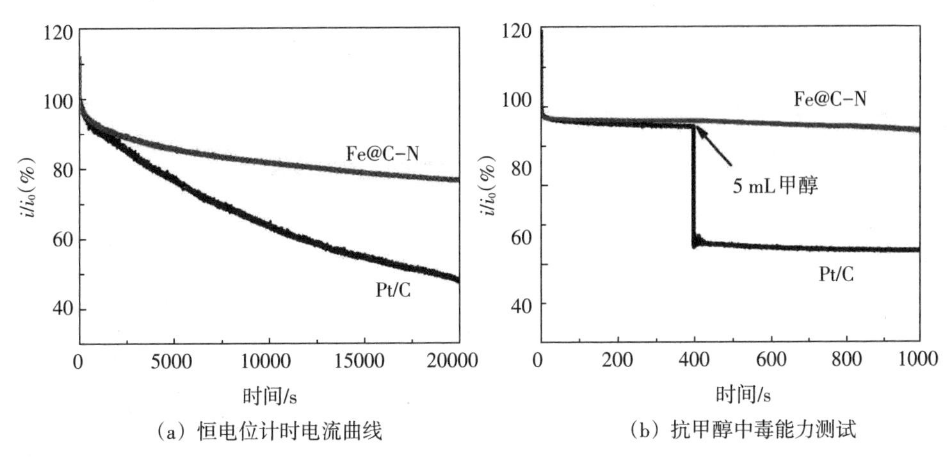

（a）恒电位计时电流曲线　（b）抗甲醇中毒能力测试

图7-13　分级多孔Fe@C-N纳米片催化剂和商用Pt/C催化剂的测试

和较小的电荷传递阻抗，说明其具有较好的ORR催化活性。同时，该催化剂经过长时间的循环反应和甲醇侵蚀，催化能力并未出现明显衰减，说明其具有良好的ORR催化稳定性和抗甲醇中毒能力。根据图7-14所示的ORR反应机理图，认为该催化剂所展现的这些优异的电催化能力主要归功于其特殊的结构组分和形貌特征。如图7-14（a）所示，氧气的电催化还原反应实际上是一个包含了多个反应步骤及4电子转移的复杂反应，主要包括以下几种可能的途径：① 直接反应途径，即四电子还原反应直接生成H_2O（酸性介质）或OH^-（碱性介质）；② 间接反应途径，即2电子还原反应生成H_2O_2中间物种；③ 二电子和四电子还原的连续反应途径；④ 包含前面三个步骤的平行反应途径；⑤ 交互式途径，包括了物种从连续反应途径扩散到直接反应途径等。一般地，O_2先要接近电极表面，然后，在上面发生吸附分解，包括O_2的扩散和O_2的化学吸附分解，实际上氧分子与溶液中的水分子总是争先占据电极表面的活性部位，而为了使氧分子的还原反应能够顺利进行，O—O键必须被削弱，这意味着O_2必须与电极表面发生强相互作用。如果氧分子以一个氧原子末端吸附在电极表面，那么O—O键强度不能被充分削弱，在此条件下，体系将倾向于间接反应途径；如果氧分子中的两个氧原子同时吸附在金属表面的某个原子上，或者与两个金属原子形成桥式吸附构型，那么O—O键将被大大削弱，有利于O_2发生直接还原反应。其中，金属Fe原子由于含有空余的d轨道和未成对的d电子，其与氧原子接触时容易在空余的d轨道上形成Fe-O_2桥式吸附键，该键能强度适中，既可以充分削弱O—O键，又能使表面吸附着的氧原子继续进行还原反应，具体反应过程如图7-14（b）所示，为二电子和四电子还原的连续反应途径。

此外，电催化剂的性能与其表面的化学结构（组成和价态）、几何结构（形貌和形态）、原子排列结构和电子结构有着十分紧密的联系。其中，氮元素的掺杂对提高催化剂的氧还原活性具有积极的作用，这是因为掺入氮元素有利于提高催化剂的活性位点密度，表层中的氮元素能够优先吸附氧原子，并且，该氧原子与氮邻近Fe原子上吸附的O，OH物种之间存在强烈排斥作用，导致Fe原子上的O，OH吸附作用减弱，从而加速了这些Fe活性位点上氧还原生成水的决速步骤，即吸附的O，OH与H_3O^+结合及OH^-的生成，进一步提高了氧还原的反应速率，使反应更趋近于直接四电子还原过程。同时，氮元素的掺杂可以改变催化剂中碳原子的自旋密度和电荷分布，在碳表面创造更多的催化反应活性位点，并且能够提高碳的石墨化程度，而石墨化氮元素的结合形式也更有利于提高氧还原活性，增大极限电流密度。另外，催化剂中碳的石墨化程度越高，其电导率越大，有助于电流的传导及催化剂活性的提高，而且石墨化程度高的催化剂也具有较好的稳定性。在电催化剂的几何结构方面，如图7-14（c）所示，电催化反应过程中，大的比表面积和丰富的孔隙结构能够为催化剂提供高活性表面积，均匀负载活性物质，为催化反应提供场所，例如，微孔有利于电解质离子的存储累积，介孔能够提高电解质、反应物和产物的传输效率，大孔可以缩短缓冲离子从外部电解质到内部的扩散距离。此外，均匀分散且尺寸细小的纳米铁颗粒具有高表面自由能，其电催化活性随表面结构开放度的增加而增大，与此同时，石墨包覆的纳米铁颗粒结构能够有效地防止单质铁颗粒在电催化过程中遭受电解液的不断侵蚀，从而提高催化剂的稳定性。因此，本实验制备出的分级多孔Fe@C-N纳米片材料作为ORR催化剂与目前已报道的非贵金属催化剂相比，在碱性条件下，展现出了更好的或可与之相比的电催化性能，如表7-4所示。

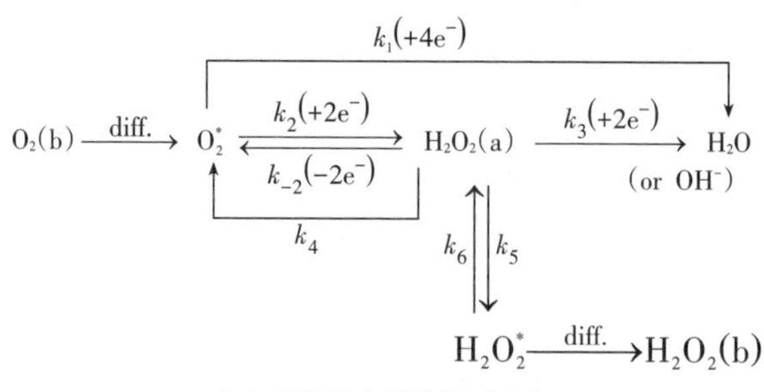

（a）氧气的电催化还原反应

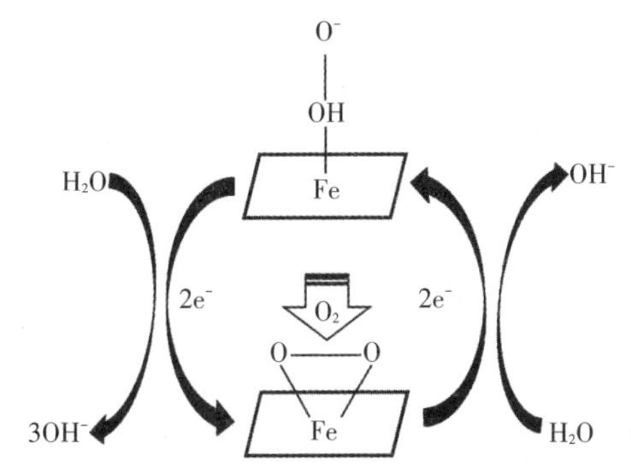

（b）二电子和四电子还原的连续反应途径

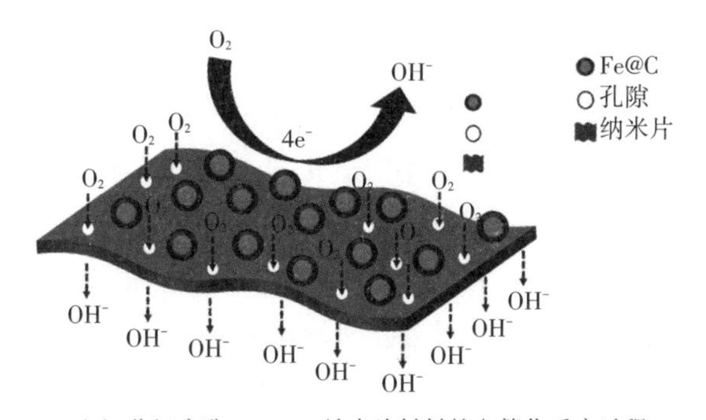

（c）分级多孔Fe@C-N纳米片材料的电催化反应过程

图7-14 分级多孔Fe@C-N纳米片的ORR催化机理示意图

表7-4 分级多孔Fe@C-N纳米片催化剂与文献中报道的非贵金属催化剂在碱性溶液中ORR性能的对比

催化剂	E_{onset}/V（vs. Ag/AgCl）	$E_{1/2}$/V（vs. Ag/AgCl）	J_{lim}/（$mA \cdot cm^{-2}$）1600 $r \cdot min^{-1}$	电子转移数目（n）	参考文献
分级多孔Fe@C-N纳米片	0.169	−0.118	−5.407	3.97	本书研究
Fe/Fe_3C@ N-石墨层	−0.05	−0.25	−4.8	3.82	Green Chem.（2016）
Fe_3C@NCNTs	0.098	−0.147	3.1	3.8	J. Power Sources（2015）
Fe/Fe_3C@NGL-NCNT	0.04	−0.216	3.3	3.6	Chem. Commun.（2015）
Fe-N-CNFs	−0.02	−0.14	−5.38	3.93	Angew. Chem. Int. Edit.（2015）
Fe/N-HCN	0.02	−0.12	−5.26	3.9	J. Mater. Chem. A（2017）

表7-4（续）

催化剂	E_{onset}/V（vs. Ag/AgCl）	$E_{1/2}$/V（vs. Ag/AgCl）	J_{lim}/（$mA \cdot cm^{-2}$）1600 $r \cdot min^{-1}$	电子转移数目（n）	参考文献
Co_9S_8/NSGg-C_3N_4	-0.02	-0.1	6.05	3.92	Acs Appl. Mater. Inter.（2017）
含Fe_3C的介孔Fe/N/C复合物	0	-0.15	-5.25	3.84	J. Power Sources（2018）

7.5 本章小结

本章采用硝酸铁为铁源，硝酸铵为氧化剂，甘氨酸为燃料，葡萄糖为有机碳源，首先，加入氯化钠和氯化锌作为造孔剂，利用溶液燃烧合成在不同反应气氛中一步得到含有Na^+和Zn^{2+}的纳米FeO_x-C-N复合物；然后，将该复合物作为前驱体在流通的氮气与氢气混合气氛中进行碳热还原和氢还原反应；最后，将得到的产物依次在浓度为30%过氧化氢溶液和去离子水中进行反复清洗，除去产物中多余的无定形碳和Na^+，Zn^{2+}，从而增强其石墨化程度和孔隙率，得到具有分级多孔结构的纳米Fe@C-N复合物，并对其进行了系统的结构表征和ORR性能测试，主要结果如下。

① 在不同燃烧反应气氛中，只有$F=1.0$的反应体系经过热处理能够得到单质Fe与石墨的混合物。硝酸铁添加量过少会导致铁元素对其周边的无定形碳转化为石墨的催化能力有限，无法获得足够量的石墨；而硝酸铁添加量过多会使前驱体中多余的无定形态氧化铁与无定形碳在高温下发生碳热还原反应生成碳化铁。只有硝酸铁添加量为1.0 g时，前驱体中的铁元素含量适中，能够得到单相的单质Fe与石墨的混合物。

② 在不同燃烧反应气氛中，$F=1.0$的反应体系经过热处理得到产物的形貌均为嵌于多孔无定形碳片上的石墨包覆的单质铁纳米颗粒，并且当反应气氛为NH_3时，产物中碳的石墨化程度最高，吡啶型-N和石墨型-N原子的含量最多，比表面积也最大。

③ 在原料中加入造孔剂得到的热处理产物经过过氧化氢溶液清洗，对产物的物相、组分和微观形貌影响不大，但是，其石墨化程度明显提高，纳米片上的孔隙结构变得丰富，孔径分布更宽，比表面积显著增大，成功制备出了具有分级多孔结构的Fe@C-N纳米片材料。

④ 将分级多孔Fe@C-N纳米片材料作为ORR催化剂，测试其电催化活性和稳定性，并与商用Pt/C催化剂进行对比，结果显示，本实验制备出的分级多孔Fe@C-N纳米片催化剂在ORR反应过程中表现出较小的过电位、较窄的混合动力控制区域、较高的极限电流密度和较小的电荷传递阻抗，说明其具有较好的ORR催化活性。同时，该催化剂经过长时间的循环反应和甲醇侵蚀，催化能力并未出现明显衰减，说明其具有良好的ORR催化稳定性和抗甲醇中毒能力。即使与目前文献中报道的一些非贵金属ORR催化剂相比，该催化剂依然展现出了更好的或可与之相比的电催化性能。

参考文献

[1] HUBER D L. Synthesis, properties, and applications of iron nanoparticles[J]. Small,2005,1(5):482-501.

[2] SCHWERTMANN U,CORNELL R M. Iron oxides in the laboratory: preparation and characterization[M]. Hoboken:John Wiley and Sons,2008.

[3] CORNELL R M,SCHWERTMANN U. The iron oxides: structure,properties, reactions,occurrences and uses[M]. Hoboken:John Wiley and Sons,2003.

[4] XIA G,GAO Q,SUN D,et al. Porous carbon nanofibers encapsulated with peapod-like hematite nanoparticles for high-rate and long-life battery anodes[J]. Small,2017,13(44):1701561.

[5] YANG Z,SU D,YANG J,et al. Fe_3O_4/C composite with hollow spheres in porous 3D-nanostructure as anode material for the lithium-ion batteries[J]. Journal of power sources,2017,363:161-167.

[6] ZHOU Q, WANG X, LIU J, et al. Phosphorus removal from wastewater using nano-particulates of hydrated ferric oxide doped activated carbon fiber prepared by solgel method[J]. Chemical engineering journal,2012,200:619-626.

[7] DURHAM J,TAKEUCHI E S,MARSCHILOK A C,et al. Nanocrystalline iron oxides prepared via co-precipitation for lithium battery cathode applications [J]. ECS transactions,2015,66(9):111-120.

[8] CAI H,AN X,CUI J,et al. Facile hydrothermal synthesis and surface functionalization of polyethyleneimine-coated iron oxide nanoparticles for biomedical applications[J]. ACS applied materials & interfaces,2013,5(5):1722-1731.

[9] SOLSONA B,GARCÍA T,SANCHIS R,et al. Total oxidation of VOCs on mesoporous iron oxide catalysts: soft chemistry route versus hard template method [J]. Chemical engineering journal,2016,290:273-281.

[10] VARMA A, MUKASYAN A S, ROGACHEV A S, et al. Solution combustion synthesis of nanoscale materials[J]. Chemical reviews, 2016, 116(23): 14493-14586.

[11] RAJESHWAR K, DE TACCONI N R. Solution combustion synthesis of oxide semiconductors for solar energy conversion and environmental remediation[J]. Chemical society reviews, 2009, 38(7): 1984-1998.

[12] LI F, RAN J, JARONIEC M, et al. Solution combustion synthesis of metal oxide nanomaterials for energy storage and conversion[J]. Nanoscale, 2015, 7(42): 17590-17610.

[13] GREENWOOD N N, EARNSHAW A, 王曾. 元素化学:下册[M]. 北京:高等教育出版社, 1996.

[14] PONDER S M, DARAB J G, BUCHER J, et al. Surface chemistry and electrochemistry of supported zerovalent iron nanoparticles in the remediation of aqueous metal contaminants[J]. Chemistry of materials, 2001, 13(2): 479-486.

[15] 陈翌庆. 纳米材料学基础[M]. 长沙:中南大学出版社, 2009.

[16] AMARNATH C A, NANDA S S, PAPAEFTHYMIOU G C, et al. Nanohybridization of low-dimensional nanomaterials: synthesis, classification, and application[J]. Critical reviews in solid state and materials sciences, 2013, 38(1): 1-56.

[17] YAO Y, WEI Y, CHEN S. Size effect of the surface energy density of nanoparticles[J]. Surface science, 2015, 636: 19-24.

[18] 李群. 纳米材料的制备与应用技术[M]. 北京:化学工业出版社, 2008.

[19] GUO Y, XU K, WU C, et al. Surface chemical-modification for engineering the intrinsic physical properties of inorganic two-dimensional nanomaterials[J]. Chemical society reviews, 2015, 44(3): 637-646.

[20] VOLLATH D. Nanomaterials[M]. Wein heim: Wiley-VCH, 2013.

[21] KHUSHBOO, SHARMA P, MALIK P, et al. Textural, thermal, optical and electrical properties of iron nanoparticles dispersed 4'-(Hexyloxy)-4-biphenylcarbonitrile liquid crystal mixture[J]. Liquid crystals, 2017, 44(11): 1717-1726.

[22] TOLOCHKO O V, CHOI C J, NASIBULIN A G, et al. Thermal behavior of iron nanoparticles synthesized by chemical vapor condensation[J]. Materials

physics and mechanics,2012,13(1):57-63.

[23] MASHAYEKHI F,SHAFIEKHANI A,SEBT S A. Iron nanoparticles embedded in carbon films: structural and optical properties[J]. The European physical journal applied physics,2016,74(3):30402.

[24] DADASHI S,POURSALEHI R,DELAVARI H. Structural and optical properties of pure iron and iron oxide nanoparticles prepared via pulsed Nd:YAG laser ablation in liquid[J]. Procedia materials science,2015,11(20):722-726.

[25] HUELSER T P, WIGGERS H, IFEACHO P, et al. Morphology, structure and electrical properties of iron nanochains[J]. Nanotechnology, 2006, 17(13): 3111-3115.

[26] KHANI O, SHOUSHTARI M Z, FARBOD M. Excellent improvement in the static and dynamic magnetic properties of carbon coated iron nanoparticles for microwave absorption[J]. Physica B: condensed matter,2015,477:33-39.

[27] CHEN Y,GOKHALE R,SEROV A,et al. Novel highly active and selective Fe-N-C oxygen reduction electrocatalysts derived from in-situ polymerization pyrolysis[J]. Nano energy,2017,38:201-209.

[28] HUAN T N, RANJBAR N, ROUSSE G, et al. Electrochemical reduction of CO_2 catalyzed by Fe-N-C materials: a structure-selectivity study[J]. ACS catalysis,2017,7(3):1520-1525.

[29] MCGRATH A J,CHEONG S,HENNING A M,et al. Size and shape evolution of highly magnetic iron nanoparticles from successive growth reactions[J]. Chemical communications,2017,53:11548-11551.

[30] TEJA A S,KOH P Y. Synthesis,properties,and applications of magnetic iron oxide nanoparticles[J]. Progress in crystal growth and characterization of materials,2009,55(1/2):22-45.

[31] RIBEIRO M C,JACOBS G,PENDYALA R,et al. Fischer-Tropsch synthesis: influence of Mn on the carburization rates and activities of Fe-Based catalysts by TPR-EXAFS/XANES and catalyst testing[J]. Journal of physical chemistry C,2016,115(11):4783-4792.

[32] YANG N, CUI J, ZHANG L, et al. Iron electrolysis-assisted peroxymonosulfate chemical oxidation for the remediation of chlorophenol-contaminated groundwater[J]. Journal of chemical technology and biotechnology, 2016, 91

(4):938-947.

[33] SUSLICK K S, CHOE S B, CICHOWLAS A A, et al. Sonochemical synthesis of amorphous iron[J]. Nature, 1991, 353(6343): 414-416.

[34] WEN J Z, GOLDSMITH C F, ASHCRAFT R W, et al. Detailed kinetic modeling of iron nanoparticle synthesis from the decomposition of Fe $(CO)_5$[J]. Journal of physical chemistry C, 2007, 111(15): 5677-5688.

[35] HAN Y C, CHA H G, CHANG W K, et al. Synthesis of highly magnetized iron nanoparticles by a solventless thermal decomposition method[J]. Journal of physical chemistry C, 2007, 111(17): 6275-6280.

[36] 郭加会. 纳米零价铁的制备、表征及其在净化水体中硝基苯的应用研究[D]. 广州:广东工业大学, 2012.

[37] SIVULA K, ZBORIL R, LE FORMAL F, et al. Photoelectrochemical water splitting with mesoporous hematite prepared by a solution-based colloidal approach[J]. Journal of the American chemical society, 2010, 132(21): 7436-7444.

[38] YANG C, WU J, HOU Y. Fe_3O_4 nanostructures: synthesis, growth mechanism, properties and applications[J]. Chemical communications, 2011, 47(18): 5130-5141.

[39] MAITI D, ARAVINDAN V, MADHAVI S, et al. Electrochemical performance of hematite nanoparticles derived from spherical maghemite and elongated goethite particles[J]. Journal of power sources, 2015, 276: 291-298.

[40] HOLA K, MARKOVA Z, ZOPPELLARO G, et al. Tailored functionalization of iron oxide nanoparticles for MRI, drug delivery, magnetic separation and immobilization of biosubstances[J]. Biotechnology advances, 2015, 33(6): 1162-1176.

[41] GHAEMI N, MADAENI S S, DARAEI P, et al. Polyethersulfone membrane enhanced with iron oxide nanoparticles for copper removal from water: application of new functionalized Fe_3O_4 nanoparticles[J]. Chemical engineering journal, 2015, 263(263): 101-112.

[42] WU W, JIANG C, ROY V A. Recent progress in magnetic iron oxide-semiconductor composite nanomaterials as promising photocatalysts[J]. Nanoscale, 2015, 7(1): 38-58.

[43] KATSUKI H, KOMARNENI S. Role of α-Fe_2O_3 morphology on the color of red pigment for porcelain[J]. Journal of the American ceramic society, 2003, 86(1):183-185.

[44] MIRZAEI A, JANGHORBAN K, HASHEMI B, et al. A novel gas sensor based on Ag/Fe_2O_3 core-shell nanocomposites[J]. Ceramics international, 2016, 42(16):18974-18982.

[45] PEI L, PANG H, RUAN X, et al. Magnetorheology of a magnetic fluid based on Fe_3O_4 immobilized SiO_2 core-shell nanospheres: experiments and molecular dynamics simulations[J]. RSC advances, 2017, 7(14):8142-8150.

[46] TRIPATHY D, ADEYEYE A O. Giant magnetoresistance in half metallic Fe_3O_4 based spin valve structures[J]. Journal of applied physics, 2007, 101(9):2472-2475.

[47] LONG N V, YONG Y, TERANISHI T, et al. Synthesis and magnetism of hierarchical iron oxide particles[J]. Materials & design, 2015, 86:797-808.

[48] SUNDAR S, MARIAPPAN R, MIN K, et al. Facile biosurfactant assisted biocompatible α-Fe_2O_3 nanorods and nanospheres synthesis, magneto physicochemical characteristics and their enhanced biomolecules sensing ability[J]. RSC advances, 2016, 6:77133-77142.

[49] LIU J, CHENG J, CHE R, et al. Synthesis and microwave absorption properties of yolk-shell microspheres with magnetic iron oxide cores and hierarchical copper silicate shells[J]. ACS applied materials & interfaces, 2013, 5(7): 2503-2509.

[50] GUO C, XIA F, WANG Z, et al. Flowerlike iron oxide nanostructures and their application in microwave absorption[J]. Journal of alloys and compounds, 2015, 631:183-191.

[51] YE J, ZHANG J, WANG F, et al. One-pot synthesis of Fe_2O_3/graphene and its lithium-storage performance[J]. Electrochimica acta, 2013, 113(4):212-217.

[52] ZHAO N, WU S, HE C, et al. One-pot synthesis of uniform Fe_3O_4 nanocrystals encapsulated in interconnected carbon nanospheres for superior lithium storage capability[J]. Carbon, 2013, 57(6):130-138.

[53] 王军华. 多结构、多形貌、多尺度铁氧化物/碳锂离子电池复合负极材料的制备和其电化学性能研究[D]. 杭州:浙江大学,2015.

[54] CUSHING B L, KOLESNICHENKO V L, O'CONNOR C J. Recent advances in the liquid-phase syntheses of inorganic nanoparticles[J]. Chemical reviews, 2004, 104(9): 3893-3946.

[55] ZHANG G, LI J, SHA J, et al. Preparation of Fe_3O_4/rebar graphene composite via solvothermal route as binder free anode for lithium ion batteries[J]. Journal of alloys and compounds, 2016, 661: 448-454.

[56] LV P, ZHAO H, ZENG Z, et al. Facile preparation and electrochemical properties of carbon coated Fe_3O_4 as anode material for lithium-ion batteries[J]. Journal of power sources, 2014, 259: 92-97.

[57] LANG L, XU Z. In situ synthesis of porous Fe_3O_4/C microbelts and their enhanced electrochemical performance for lithium-ion batteries. [J]. ACS applied materials & interfaces, 2013, 5(5): 1698-1703.

[58] BEHERA S K. Enhanced rate performance and cyclic stability of Fe_3O_4-graphene nanocomposites for Li ion battery anodes [J]. Chemical communications, 2011, 47(37): 10371-10373.

[59] KANG E, JUNG Y S, CAVANAGH A S, et al. Fe_3O_4 nanoparticles confined in mesocellular carbon foam for high performance anode materials for lithium-ion batteries[J]. Advanced functional materials, 2011, 21(13): 2430-2438.

[60] LÓPEZ M C, ORTIZ G F, LAVELA P, et al. Improved coulombic efficiency in nanocomposite thin film based on electrodeposited-oxidized FeNi-electrodes for lithium-ion batteries[J]. Journal of alloys and compounds, 2013, 557(6): 82-90.

[61] MAHADIKKHANOLKAR S, DONTHULA S, BANG A, et al. Polybenzoxazine aerogels. 2. interpenetrating networks with iron oxide and the carbothermal synthesis of highly porous monolithic pure iron(0) aerogels as energetic materials[J]. Chemistry of materials, 2014, 26(3): 1318-1331.

[62] ZHU C, LI Y, SU Q, et al. Electrospinning direct preparation of SnO_2/Fe_2O_3 heterojunction nanotubes as an efficient visible-light photocatalyst[J]. Journal of alloys and compounds, 2013, 575(8): 333-338.

[63] OH M H, YU T, YU S, et al. Galvanic replacement reactions in metal oxide nanocrystals[J]. Science, 2013, 340(6135): 964-968.

[64] WU Y, WEI Y, WANG J, et al. Conformal Fe_3O_4 sheath on aligned carbon

nanotube scaffolds as high-performance anodes for lithium ion batteries[J]. Nano letters,2013,13(2):818-823.

[65] TRUSOV G,TARASOV A,GOODILIN E A,et al. Spray solution combustion synthesis of metallic hollow microspheres[J]. Journal of physical chemistry C, 2016,120(13):7165-7171.

[66] MOSKOVSKIKH D O,LIN Y C,ROGACHEV A S,et al. Spark plasma sintering of SiC powders produced by different combustion synthesis routes[J]. Journal of the European ceramic society,2015,35(2):477-486.

[67] 宿新泰,燕青芝,葛昌纯. 低温燃烧合成超细陶瓷微粉的最新研究[J]. 化学进展,2005,17(3):430-436.

[68] PECHINI M P. Method of preparing lead and alkaline earth titanates and niobates and coating method using the same to form a capacitor: US,US3330697 A[P]. 1967.

[69] SEKAR M M A,PATIL K C. Hydrazine carboxylate precursors to fine particle titania,zirconia and zirconium titanate[J]. Materials research bulletin, 1993, 28(5):485-492.

[70] NARENDAR Y, MESSING G L. Kinetic analysis of combustion synthesis of lead magnesium niobate from metal carboxylate gels[J]. Journal of the American ceramic society, 1997,80(4):915-924.

[71] PATIL K C, ARUNA S T, EKAMBARAM S. Combustion synthesis[J]. Current opinion in solid state and materials science, 1997,2(2):158-165.

[72] KINGSLEY J J, PATIL K C. A novel combustion process for the synthesis of fine particle α- alumina and related oxide materials [J]. Materials letters, 1988,6(11):427-432.

[73] VARMA A, MUKASYAN A S, DESHPANDE K T, et al. Combustion synthesis of nanoscale oxide powders: mechanism, characterization and properties [J]. MRS proceedings, 2003, 800: A401-A412.

[74] GONZÁLEZ-CORTÉS S L, IMBERT F E. Fundamentals, properties and applications of solid catalysts prepared by solution combustion synthesis (SCS) [J]. Applied catalysis a: general, 2013, 452(16): 117-131.

[75] HWANG C C, WU T Y. Combustion synthesis of nanocrystalline ZnO powders using zinc nitrate and glycine as reactants-influence of reactant composi-

tion[J]. Journal of materials science,2004,39(19):6111-6115.

[76] MUKASYAN A S, EPSTEIN P, DINKA P. Solution combustion synthesis of nanomaterials[J]. Proceedings of the combustion institute,2007,31(2):1789-1795.

[77] MUKASYAN A S, DINKA P. Novel approaches to solution-combustion synthesis of nanomaterials[J]. International journal of self-propagating high-temperature synthesis,2007,16(1):23-35.

[78] BERNARD F, GAFFET E. Mechanical alloying in SHS research[J]. International journal of self-propagating high-temperature synthesis, 2001, 10(2): 109-132.

[79] JAIN S R, ADIGA K C, VERNEKER V R P. A new approach to thermochemical calculations of condensed fuel-oxidizer mixtures[J]. Combustion and flame, 1981,40(81):71-79.

[80] EKAMBARAM S, PATIL K C, MAAZA M. Synthesis of lamp phosphors: facile combustion approach[J]. Journal of alloys and compounds, 2005, 393(1/2):81-92.

[81] MCKITTRICK J, SHEA L E, BACALSKI C F, et al. The influence of processing parameters on luminescent oxides produced by combustion synthesis[J]. Displays,1999,19(4):169-172.

[82] DURÁN P, CAPEL F, GUTIERREZ D, et al. Cerium(Ⅳ)oxide synthesis and sinterable powders prepared by the polymeric organic complex solution method[J]. Journal of the European ceramic society,2002,22(9/10):1711-1721.

[83] FEI L, HU K, LI J, et al. Combustion synthesis of γ-lithium aluminate by using various fuels[J]. Journal of nuclear materials,2002,300(1):82-88.

[84] DESHPANDE K, ALEXANDER M A, VARMA A. Direct synthesis of iron oxide nanopowders by the combustion approach: reaction mechanism and properties[J]. Chemistry of materials,2004,16(24):4896-4904.

[85] PATHAK L C, SINGH T B, DAS S, et al. Effect of pH on the combustion synthesis of nano-crystalline alumina powder[J]. Materials letters,2002,57(2):380-385.

[86] 吴晶,魏乐汉,康玉专,等. 柠檬酸盐热解法合成 $YBa_2Cu_3O_{(7-x)}$ 超导粉料[J]. 低温与超导,1997(2):21-26.

[87] KINGSLEY J J, SURESH K, PATIL K C. Combustion synthesis of fine-particle metal aluminates[J]. Journal of materials science, 1990, 25(2): 1305-1312.

[88] MANOHARAN S S, PATIL K C. Combustion synthesis of metal chromite powders[J]. Journal of the American ceramic society, 2010, 75(4): 1012-1015.

[89] DHAS N A, PATIL K C. Combustion synthesis and properties of zirconia alumina powders[J]. Ceramics international, 1994, 20(1): 57-66.

[90] MUTHURAMAN M, DHAS N A, PATIL K C. Combustion synthesis of oxide materials for nuclear waste immobilization[J]. Bulletin of materials science, 1994, 17(6): 977-987.

[91] MIMANI T, PATIL K C. Solution combustion synthesis of nanoscale oxides and their composites[J]. Materials physics and mechanics, 2001, 4: 134-137.

[92] DINKA P, MUKASYAN A S. Perovskite catalysts for the auto-reforming of sulfur containing fuels[J]. Journal of power sources, 2007, 167(2): 472-481.

[93] KUMAR A, MUKASYAN A S, WOLF E E. Combustion synthesis of Ni, Fe and Cu multi-component catalysts for hydrogen production from ethanol reforming[J]. Applied catalysis A: general, 2011, 401(1): 20-28.

[94] MANUKYAN K V, ROUVIMOV S, WOLF E E, et al. Combustion synthesis of graphene materials[J]. Carbon, 2013, 62(5): 302-311.

[95] MUKASYAN A S, MANUKYAN K V. Combustion/micropyretic synthesis of atomically thin two-dimensional materials for energy applications[J]. Current opinion in chemical engineering, 2015, 7: 16-22.

[96] GAO P, LIU R, HUANG H, et al. MOF-templated controllable synthesis of α-Fe_2O_3 porous nanorods and their gas sensing properties[J]. RSC advances, 2016, 6: 94699-94705.

[97] ABDUL RASHID N M, HAW C, CHIU W, et al. Structural- and optical-properties analysis of single crystalline hematite(α-Fe_2O_3) nanocubes prepared by one-pot hydrothermal approach[J]. CrystEngComm, 2016, 18(25): 4720-4732.

[98] HU Y S, KLEIMANSHWARSCTEIN A, FORMAN A J, et al. Pt-doped α-Fe_2O_3 thin films active for photoelectrochemical water splitting[J]. Chemistry of materials, 2008, 20(12): 3803-3805.

[99] LI X, WANG C, ZENG Y, et al. Bacteria-assisted preparation of nano α-Fe_2O_3 red pigment powders from waste ferrous sulfate[J]. Journal of hazardous materials, 2016, 317:563-569.

[100] CAO K, JIAO L, LIU H, et al. 3D hierarchical porous α-Fe_2O_3 nanosheets for high-performance lithium-ion batteries[J]. Advanced energy materials, 2015, 5(4):4646-4652.

[101] ZAJÍ-KOVÁ L, SYNEK P, JAŠEK O, et al. Synthesis of carbon nanotubes and iron oxide nanoparticles in MW plasma torch with $Fe(CO)_5$ in gas feed [J]. Applied surface science, 2009, 255(10):5421-5424.

[102] HAN J, ZONG X, WANG Z, et al. A hematite photoanode with gradient structure shows an unprecedentedly low onset potential for photoelectrochemical water oxidation[J]. Physical chemistry chemical physics, 2014, 16 (43):23544-23548.

[103] GENG Z, LIN Y, YU X, et al. Highly efficient dye adsorption and removal: a functional hybrid of reduced graphene oxide-Fe_3O_4 nanoparticles as an easily regenerative adsorbent[J]. Journal of materials chemistry, 2012, 22(8): 3527-3535.

[104] YAMASHITA T, HAYES P. Analysis of XPS spectra of Fe^{2+} and Fe^{3+} ions in oxide materials[J]. Applied surface science, 2008, 254(8):2441-2449.

[105] PRAKASH R, CHOUDHARY R J, CHANDRA L S S, et al. Electrical and magnetic transport properties of Fe_3O_4 thin films on GaAs(100)substrate[J]. Journal of physics condensed matter, 2007, 19(48):486212.

[106] IANOŞ R, TĂCULESCU A, PĂCURARIU C, et al. Solution combustion synthesis and characterization of magnetite, Fe_3O_4, nanopowders[J]. Journal of the American ceramic society, 2012, 95(7):2236-2240.

[107] GAO J, RAN X, SHI C, et al. One-step solvothermal synthesis of highly water-soluble, negatively charged superparamagnetic Fe_3O_4 colloidal nanocrystal clusters[J]. Nanoscale, 2013, 5(15):7026-7033.

[108] MOU X, WEI X, LI Y, et al. Tuning crystal-phase and shape of Fe_2O_3 nanoparticles for catalytic applications[J]. CrystEngComm, 2012, 14(16): 5107-5120.

[109] YU W, HUI L. Preparation of nano-needle hematite particles in solution[J].

Materials research bulletin,1999,34(8):1227-1231.

[110] DENG J, KANG L, BAI G, et al. Solution combustion synthesis of cobalt oxides(Co_3O_4 and Co_3O_4/CoO)nanoparticles as supercapacitor electrode materials[J]. Electrochimica acta,2014,132(19):127-135.

[111] ULLRICH J W, MEWSHAW R E. March's advanced organic chemistry: reactions, mechanisms, and structure[M]. American chemical society,2007.

[112] YANG P, XIE J, GUO C, et al. Soft-to network hard-material for constructing both ion- and electron-conductive hierarchical porous structure to significantly boost energy density of a supercapacitor[J]. Journal of colloid and interface science,2016,485:137-143.

[113] KIM M S, JEONG J, CHO W I, et al. Synthesis of graphitic ordered mesoporous carbon with cubic symmetry and its application in lithium-sulfur batteries[J]. Nanotechnology,2016,27(12):125401.

[114] STANIĆ V, RADOSAVLJEVIĆ-MIHAJLOVIĆ A S, ŽIVKOVIĆ-RADOVANOVIĆ V, et al. Synthesis, structural characterisation and antibacterial activity of Ag^+-doped fluorapatite nanomaterials prepared by neutralization method [J]. Applied surface science,2015,337:72-80.

[115] 格雷格. 吸附、比表面与孔隙率[M]. 北京:化学工业出版社,1989.

[116] KIM M, SOHN K, HYON B N, et al. Synthesis of nanorattles composed of gold nanoparticles encapsulated in mesoporous carbon and polymer shells [J]. Nano letters,2012,2(12):1383-1387.

[117] NGUYEN T A, KIM I T, LEE S W. Chitosan-tethered iron oxide composites as an antisintering porous structure for high-performance Li-ion battery anodes[J]. Journal of the American ceramic society,2016,99(8):2720-2728.

[118] CAO Z, WEI B. α-Fe_2O_3/single-walled carbon nanotube hybrid films as high-performance anodes for rechargeable lithium-ion batteries [J]. Journal of power sources,2013,241:330-340.

[119] HELI H, YADEGARI H, JABBARI A. Low-temperature synthesis of LiV_3O_8 nanosheets as an anode material with high power density for aqueous lithium-ion batteries[J]. Materials chemistry and physics,2011,126(3):476-479.

[120] GUO J, YANG Y, YU W, et al. Synthesis of α-Fe_2O_3, Fe_3O_4 and Fe_2N magnetic hollow nanofibers as anode materials for Li-ion batteries[J]. RSC advan-

ces,2016,6(112):111447-111456.

[121] HANG B T,OKADA S,YAMAKI J. Effect of binder content on the cycle performance of nano-sized Fe_2O_3-loaded carbon for use as a lithium battery negative electrode[J]. Journal of power sources,2008,178(1):402-408.

[122] LARUELLE S, GRUGEON S, POIZOT P, et al. On the origin of the extra electrochemical capacity displayed by MO/Li cells at low potential[J]. Journal of the electrochemical society,2002,149(5):627-634.

[123] HASSAN M F,RAHMAN M M,GUO Z P,et al. Solvent-assisted molten salt process: a new route to synthesise α-Fe_2O_3/C nanocomposite and its electrochemical performance in lithium-ion batteries[J]. Electrochimica acta,2010,55(17):5006-5013.

[124] DOU S X, WEXLER D, WANG J, et al. High-surface-area-Fe_2O_3/carbon nanocomposite: one-step synthesis and its highly reversible and enhanced high-rate lithium storage properties[J]. Journal of materials chemistry,2010,20:2092-2098.

[125] HUANG X H,TU J P,ZHANG C Q,et al. Spherical NiO−C composite for anode material of lithium ion batteries[J]. Electrochimica acta,2007,52(12):4177-4181.

[126] CHEN S,WU J,ZHOU R,et al. Porous carbon spheres doped with Fe_3C as an anode for high-rate lithium-ion batteries[J]. Electrochimica acta,2015,180:78-85.

[127] PONROUCH A,TABERNA P,SIMON P,et al. On the origin of the extra capacity at low potential in materials for Li batteries reacting through conversion reaction[J]. Electrochimica acta,2012,61:13-18.

[128] ZHANG W,LI M,WANG Q,et al. Hierarchical self-assembly of microscale cog-like superstructures for enhanced performance in lithium-ion batteries[J]. Advanced functional materials,2011,21(18):3516-3523.

[129] WANG X,LI X,SUN X,et al. Nanostructured NiO electrode for high rate Li-ion batteries[J]. Journal of materials chemistry,2011,21(11):3571-3573.

[130] NAM K T,KIM D,YOO P J,et al. Virus-enabled synthesis and assembly of nanowires for lithium ion battery electrodes[J]. Science,2006,312(5775):885-888.

[131] PAN W, HAN R, CHI X, et al. Ferromagnetic Fe_3O_4 nanofibers: electrospinning synthesis and characterization[J]. Journal of alloys and compounds, 2013, 577: 192-194.

[132] GRAAT P C, SOMERS M A. Simultaneous determination of composition and thickness of thin iron-oxide films from XPS Fe2p spectra[J]. Applied surface science, 1996, 100: 36-40.

[133] LEOFANTI G, PADOVAN M, TOZZOLA G, et al. Surface area and pore texture of catalysts[J]. Catalysis today, 1998, 41(1): 207-219.

[134] GAO M, ZHOU P, WANG P, et al. FeO/C anode materials of high capacity and cycle stability for lithium-ion batteries synthesized by carbothermal reduction[J]. Journal of alloys and compounds, 2013, 565: 97-103.

[135] ZHANG H, MORSE D E. Kinetically controlled catalytic synthesis of highly dispersed metal-in-carbon composite and its electrochemical behavior[J]. Journal of materials chemistry, 2009, 19(47): 9006-9011.

[136] PETNIKOTA S, MARKA S K, BANERJEE A, et al. Graphenothermal reduction synthesis of 'exfoliated graphene oxide/iron(Ⅱ)oxide' composite for anode application in lithium ion batteries[J]. Journal of power sources, 2015, 293: 253-263.

[137] LUO Y, ZHOU X, ZHONG Y, et al. Preparation of core-shell porous magnetite@carbon nanospheres through chemical vapor deposition as anode materials for lithium-ion batteries[J]. Electrochimica acta, 2015, 154: 136-141.

[138] GU Y, QIN M, CAO Z, et al. Effect of glucose on the synthesis of iron carbide nanoparticles from combustion synthesis precursors[J]. Journal of the American ceramic society, 2016, 99(4): 1443-1448.

[139] WANG Y, ZHANG L, GAO X, et al. One-pot magnetic field induced formation of Fe_3O_4/C composite microrods with enhanced lithium storage capability[J]. Small, 2014, 10(14): 2815-2819.

[140] HU A, CHEN X, TANG Q, et al. Hydrothermal controlled synthesis of Fe_3O_4 nanorods/graphene nanocomposite for high-performance lithium ion batteries[J]. Ceramics international, 2014, 40(9): 14713-14725.

[141] HE J, ZHAO S, LIAN Y, et al. Graphene-doped carbon/Fe_3O_4 porous nanofibers with hierarchical band construction as high-performance anodes for lith-

ium-ion batteries[J]. Electrochimica acta, 2017, 229: 306-315.

[142] ZHANG M, CAO M, FU Y, et al. Ultrafast/stable lithium-storage electrochemical performance of Fe/Fe_3O_4/carbon nanocomposites as lithium-ion battery anode[J]. Materials letters, 2016, 185: 282-285.

[143] XIN Q, GAI L, WANG Y, et al. Hierarchically structured Fe_3O_4/C nanosheets for effective lithium-ion storage[J]. Journal of alloys and compounds, 2017, 691: 592-599.

[144] HAN W, QIN X, WU J, et al. Electrosprayed porous Fe_3O_4/carbon microspheres as anode materials for high-performance lithium-ion batteries[J]. Nano research, 2018, 11(2): 892-904.

[145] LU F, XU C, MENG F, et al. Two-step synthesis of hierarchical dual few-layered Fe_3O_4/MoS_2 nanosheets and their synergistic effects on lithium-storage performance[J]. Advanced materials interfaces, 2017, 4(22): 1700639.

[146] LI C, LI Z, YE X, et al. Crosslinking-induced spontaneous growth: a novel strategy for synthesizing sandwich-type graphene@Fe_3O_4 dots/amorphous carbon with high lithium storage performance[J]. Chemical engineering journal, 2018, 334: 1614-1620.

[147] SHEN H, GRACIA ESPINO E, MA J, et al. Synergistic effects between atomically dispersed Fe−N−C and C−S−C for the oxygen reduction reaction in acidic media[J]. Angewandte chemie international edition, 2017, 56(44): 13800-13804

[148] CHUNG D Y, KIM M J, KANG N, et al. Low-temperature and gram-scale synthesis of two-dimensional Fe−N−C carbon sheets for robust electrochemical oxygen reduction reaction[J]. Chemistry of materials, 2017, 29(7): 2890-2898.

[149] WANG Y, ZHAO H, ZHAO G. Iron-copper bimetallic nanoparticles embedded within ordered mesoporous carbon as effective and stable heterogeneous Fenton catalyst for the degradation of organic contaminants[J]. Applied catalysis B: environmental, 2015, 164: 396-406.

[150] PATEL C R P, TRIPATHI P, SINGH S, et al. New emerging radially aligned carbon nano tubes comprised carbon hollow cylinder as an excellent absorber for electromagnetic environmental pollution[J]. Journal of materials

chemistry C,2016,4(23):5483-5490.

[151] ZHONG Y, XIA X, DENG S, et al. Popcorn inspired porous macrocellular carbon: rapid puffing fabrication from rice and its applications in lithium-sulfur batteries[J]. Advanced energy materials,2018,8(1):1701110.

[152] HERNADI K,FONSECA A,NAGY J B,et al. Fe-catalyzed carbon nanotube formation[J]. Carbon,1996,34(10):1249-1257.

[153] DONG Y,DENG Y,ZENG J,et al. A high-performance composite ORR catalyst based on the synergy between binary transition metal nitride and nitrogen-doped reduced graphene oxide[J]. Journal of materials chemistry A, 2017,5(12):5829-5837.

[154] QU K,ZHENG Y,DAI S,et al. Graphene oxide-polydopamine derived N,S-codoped carbon nanosheets as superior bifunctional electrocatalysts for oxygen reduction and evolution[J]. Nano energy,2016,19:373-381.

[155] FANG B,KIM J H,KIM M,et al. Hierarchical nanostructured hollow spherical carbon with mesoporous shell as a unique cathode catalyst support in proton exchange membrane fuel cell[J]. Physical chemistry chemical physics, 2009,11(9):1380-1387.

[156] LIU Z,NIE H,YANG Z,et al. Sulfur-nitrogen co-doped three-dimensional carbon foams with hierarchical pore structures as efficient metal-free electrocatalysts for oxygen reduction reactions[J]. Nanoscale,2013,5(8):3283-3288.

[157] LIANG J,DU X,GIBSON C,et al. N-doped graphene natively grown on hierarchical ordered porous carbon for enhanced oxygen reduction[J]. Advanced materials,2013,25(43):6226-6231.

[158] BEZERRA C W,ZHANG L,LEE K,et al. A review of Fe–N/C and Co–N/C catalysts for the oxygen reduction reaction[J]. Electrochimica acta,2008,53(15):4937-4951.

[159] MOROZAN A,JOUSSELME B,PALACIN S. Low-platinum and platinum-free catalysts for the oxygen reduction reaction at fuel cell cathodes[J]. Energy and environmental science,2011,4(4):1238-1254.

[160] TAN Z,NI K,CHEN G,et al. Incorporating pyrrolic and pyridinic nitrogen into a porous carbon made from C60 molecules to obtain superior energy stor-

age[J]. Advanced materials,2017,29(8):1603414.

[161] MATTER P H,ZHANG L,OZKAN U S. The role of nanostructure in nitrogen-containing carbon catalysts for the oxygen reduction reaction[J]. Journal of catalysis,2006,239(1):83-96.

[162] YEAGER E. Mechanisms of electrochemical reactions on non-metallic surfaces[R].Case Western Reserve University,Cleveland,USA.,1976.

[163] 孙世刚,陈胜利. 电催化[M]. 北京:化学工业出版社,2013.

[164] ZHANG M,HE F,ZHAO D,et al. Transport of stabilized iron nanoparticles in porous media: effects of surface and solution chemistry and role of adsorption[J]. Journal of hazardous materials,2016,322:284-291.

[165] HUA X,LUO J,SHEN C,et al. Hierarchically porous Fe−N−C nanospindles derived from porphyrinic coordination network for oxygen reduction reaction [J]. Catalysis science & technology,2018,8:1945-1952.

[166] TANAKA Y,ONODA A,OKUOKA S I,et al. Nonprecious-metal Fe/N/C catalysts prepared from π−expanded Fe salen precursors toward an efficient oxygen reduction reaction[J]. ChemCatChem,2018,10(4):743-750.

[167] MAHMOOD J,LI F,KIM C,et al. Fe@C_2N: a highly-efficient indirect-contact oxygen reduction catalyst[J]. Nano energy,2018,44:304-310.

[168] XING R,ZHOU T,ZHOU Y,et al. Creation of triple hierarchical micro-meso-macroporous N-doped carbon shells with hollow cores toward the electrocatalytic oxygen reduction reaction[J]. Nano-micro letters,2018,10(1):3-17.

[169] CHEN P,QIN M,ZHANG D,et al. Combustion synthesis and excellent photocatalytic degradation properties of $W_{18}O_{49}$[J]. CrystEngComm, 2015, 17 (31):5889-5894.

[170] LIU Q,PU Z,TANG C,et al. N-doped carbon nanotubes from functional tubular polypyrrole: a highly efficient electrocatalyst for oxygen reduction reaction[J]. Electrochemistry communications,2013,36(6):57-61.

[171] YANG J,CHEN W,RAN X,et al. Boric acid assisted formation of mesostructured silica: from hollow spheres to hierarchical assembly[J]. RSC advances,2014,4(39):20069-20076.

[172] WANG W, QUAN H, GAO W, et al. N-Doped hierarchical porous carbon from waste boat-fruited sterculia seed for high performance supercapacitors

[J]. RSC advances,2017,7(27):16678-16687.

[173] DEBE M K. Electrocatalyst approaches and challenges for automotive fuel cells[J]. Nature,2012,486(7401):43-51.

[174] BARMAN B K,NANDA K K. Prussian blue as a single precursor for synthesis of Fe/Fe_3C encapsulated N-doped graphitic nanostructures as bi-functional catalysts[J]. Green chemistry,2016,18(2):427-432.

[175] ZHONG G,WANG H,YU H,et al. Nitrogen doped carbon nanotubes with encapsulated ferric carbide as excellent electrocatalyst for oxygen reduction reaction in acid and alkaline media[J]. Journal of power sources,2015,286:495-503.

[176] LI J,LI S,TANG Y,et al. Nitrogen-doped Fe/Fe_3C@graphitic layer/carbon nanotube hybrids derived from MOFs: efficient bifunctional electrocatalysts for ORR and OER[J]. Chemical communications,2015,51(13):2710-2713.

[177] WU Z,XU X,HU B,et al. Iron carbide nanoparticles encapsulated in mesoporous Fe-N-doped carbon nanofibers for efficient electrocatalysis[J]. Angewandte chemie,2015,54(28):8179-8183.

[178] ZHOU L,YANG C,WEN J,et al. Soft-template assisted synthesis of Fe/N-doped hollow carbon nanospheres as advanced electrocatalyts for oxygen reduction reaction in microbial fuel cells[J]. Journal of materials chemistry A,2017,5(36):19343-19350.

[179] TANG Y,JING F,XU Z,et al. Highly crumpled hybrids of nitrogen/sulfur dual-doped graphene and Co_9S_8 nanoplates as efficient bifunctional oxygen electrocatalysts[J]. ACS applied materials & interfaces,2017,9(14):12340-12347.

[180] MA J,XIAO D,CHEN C L,et al. Uric acid-derived Fe_3C-containing mesoporous Fe/N/C composite with high activity for oxygen reduction reaction in alkaline medium[J]. Journal of power sources,2018,378:491-498.

[181] WROBLOWA H S,YEN-CHI-PAN,RAZUMNEY G. Electroreduction of oxygen: a new mechanistic criterion[J]. Journal of electroanalytical chemistry and interfacial electrochemistry,1976,69(2):195-201.